数据科学与工程技术丛书

PRINCIPLE AND PRACTICE OF
WEB CRAWLER IN C#

网络爬虫原理与实践

基于C#语言

李健 种惠芳 著

机械工业出版社
China Machine Press

图书在版编目（CIP）数据

网络爬虫原理与实践：基于 C# 语言 / 李健，种惠芳著 . —北京：机械工业出版社，2022.8
（数据科学与工程技术丛书）
ISBN 978-7-111-71694-5

I. ①网… II. ①李… ②种… III. ①软件工具－程序设计 IV. ①TP311.561

中国版本图书馆 CIP 数据核字（2022）第 179797 号

网络爬虫原理与实践：基于 C# 语言

出版发行：机械工业出版社（北京市西城区百万庄大街 22 号 邮政编码：100037）
责任编辑：曲 熠 顾 谦
责任校对：史静怡 李 婷
印 刷：涿州市京南印刷厂
版 次：2023 年 1 月第 1 版第 1 次印刷
开 本：185mm×260mm 1/16
印 张：17.25
书 号：ISBN 978-7-111-71694-5
定 价：79.00 元

客服电话：（010）88361066 68326294

前　　言

虽然 Python 爬虫依靠强大的第三方库能够快速实现某些特定功能，但由于这些库封装的层次较高，隐藏了大量内部细节，使用者往往知其然而不知其所以然，遇到问题难以延展。学习基于 C# 的爬虫开发虽然起步稍慢，但能够更好地理解底层网络原理和爬虫架构；借助强大的 VS 平台和 C# 优秀的语言特性，更容易开发出专业级的可视化爬虫工具。相对于 Python 的“人生苦短”，我们追求的是“诗和远方”。

本书基于 C# 语言介绍网络爬虫开发的基本原理、技巧和应用实例，适合网络爬虫开发的爱好者和研究者阅读。读者最好具备一定的编程基础，或者正在学习 C# 编程，以便更好地理解本书的内容。

本书具有以下特点：

1）内容简明、由浅入深。本书不追求内容上的面面俱到，而是围绕网络爬虫的核心环节，介绍其基本原理和实现方法，并进行适当的功能扩展。与其他同类书籍相比，本书篇幅适中，适合初学者阅读。

2）实例丰富，代码翔实。书中尽量选择逻辑简明、功能完整的典型实例，从需求、设计、实现的角度分别进行介绍。而且，几乎所有实例都给出了主要实现代码，并对关键代码进行了详细注释，方便读者进行实践。

全书共分 11 章。第 1 章介绍网络爬虫的基础知识，包括网络、网页和爬虫概述；第 2 章简要介绍 C# 编程，并侧重与网络爬虫相关的内容；第 3 章介绍网络资源下载的方法，并实现通用资源下载器；第 4 章介绍网页数据抽取的方法，重点实现 HTML 解析器；第 5 章介绍 XML 和 JSON 数据抽取的方法，从而获得更丰富的目标数据；第 6 章介绍爬虫数据的存储，从而将采集结果保存到文件或数据库；第 7 章介绍网络爬虫的搜索方式，包括深度优先搜索和广度优先搜索，并实现爬虫控制器；第 8 章介绍多线程爬虫，并实现自定义线程池以提高爬虫效率；第 9 章介绍如何使用代理服务器，并实现自定义代理池；第 10 章介绍常见的浏览器内核，以及如何使用 GeckoFx 模拟浏览器获取深层数据；第 11 章介绍抽取模板的表示、管理以及可视化配置方法。

由于网站更新，一段时间后实例中的某些 URL 链接可能会失效，部分网页结构也会发生变化，此时相关实例需要做相应的代码调整才能正确运行。技术是中立的，本书所述内容仅用于技术交流，任何人若将相关技术用于商业或其他用途，需自行承担由此产生的影响和后果。

致谢

在本书即将出版之际，首先感谢我的合作者种惠芳老师，种老师专业过硬、认真负责，承担了大量撰写工作；特别感谢恩师张克亮教授一直以来对我的指导和鼓励；感谢易绵竹教授、马延周副教授、唐亮副教授、王亚利副教授对本书提出的许多宝贵意见；感谢任静静老师、张婷老师、沈丽民老师、王帅鸽老师参与了本书初稿的校对。最后，感谢我的妻子赵盼，她对家庭双倍的付出才让我有时间完成本书。

限于作者的学识，书中难免有表述不当或疏漏之处，恳请各位读者指正。

李健

2022 年 5 月

目　录

第 1 章

网络爬虫概述

互联网中有哪些信息资源可供采集？这些资源又是如何标识和传输的？弄清楚这些基本网络原理，才能更好地理解网络爬虫机制并开发爬虫程序。本章将简要介绍网络的基础知识、网页的基本结构以及爬虫的工作原理。

1.1　网络基础

本节将介绍与爬虫密切相关的网络知识，主要内容包括：网络的基本概念、HTTP 和会话机制。如果你已经掌握了这些知识，可以跳过本节。

1.1.1　网络的基本概念

1. 互联网与网络协议

计算机网络由若干节点（Node）和连接这些节点的链路（Link）组成。网络中的节点可以是计算机、集线器、交换机等设备。网络之间可以通过路由器互连起来构成覆盖范围更大的计算机网络——互联网（internet）。互联网的模型结构如图 1-1 所示。

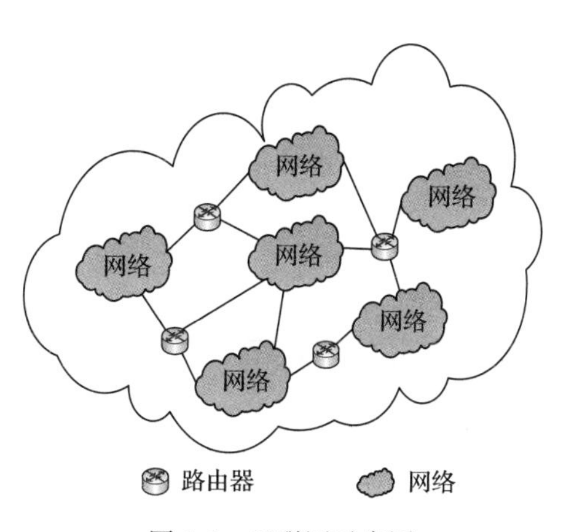

图 1-1　互联网示意图

因特网（Internet）是目前世界上覆盖范围最广、规模最大、资源最丰富的互联网。因特网采用TCP/IP协议族作为信息通信规则，提供包括WWW、FTP、E-mail、Telnet在内的多种服务。

计算机必须遵循一定的网络协议才能进行正常的信息传输和数据交换。在计算机网络中，通信双方进行信息传输时所遵循的规则、标准或约定即网络协议（简称协议）。网络协议明确规定了交换数据的格式以及相关的同步问题，为计算机在网络中有条不紊地进行数据交换提供了保证。网络协议一般由语法、语义和时序3个要素组成：

- 语法：规定了数据与控制信息的结构或格式。
- 语义：规定了需要发出何种控制信息、完成何种动作以及做出何种响应。
- 时序：规定了事件的实现顺序。

网络协议通过网络协议软件来实现。连接在网络上的计算机要执行网络任务，首先必须安装网络协议。由于计算机网络协议非常复杂，为了简化实现并提高设计效率，人们采用分层的方法来研究它，从而形成了分层的网络体系结构。因特网采用的TCP/IP体系结构及各层的关键协议如表1-1所示。

表1-1　TCP/IP体系结构及各层的关键协议

各层名称	关键协议							
应用层	HTTP	HTTPS	SMTP	DNS	NSP	FTP	TFTP	Telnet
传输层	TCP				UDP			
网际层	ICMP				IP		ARP/RARP	
网络接口层	Ethernet		ARPAnet		PDN			其他

IP（Internet Protocol，网际协议）在整个TCP/IP协议族中处于核心地位，主要用于解决不同网络之间的互连问题，是构成互联网的基础。IP位于TCP/IP模型的网际层，对上承载各种传输层协议（如TCP、UDP等），对下支持多种网络接口（如Ethernet等）。

2. 网络地址与端口号

TCP/IP规定：网络上的每个设备都必须至少具有一个独一无二的IP地址，这就像信件上必须注明收件人地址，邮递员才能将信件送到一样。因此，每个IP数据包都必须包含目标设备的IP地址，才能够被正确转发到目的地。

说明： IP地址由ICANN（The Internet Corporation for Assigned Names and Numbers，因特网名称与数字地址分配机构）负责统一分配。我国用户可以向亚太网络信息中心（Asia Pacific Network Information Center，APNIC）申请IP地址。目前广泛使用的IPv4地址由32位二进制数组成。为便于识别，通常将IPv4地址表示为“点分十进制”（如220.181. 38.149）。在下一代IP——IPv6中，IP地址包含128位二进制数（通常采用十六进制数表示）。

为了便于对 IPv4 地址进行管理，因特网对 IP 地址进行了分类，每一类地址由两个固定长度的字段组成。其中第一个字段是网络号（Net-Id），它标识主机或路由器所连接的网络；第二个字段是主机号（Host-Id），它标识网络中的一个主机或路由器。图 1-2 展示了分类 IP 地址的二进制结构。

因特网使用 IP 地址来唯一标识网络中的一台设备，但一台计算机可能运行着多个应用程序或服务，那么数据是如何正确地传输至同一台计算机的不同应用程序的呢？答案是可借助协议端口号（Protocol Port Number）来区分不同的程序。

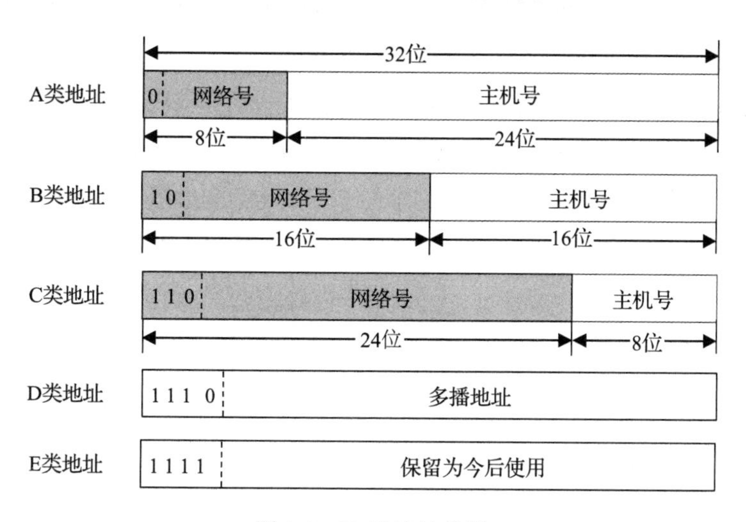

图 1-2　IP 地址的分类

协议端口号简称端口号，是用来标识一台计算机上的特定网络应用的数字编号，其有效范围为 0～65535。其中，0～1023 为公认端口（Well Known Port）或系统端口，相对固定地分配给常用服务程序；1024～49151 为注册端口（Registered Port）或登记端口，松散地绑定着一些服务；49152～65535 为动态 / 私有端口（Dynamic/Private Port），供用户程序自由申请使用。表 1-2 列出了一些常用的公认端口号。

表 1-2　常用的公认端口号

端口号	服　务	功　能
21	FTP	文件传输（上传、下载）
22	SSH	安全远程登录
23	Telnet	远程登录
53	DNS	域名解析
80	HTTP	网页浏览（超文本传输）
443	HTTPS	网页浏览端口（加密的 HTTP）
25	SMTP	邮件传输
110	POP3	邮件接收

端口号通常与 IP 地址配合使用，端口号通过“:”连接在 IP 地址之后，表示该 IP 所指主机中某个特定的网络应用（服务）。例如，我们可以通过“http://220.181.38.149:80”访问百度首页，但通常省略默认端口号（80），将其简化为“http://220.181.38.149”。

3. 域名与 DNS

由于 IP 地址是一个固定长度的数字序列，不便于人类记忆（人们更擅长记忆那些有特定含义的字符串），因此有人提出了域名（Domain Name，DN）的概念。域名可以看作 IP 地址的别名，它由“.”分隔的标号序列组成。例如，可以使用域名“www.baidu.com”代替 IP 地址“220.181.38.149”。显然，前者更容易被记住。

域名中的各标号分别代表不同的域，域之间存在一定的层次结构，从右至左分别为顶级域、二级域、三级域等。例如，在“www.baidu.com”中，“www”为三级域名，“baidu”为二级域名，“com”为顶级域名。因特网中的基本域名结构如图 1-3 所示。

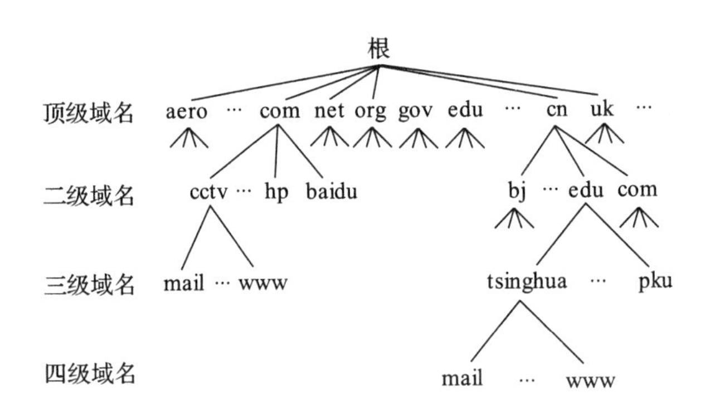

图 1-3　因特网域名结构示意图

虽然域名便于记忆，但网络设备仍是基于 IP 地址进行数据转发的。为此，人们又设计了域名系统（Domain Name System，DNS）以实现域名到 IP 地址的映射，从而确保在使用域名的情况下也能够正常进行数据转发。因特网中的域名系统通过多个域名服务器来实现，其中最重要的是根域名服务器。由于历史和技术原因，全球共有 13 个根域名服务器（从 a.rootservers.net 到 m.rootservers.net，分别对应 13 个 IP）。每个根域名服务器又包含若干镜像，它们通过任播（Anycast）技术共享同一个 IP，访问该 IP 的报文会被转发到就近的镜像服务器。目前，全球共有 1000 多个根镜像服务器。

我们通常认为域名与 IP 地址是一一对应的，这只是一种理想状态。实际上，一个 IP 地址可以对应多个域名，一个域名也可以被解析为多个 IP 地址。有些公司出于商业目的会注册多个域名，并指向同一个 IP 地址；有些门户网站为了负载均衡会将同一个域名解析到不同的 Web 服务器。顶级域名往往具有特定的含义（如表 1-3 所示）。

表 1-3　主要的顶级域名及其含义

域　名	含　义	全　称
com	商业机构	commercial organization
edu	教育机构	educational institution
gov	政府部门	government
int	国际性机构	international organization
mil	军队	military
net	网络机构	networking organization
org	非盈利机构	non-profit organization

4. 网络资源标识

网络资源是以数字化形式记录，以多媒体形式表达，以二进制数据存储，并通过计算机网络通信方式进行传播的信息内容集合。与传统信息资源相比，网络资源在数量、结构、分布、传播范围、载体形态、传递手段等方面都呈现出不同的特点。从资源形式来看，网络资源包括文本、图像、音频、视频、数据库等。

网络资源必须按照一定的规则进行准确标识，才能被访问和使用。URL（Uniform Resource Locator，统一资源定位符）是一种用于标识网络资源的技术规范。URL 指定了某个资源在因特网中的位置以及访问方式，其基本结构如下：

< 协议 >://< 主机 >:< 端口 >/< 路径 >

- < 协议 >：指出采用什么协议来获取该网络资源（形如 http、ftp 等）。
- "://"：固定格式，位于 < 协议 > 之后、< 主机 > 之前。
- < 主机 >：指出网络资源存储在哪台主机上，可使用域名或 IP 地址表示。
- ":"：固定格式，位于 < 主机 > 之后、< 端口 > 之前。
- < 端口 >：指明访问服务器上的哪个网络应用端口号。
- < 路径 >：指明网络资源在服务器上的具体位置（可包含多级路径）。

以" http://github.com:80/img/favicon.ico"为例，其协议类型为 HTTP，访问目标是域名为" github.com"的主机；端口为 80（HTTP 默认端口，可省略）；路径指向该主机 img/ 目录下的 favicon.ico 文件。由此可见，通过 URL 可准确定位因特网中的某个资源。

说明：URL 是 URI（Uniform Resource Identifier，统一资源标识符）的子集，URL 和 URN（Uniform Resource Name，统一资源名称）共同构成了 URI。URN 只命名资源（如"ISBN:0451450523"标识一本书）而不说明如何定位。在因特网中，几乎所有的 URI 都是 URL，我们通常将网络资源链接称为 URL，也可称为 URI。

---

5. 万维网概述

WWW（World Wide Web，万维网）也称为 Web，是因特网提供的核心服务之一。Web 服务器使用 HTML（HyperText Marked Language，超文本标记语言）将相关信息资源组织起来，HTML 文档和相关资源在客户端展现为图文并茂的网页（Web Page）。

客户端和服务器之间采用 HTTP 进行数据传输，客户端向服务器发送资源请求，服务器将响应数据返回给客户端。Web 服务器将多个相关网页有机地组织在一起，从而构成网站（Website）。用户可以通过超链接从一个页面跳转到另一个页面，这种跳转既可以在站点内部，也可以在不同站点之间（如图 1-4 所示）。

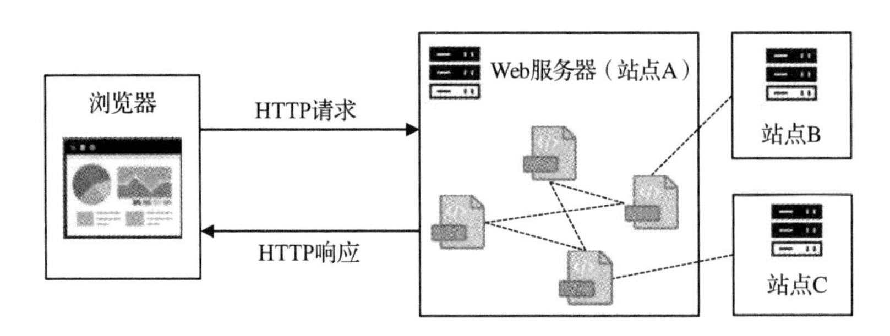

图 1-4　万维网分布式服务

说明：当访问站点 A 的页面时，浏览器会将 HTTP 请求发送到站点 A 所在的服务器；若浏览器跳转到站点 B 的页面，则会向站点 B 所在的服务器发出请求。请求发送到哪里是由 URL 中的 <主机> 部分决定的，请求和响应的数据传输依靠下层的 TCP 来实现。

1.1.2　HTTP

1. HTTP 与 HTTPS

HTTP（HyperText Transfer Protocol，超文本传输协议）是由万维网协会（World Wide Web Consortium）和互联网工程任务组（Internet Engineering Task Force）共同制定的规范。HTTP 应用广泛，几乎所有的 Web 应用都遵守该协议。HTTP 基于 TCP 实现，它规定了浏览器如何向 Web 服务器发送请求，以及服务器如何将数据传送给浏览器。

HTTP 的工作过程如图 1-5 所示。

1）Web 服务器启动后不断监听 TCP 端口，以发现新的连接请求。

2）若服务器检测到连接请求，则与客户端建立 TCP 连接。

3）客户端基于前期建立的 TCP 连接，向万维网服务器发出资源请求。

4）服务器返回对客户端请求的响应，在数据传输完毕后释放 TCP 连接，结束本次服务。

说明：在 HTTP 服务模型中，客户端可以是 Web 浏览器，也可以是其他任何具有类似功能的应用程序（网络爬虫就属于此类）。HTTP 服务器通常是一个 Web 服务器程序（如 Apache、IIS 等），其基本功能是接收客户端的请求并向客户端发送 HTTP 响应数据。

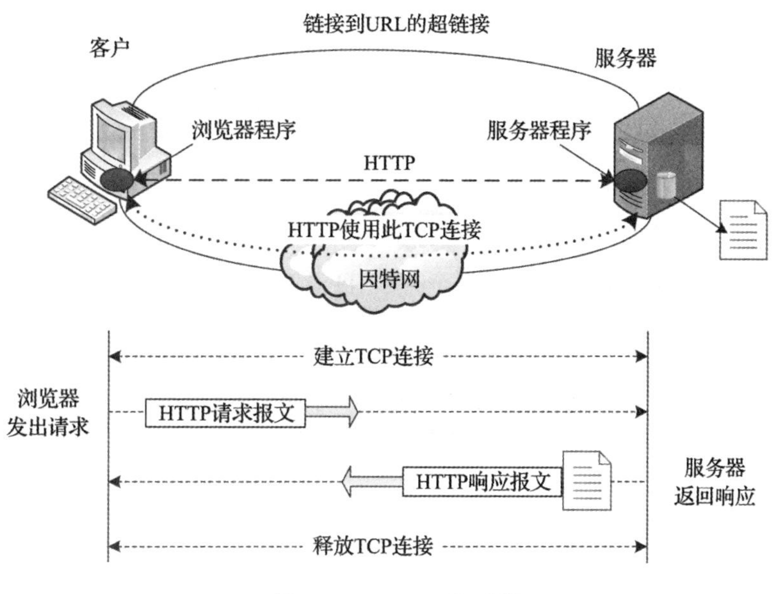

图 1-5　HTTP 工作过程

HTTP 具有以下特点：

1）无连接，为每次 HTTP 请求建立单独的 TCP 连接，当服务器处理完客户端请求后就断开该连接。

2）无状态，HTTP 对于事务处理没有记忆能力，有时会造成数据重复传输。

HTTPS（HyperText Transfer Protocol over Secure Socket Layer，超文本传输安全协议）是以安全为目标的协议。HTTPS 本质上是在 HTTP 之下增加了安全套接字层（Secure Sockets Layer，SSL），HTTP 与 HTTPS 的对比如图 1-6 所示。

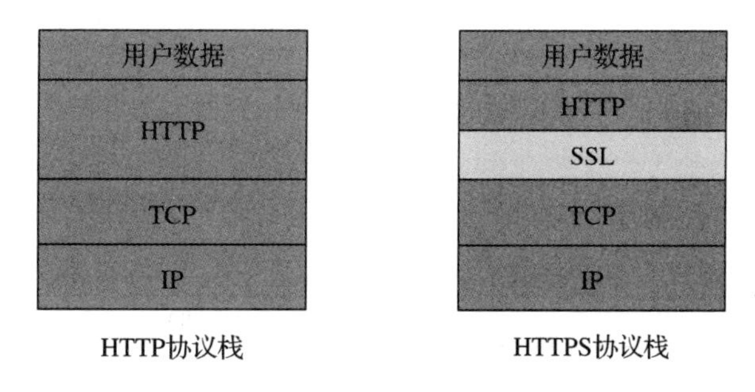

图 1-6　HTTP 与 HTTPS 对比

安全套接字层主要提供以下服务：

1）加密数据以防止数据中途被窃取。

2）认证用户和服务器身份，确保数据发送到正确的目标。

3）维护数据的完整性，确保数据在传输过程中不被改变。

总之，HTTPS 能够提供更安全的网络通信方式，并已广泛用于用户登录、交易支付等安全敏感的业务。

2. HTTP 请求

HTTP 请求（Request）主要包括以下要素：请求方法（Request Method）、请求网址（Request URL）、请求头（Request Header）和请求体（Request Body）。

在 HTTP 1.0 标准中定义了 GET、POST 和 HEAD 3 种请求方法，HTTP 1.1 又增加了 6 种请求方法：OPTIONS、PUT、PATCH、DELETE、TRACE 和 CONNECT。其中 GET 和 POST 仍然是常用的请求方法，它们的区别如表 1-4 所示。

表 1-4　GET 与 POST 方法的对比

特　征	GET	POST
参数的位置	包含在 URL 中	包含在请求体中
参数的长度	有限制	无限制
参数数据类型	单一类型（字符串）	多种类型
是否自动缓存	是	否
能否完整记录历史	能	否
安全性	弱	强

说明：GET 方法的参数直接写在 URL 中，例如，在“http://hostname/list.html?page=2&size=10”中，“?”之后为参数部分，参数之间以“&”分隔，参数名和参数值以“=”连接。HTTP 规范并没有对 URL 的长度进行限制，但大多数浏览器和服务器对此是有限制的。若登录时使用 GET 方法，用户名、密码等敏感信息就会暴露在 URL 中，造成隐私泄露，因此应当使用 POST 方法。此外，上传文件也应使用 POST 方法。

HTTP 请求头可包含若干字段，用于描述客户端的状态，其目的是针对本次请求与服务器进行协商。常见的请求头字段如表 1-5 所示。

表 1-5　常见的请求头字段

字　段	说　明
Accept	客户端可以处理 MIME 类型，*/* 表示所有类型
Accept-Encoding	客户端能够接受的压缩编码方式（如 gzip、deflate 等）
Accept-Language	客户端可以接受的语言种类
Connection	处理完本次请求后是否继续保持连接
Content-Length	请求体的大小
Content-Type	请求体的 MIME 类型
Cookie	包含服务器通过 Set-Cookie 机制存储到客户端的“键值对”
Host	客户端所访问的服务器名称（IP 或域名）

（续）

字　段	说　明
User-Agent	说明客户端运行环境（包括操作系统、浏览器内核等）
Referer	引发请求的页面 URL

请求头中的大部分字段是可选的，但有时某些字段是必需的，比如采用 POST 请求方法时必须包含 Content-Length 和 Content-Type 字段。网络爬虫通常需要设置 User-Agent 等字段，将自己伪装成某种浏览器发送请求，否则可能会收到异常响应。GET 方法不需要请求体，POST 方法的请求体可采用多种数据格式（如表 1-6 所示）。

表 1-6　请求体的数据格式

Content-Type	数据格式
application/x-www-form-urlencoded	表单数据
multipart/form-data	表单文件上传
application/json	序列化 JSON 数据
text/xml	XML 数据

3. HTTP 响应

HTTP 响应（Response）是 Web 服务器对 HTTP 请求的回应，包括以下 3 个要素：响应状态码（Response Status Code）、响应头（Response Header）和响应体（Response Body）。

响应状态码表示服务器的响应状态，常见的状态码如表 1-7 所示。在网络爬虫的工作过程中，可以根据状态码来判断服务器状态，进而采取相应的措施。

表 1-7　HTTP 响应状态码

代　码	状　态	含　义
100	继续	服务器已收到请求的部分内容，正在等待其余部分
200	成功	服务器已成功处理了请求
300	多种选择	针对请求，服务器可执行多种操作，要求请求者做出选择
301	永久移动	请求的资源已永久移动到新位置
302	临时移动	请求的资源临时移动到新位置
304	未修改	自从上次请求后，请求的资源未修改过
305	使用代理	请求者只能使用代理访问请求的资源
400	错误请求	服务器不理解请求的语法
401	未授权	请求验证身份（通常需要登录）
403	禁止	服务器拒绝请求
404	未找到	服务器找不到请求的资源
405	方法禁用	禁用请求中指定的方法
406	不接受	无法使用请求的内容特性来响应请求的资源

（续）

代　码	状　态	含　义
407	需要代理授权	与 401（未授权）类似，但指定请求者应当授权使用代理
408	请求超时	服务器等候请求发生超时
409	冲突	服务器在完成请求时发生冲突
410	已删除	请求的资源已永久删除
500	服务器内部错误	服务器遇到错误，无法完成请求
501	尚未实施	服务器不具备完成（或无法识别）请求的功能
502	错误网关	服务器作为网关或代理，从上游服务器收到无效响应
503	服务不可用	服务器目前无法使用（超载或停机维护），通常是暂时的
504	网关超时	服务器作为网关或代理，没有及时从上游服务器收到请求

HTTP 响应头描述服务器的状态以及响应体的相关属性，与请求头中的部分字段相呼应，是服务器与客户端协商的结果。常见的响应头字段如表 1-8 所示。

表 1-8　响应头字段及其含义

响应头	说　明
Allow	服务器支持哪些请求方法（如 GET、POST 等）
Content-Type	响应体的数据类型，指定返回的数据类型
Content-Length	响应体的传输数据长度
Content-Encoding	响应体压缩编码方式，解码后才能得到 Content-Type 类型的数据
Date	服务器返回的时间（GMT 格式）
Expires	设定回送资源的缓存时间，如果值为 -1 或 0，则表示不缓存
Location	重定向地址（配合 302 状态码使用）
Server	服务器的相关信息，如名称、版本等
Set-Cookie	设置和页面关联的 Cookie

紧跟在响应头之后的是响应体——响应的正文数据。响应体的数据类型由 Content-Type 字段指定：“text/html”表示 HTML 文档，“text/css”表示 CSS 文件，“application/x-javascript”表示 JavaScript 文件，“image/jpeg”表示 JPEG 格式的图片等。响应头通过 Set-Cookie 字段告诉浏览器将哪些内容存放在本地 Cookie 中。

在 Firefox 浏览器“开发者工具”中选择“网络”工具（如图 1-7 所示），刷新页面即可看到当前网页产生的 HTTP 请求，右侧会列出请求头和响应头的字段详情。

如图 1-7 所示，访问单个网页却引发了一系列的 HTTP 请求，这是因为网页不仅包含 HTML 文档，还有很多相关资源，如图像、CSS 文件、JS 代码等。这些资源的 URL 以各种形式嵌入 HTML 文档中，浏览器解析到这些资源后会引发新的 HTTP 请求。

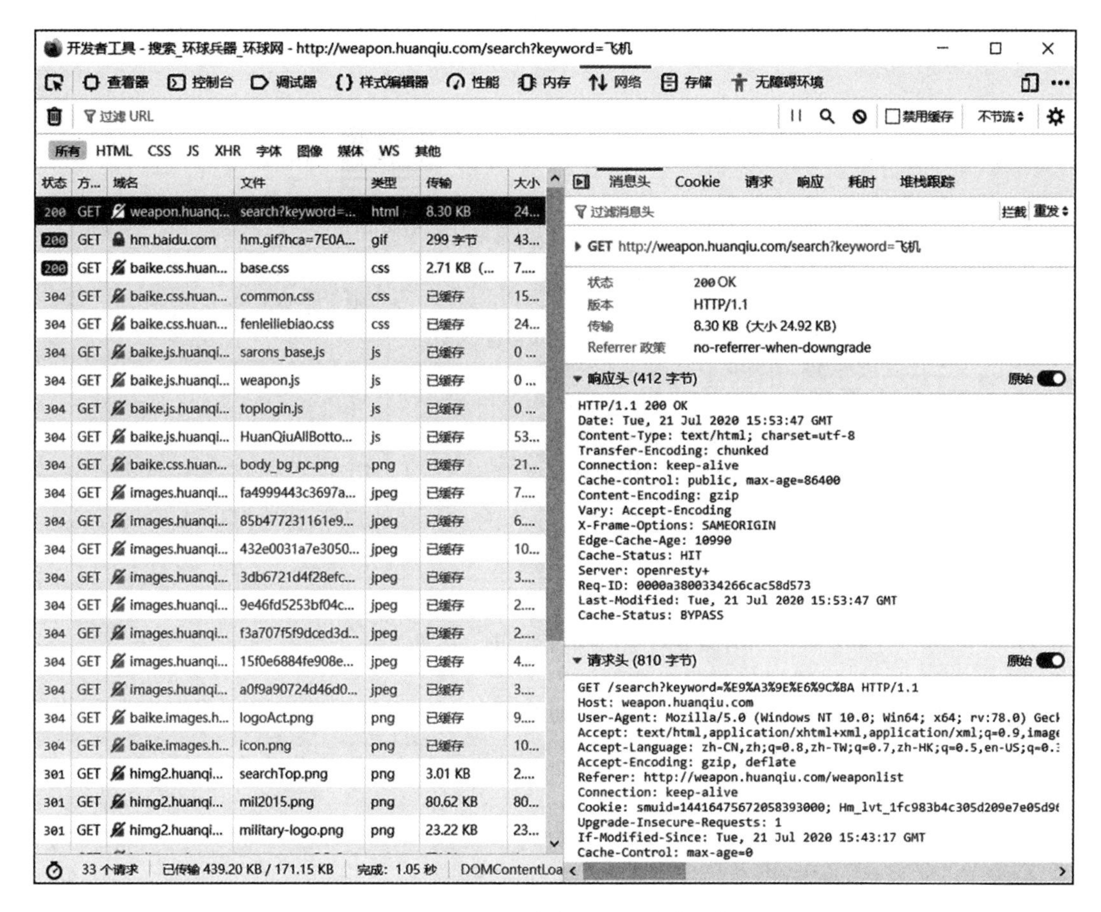

图 1-7　HTTP 请求头和响应头实例

1.1.3　会话机制

有些 Web 应用场景不需要登录（如浏览新闻、百度搜索等），另外一些场景则需要登录（如网上购物、论坛发帖等）。登录的目的是让服务器知道你是谁，进而获得差异化服务。例如，用户 A 在登录某论坛后，只能查看自己的用户信息、修改自己的密码，所发的帖子也不能记在其他用户的名下。

客户端与 Web 服务器连续发生的一系列交互过程被称为一次会话，这个过程类似于两人之间的一次通话。无状态的 HTTP 本身并不支持会话，会话的关键在于服务器如何识别用户身份，这可以借助 Cookie 或 Session 技术来实现。Cookie 和 Session 是两种不同的会话管理方式，前者主要在客户端记录用户信息，后者主要在服务器中记录用户信息。

1. Cookie 机制

基于 Cookie 的会话机制如图 1-8 所示，服务器在验证用户身份后，会要求客户端额外保存一些数据——Cookie，其中包含一个相当于“会话 ID”的信息，此信息同时被保存到服务器的后台数据库中。当用户携带 Cookie 信息再次提交请求时，服务器可以根据“会话

ID”识别用户身份。

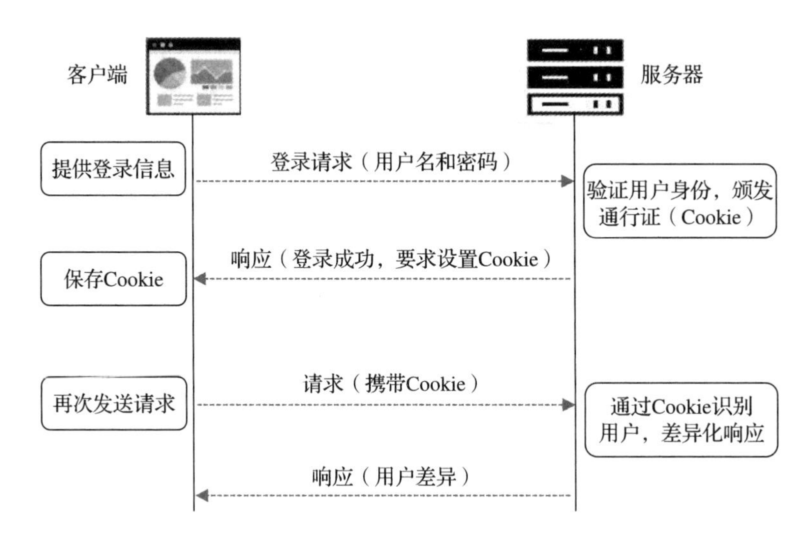

图 1-8　基于 Cookie 的会话机制

如图 1-9 所示，当我们成功登录“网易通行证”时，服务器所返回的响应头中包含一些名为 Set-Cookie 的字段，这些字段就是服务器向客户端颁发的通行证（Cookie）。

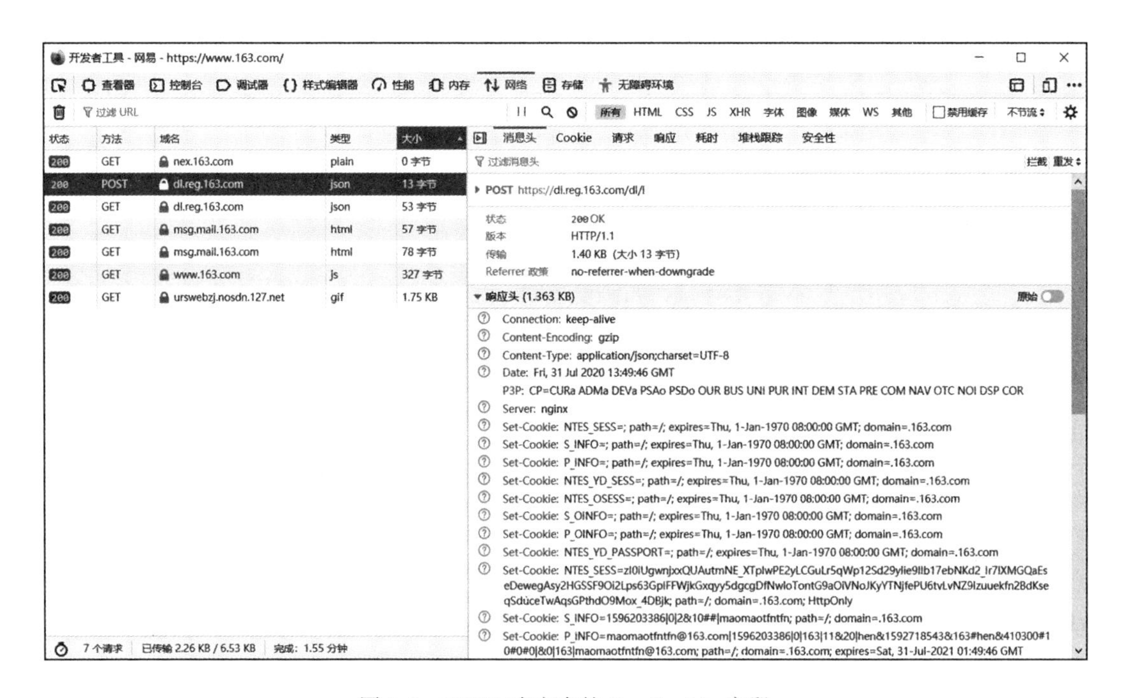

图 1-9　HTTP 响应中的 Set-Cookie 字段

每个 Set-Cookie 字段包含多个键值对，第一个键值对表示 Cookie 的名称（name）和取值（value），其他键值对则表示 Cookie 的一些特定属性（如表 1-9 所示）。

表 1-9　Set-Cookie 字段中的属性

属　性	说　明
name	Cookie 的名称，如“S_INFO”
value	Cookie 的取值，如“1596203386|0|2&10##|maomaotfntfn”
domain	Cookie 所属的域（通过域名表示），如“.163.com”
path	Cookie 的有效范围，“/”表示域名下的所有目录
expires	Cookie 的失效时间，如“Sun, 22 May 2022 03:43:03 GMT”
max-age	Cookie 的有效时长（单位：秒），与 expires 作用类似，但取值不同
httponly	说明 Cookie 是否只出现在 HTTP 头部中
secure	说明 Cookie 是否被安全加密传输
samesite	说明 Cookie 是否限制被第三方访问（取值为 Strict、Lax 或 None）

如图 1-10 所示，登录网易后再次向服务器发送请求，就会在请求头中携带所保存的 Cookie 信息（通过 Cookie 字段），服务器可以据此识别用户身份。

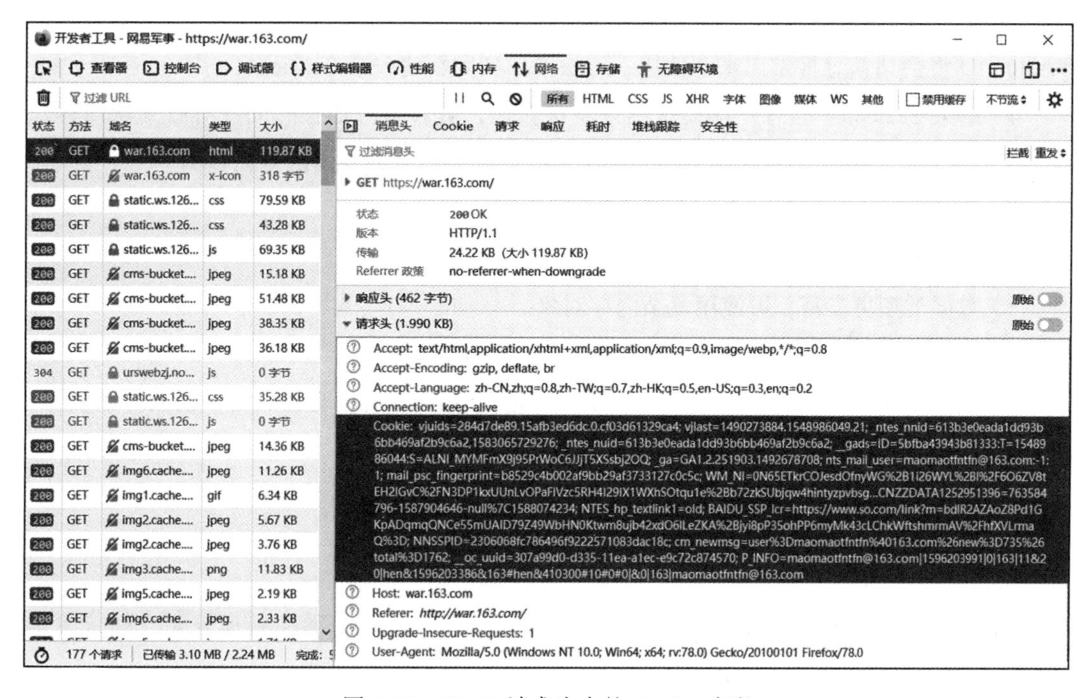

图 1-10　HTTP 请求头中的 Cookie 字段

响应头中可以有多个 Set-Cookie 字段，但请求头中通常只有一个 Cookie 字段（其中包含多个键值对）。Cookie 数据在默认情况下会被保存，但用户也可以设置浏览器禁用某些网站的 Cookie。不同浏览器保存 Cookie 的方式有所不同：IE 浏览器直接将其保存为文本文件，Firefox 浏览器则将其保存到 SQLite 数据库中。

2. Session 机制

在 Cookie 机制中，会话数据存放在客户端，服务器只保存会话 ID。虽然 Cookie 简单高效，但也存在一些不足：

1）浏览器对 Cookie 的数量和大小都有限制，难以表示复杂的会话信息。

2）Cookie 数据保存在客户端，安全性较差。

针对上述不足，人们又提出了 Session 机制（Session 本身就是“会话”的意思）。

与 Cookie 相反，Session 机制中的会话数据存放在服务器中，会话 ID 则以 Cookie 的形式存放在客户端。Session 的基本工作步骤如下：

1）服务器创建 Session 对象。当某个客户端初次访问服务器时，服务器将为其创建一个 Session，并生成一个与此 Session 相关联的 Session ID。服务器将 Session ID 与本次响应信息一并返回给客户端。

2）客户端再次请求服务器。当客户端再次访问某服务器时，会将服务器前期返回的 Session ID 信息与请求信息一起发送给服务器。

3）服务器响应客户端请求。服务器收到客户端的请求消息后，首先检查客户端的请求消息里是否包含 Session ID，若包含则说明前期已为该客户创建过 Session；服务器可根据 Session ID 将会话信息检索出来并使用，若检索不到则新建一个 Session。

4）结束 Session。当客户端要求结束本次会话，或者服务器长时间没有收到从该客户端发来的请求时，则结束本次会话。会话结束后，服务器将删除本次会话数据。

Session 机制的优势在于：

1）数据容量更大，不受浏览器的限制。

2）数据类型更丰富，可使用复杂内存对象。

3）会话控制更灵活，服务器能够随时掌握会话状态。

4）数据安全性更高，不易被盗取利用。但是，Session 机制会占用更多的服务器资源，同时需要 Cookie 配合才能实现。

1.2　网页知识

网页是万维网最基本的信息表达媒介，也是网络爬虫最主要的数据来源。网页主要由 HTML、CSS 和 JavaScript 代码组成，CSS 和 JavaScript 代码可以直接嵌入 HTML 文档中，也可以作为外部文件被引用。HTML 用于描述网页内容，CSS 用于呈现外观样式，JavaScript 用于定义页面动作。如果将网页比喻成一个人，那么 HTML、CSS 和 JavaScript 分别相当于人的骨架、皮肤和肌肉。三者结合起来才能构成一个生动的网页。

1.2.1　HTML

HTML（HyperText Marked Language，超文本标记语言）是制作网页的标准语言。之所以称为超文本（HyperText），一方面是因为网页中包含超链接（HyperLink），另一方面是因为网页是一种超媒体（HyperMedia）数据——能够在文本中嵌入图形、图像、声音、动画、视频等其他形式的媒体资源。

HTML 使用标记标签（markup tag）描述网页元素，标签用尖括号包围起来（如 <body>）。HTML 文档由标签和文本排列、嵌套而成，以下给出了一个示例文档。

```
<!DOCTYPE html>
<!--此文档创建于2020年8月5日-->
<html lang="zh-cn">
    <head>
        <meta charset="UTF-8">
        <title>我的第一个网页</title>
    </head>
    <body>
        <div id="container">
            <h1>HTML文档</h1>
            <p class="text">这是第一个段落。</p>
            <p class="text">这是第二个段落。</p>
            <p class="text">这是第三个段落。</p>
        </div>
        <a href="http://www.163.com">网易首页</a>
    </body>
</html>
```

第 1 行 <!DOCTYPE html> 用于说明该文档的类型；第 2 行“<!--”与“-->”之间为注释文本，起解释说明的作用；第 3 行 <html> 是 HTML 文档的起始标签（与结束标签 </html> 相匹配），lang 属性说明该网页的主要语言为中文；<head> 标签和 <body> 标签包含在 <html> 中，它们都是成对出现的标签，分别代表网页的“头”和“体”。

网页相关参数和引用资源通常在 <head> 中指定。本例中的 <meta charset="UTF-8"> 说明该网页编码格式为 UTF-8，并在 <title> 标签中指定网页标题；<body> 是网页的主体部分，可以嵌套多种标签以呈现网页内容。

在 <body> 中首先定义了 1 个区块（<div> 标签），其 id 属性值“container”唯一标识了该元素；区块中包含 1 个标题（<h1> 标签）和 3 个段落（<p> 标签）；区块之后又添加了一个指向“网易首页”的超链接（<a> 标签）。网页显示效果如图 1-11 所示。

HTML 文档中不仅可以包含文本数据和超链接对象，还可以包含图像、声音、视频等多媒体数据。例如，我们可以使用 <img> 标签在网页中插入一张图片：

```
<img width="300" height="400" src="../pic/dog.png" />
```

上述标签的 width 和 height 属性定义了图像的大小（300×400 像素），src 属性指定了图片原始数据的 URL（"../pic/dog.png"）。注意：这是一个相对路径，假设当前网页的 URL 为 http://localhost/html/index.html，那么图片的实际 URL 为 http://localhost/pic/dog.png。

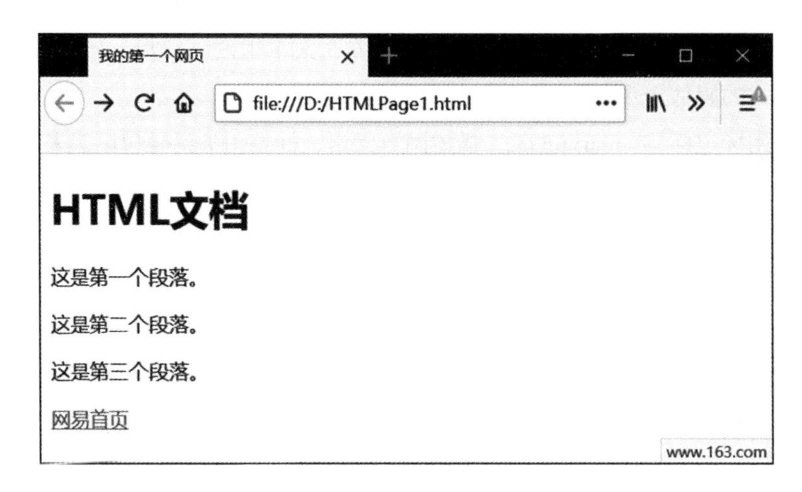

图 1-11　在浏览器中显示 HTML 文档

HTML 提供了一系列具有特定含义的标签，可以表示标题、段落、列表、表格、图片、声音、视频等丰富的页面元素。HTML 标签一般成对出现，即同时包含起始标签和结束标签（如 <p> 和 </p>）；也有少量标签可以独立使用，即仅包含起始标签（如
）。常用的 HTML 标签如表 1-10 所示。

表 1-10　常用的 HTML 标签

标签名称	标签形式	功能说明
html	成对	表示整个 HTML 文档
head	成对	直接包含在 <html> 中，表示文档头
body	成对	直接包含在 <html> 中，表示文档体
mate	独立	位于 <head> 中，定义与文档相关的参数
title	成对	位于 <head> 中，表示文档的标题
link	独立	引用外部资源，关键属性为 src（资源 URL）
script	成对	表示一段 JavaScript 代码
style	成对	表示一段 CSS 规则
div	成对	表示一个区块，没有具体语义
p	成对	表示一个段落
br	独立	表示在当前位置换行
h1～h6	成对	分别表示一级标题到六级标题
table	成对	表示一个表格
tr	成对	表示表格中的一行
td	成对	表示表格中的一个单元格
ul	成对	表示一个无编号的列表
li	成对	表示一个列表项（通常包含在 ul 中）
form	成对	表示一个表单
input	独立	表单元素（文本框、文件上传、提交按钮等）

（续）

标签名称	标签形式	功能说明
select	成对	表示一个选择列表
option	成对	表示一个选择项（通常包含在 select 中）
button	成对	表示一个普通按钮
a	成对	表示超链接，关键属性为 href（链接 URL）
img	独立	表示图片，关键属性为 src（图片 URL）
textarea	成对	表示多行文本域
article	成对	表示一篇文章（HTML5 新增）
section	成对	表示文档中的节（HTML5 新增）
canvas	成对	表示一个位图画布（HTML5 新增）
svg	成对	表示一个伸缩矢量图（HTML5 新增）
audio	成对	表示一个音频（HTML5 新增）
video	成对	表示一个视频（HTML5 新增）

注意：

1）HTML 文档中的标签都是预定义标签，用户不能随意创造标签（浏览器将无法识别）。

2）成对标签中可以嵌套其他标签或文本，独立标签则不能。

3）标签之间的嵌套不是任意的，需要符合一定的语义规则（如 <tr> 应当包含在 <table> 中）。

1.2.2 CSS

CSS（Cascading Style Sheet，层叠样式表）是一套描述网页元素样式的规范。CSS 不仅可以静态地修饰网页，还可以配合脚本语言实现丰富的动态效果。“层叠”是指当 HTML 引用多个样式文件发生冲突时，浏览器将依据层叠顺序进行处理；“样式”指网页元素的大小、颜色、间距、排列方式等属性。每条 CSS 规则由“选择器”和“样式列表”组成，其基本格式如图 1-12 所示。

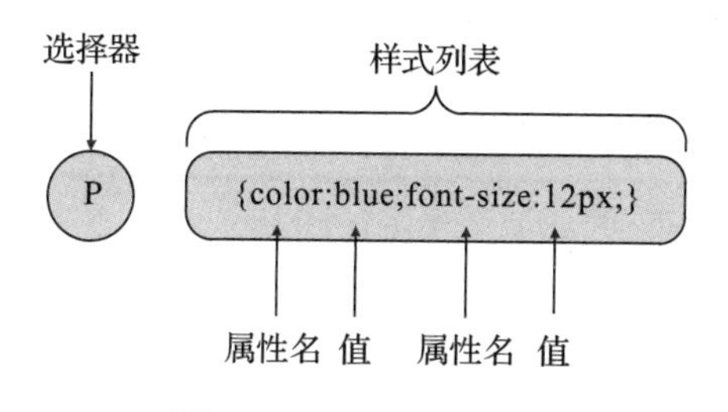

图 1-12 CSS 规则示例

“选择器”用于定位 HTML 元素，“样式列表”用于描述具体样式。样式列表用“{}”括起来，其中可以包含多条样式声明，声明之间以“;”分隔；每条声明由“属性名”和“值”

组成，属性名和值间以“:”连接。属性名是 CSS 语法中规定的关键字，每个属性规定了样式修饰的一个方面。上述 CSS 规则表示：将所有段落（<p> 标签）的文本颜色（color）设置为蓝色（blue），字体大小（font-size）设为 12px。表 1-11 给出了常见的样式属性。

表 1-11　常见的 CSS 属性

CSS 属性	含　义
color	设置文本颜色
text-align	规定文本的水平对齐方式
text-indent	规定文本块首行的缩进
background-color	设置元素的背景颜色
background-image	设置元素的背景图像
border-color	设置边框的颜色
border-width	设置边框的宽度
border-style	设置边框的样式
height	设置元素的高度
width	设置元素的宽度
max-height/min-height	设置元素的最大 / 最小高度
max-width/min-width	设置元素的最大 / 最小宽度
font-family	规定文本的字体系列
font-size	规定文本的字体大小
font-style	规定文本的字体样式
margin	设置元素的外边距
padding	设置元素的内边距
z-index	设置元素的堆叠顺序
visibility	设置元素是否可见

我们可以通过 <style> 标签将 CSS 代码直接嵌入 HTML 文档中，也可将其保存在独立的 CSS 文件中。若网页需要应用某种样式，可通过 <link> 标签引入相关 CSS 文件。

CSS 选择器用于选择应用样式的网页元素，语法简洁但功能强大。CSS 选择器的基本选择条件包括 id、class 和标签名，常用的 CSS 选择器语法如表 1-12 所示。

表 1-12　CSS 选择器语法

选择器	示　例	说　明
.class	.demo	选择 class="demo" 的所有元素
#id	#username	选择 id="username" 的元素
*	*	选择所有元素
element	p	选择所有 <p> 元素
element,element	div，p	选择所有 <div> 元素和所有 <p> 元素
element element	div p	选择 <div> 元素内部的所有 <p> 元素

（续）

选择器	示　例	说　明
element>element	div>p	选择父元素为 <div> 元素的所有 <p> 元素
element+element	div+p	选择紧接在 <div> 元素之后的所有 <p> 元素
[attribute]	[target]	选择带有 target 属性的所有元素
[attribute=value]	[target=_blank]	选择 target="_blank" 的所有元素
[attribute~=value]	[title~=flower]	选择 title 属性值中包含单词 flower 的所有元素
[attribute|=value]	[lang|=en]	选择 lang 属性值中以 en 开头的所有元素
:link	a:link	选择所有未被访问的链接
:visited	a:visited	选择所有已被访问的链接
:active	a:active	选择活动链接
:hover	a:hover	选择鼠标指针位于其上的链接
:focus	input:focus	选择获得焦点的 input 元素
:first-letter	p:first-letter	选择每个 <p> 元素的首字母
:first-line	p:first-line	选择每个 <p> 元素的首行
:first-child	p:first-child	选择属于父元素的第一个子元素的所有 <p> 元素
:before	p:before	在每个 <p> 元素的内容之前插入内容
:after	p:after	在每个 <p> 元素的内容之后插入内容
:lang(language)	p:lang(it)	选择带有以 it 开头的 lang 属性值的所有 <p> 元素
element1~element2	p~ul	选择前面有 <p> 元素的所有 <ul> 元素
[attribute^=value]	a[src^="https"]	选择其 src 属性值以 https 开头的所有 <a> 元素
[attribute$=value]	a[src$=".pdf"]	选择其 src 属性值以 .pdf 结尾的所有 <a> 元素
[attribute*=value]	a[src*="abc"]	选择其 src 属性值中包含 abc 子串的所有 <a> 元素
:first-of-type	p:first-of-type	选择属于其父元素的首个 <p> 元素的所有 <p> 元素
:last-of-type	p:last-of-type	选择属于其父元素的最后 <p> 元素的所有 <p> 元素
:only-of-type	p:only-of-type	选择属于其父元素唯一的 <p> 元素的所有 <p> 元素
:only-child	p:only-child	选择属于其父元素的唯一子元素的所有 <p> 元素
:nth-child(n)	p:nth-child(2)	选择属于其父元素的第二个子元素的所有 <p> 元素
:nth-last-child(n)	p:nth-last-child(2)	同上，但是从最后一个子元素开始计数
:nth-of-type(n)	p:nth-of-type(2)	选择属于其父元素的第二个 <p> 元素的所有 <p> 元素
:nth-last-of-type(n)	p:nth-last-of-type(2)	同上，但是从最后一个子元素开始计数
:last-child	p:last-child	选择属于其父元素的最后一个子元素的所有 <p> 元素
:root	:root	选择文档的根元素
:empty	p:empty	选择没有子元素的所有 <p> 元素（包括文本节点）
:target	#news:target	选择当前活动的 #news 元素
:enabled	input:enabled	选择每个启用的 <input> 元素
:disabled	input:disabled	选择每个禁用的 <input> 元素
:checked	input:checked	选择每个被选中的 <input> 元素

（续）

选择器	示　例	说　明
:not(selector)	:not(p)	选择非 <p> 元素的所有元素
::selection	::selection	选择被用户选取的元素部分
:out-of-range	:out-of-range	匹配在指定区间之外的元素
:in-range	:in-range	匹配在指定区间之内的元素
:read-write	:read-write	用于匹配可读及可写的元素
:read-only	:read-only	用于匹配设置 read-only（只读）属性的元素
:optional	:optional	用于匹配可选的输入元素
:required	:required	用于匹配设置了 required 属性的元素

CSS 选择器具有元素定位的功能，可以用于网络爬虫数据抽取。网页中“置顶”的帖子、“聚焦”的新闻、“特价”的商品等，其显示样式往往与众不同。例如，网易的新闻列表中有些标题加粗显示（如图 1-13 所示），原因在于其 class 属性被设为“ cm_fb”。我们可以据此设置抽取条件，从而更精准地抽取数据。

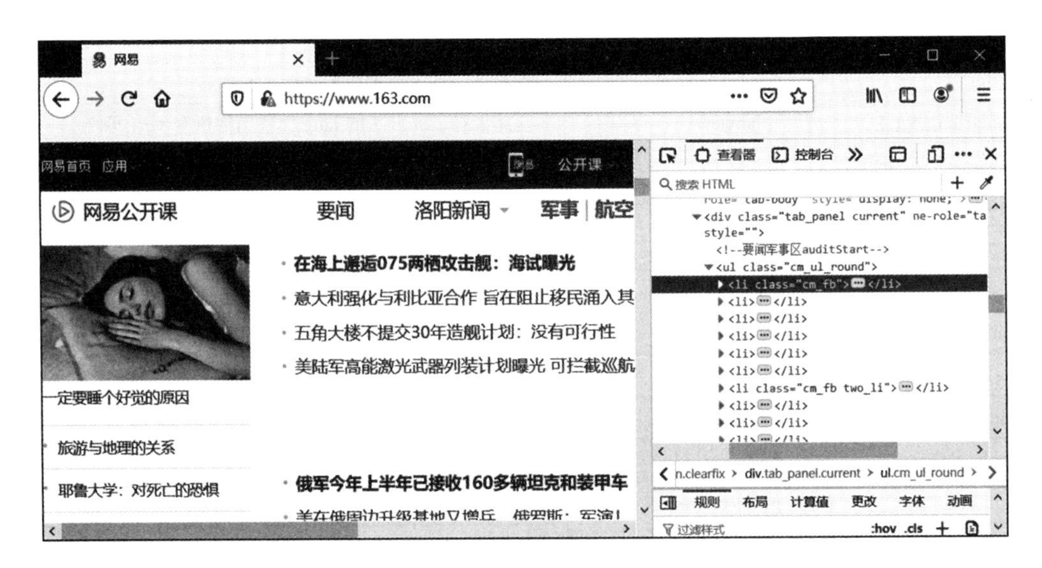

图 1-13　网页中加粗的标题

1.2.3　JavaScript

JavaScript（简称“ JS”）是一种轻量级的脚本语言，广泛应用于 Web 前端，能够运行在几乎所有的浏览器上。JavaScript 不仅能够按照 DOM 标准访问页面元素，还可以通过 AJAX 技术实现对 Web 资源的异步加载。

说明：虽然 JavaScript 与 Java 在名称上相近，但它们是两种完全不同的编程语言。DOM（Document Object Model，文档对象模型）是一种用于访问 HTML 等文档元素的 W3C 标准。

AJAX（Asynchronous JavaScript and XML，异步 JavaScript 和 XML）能够在不刷新页面的情况下与服务器进行数据交换。

JavaScript 代码既可以直接嵌入 HTML 文档中，也可以写成单独的 JS 文件。若直接嵌入 HTML 文档，JavaScript 代码必须包含在 <script> 与 </script> 标签之间，<script> 标签可以嵌入网页的任何位置，但通常放在 <head> 中。下面给出了一个示例：

```
<!DOCTYPE html>
<html>
    <head>
        <title>JavaScript测试</title>
        <script>
            function myFunction() {
                var elem = document.getElementById("demo");  // 根据ID获取页面元素
                elem.innerHTML = "段落已被更改。";              // 修改元素的内部文本
            }
        </script>
    </head>
    <body>
        <h2>执行JavaScript代码</h2>
        <p id="demo">这是一个段落。</p>
        <button type="button" onclick="myFunction()">试一试</button>
    </body>
</html>
```

上述文档的 JavaScript 代码位于 <head> 标签内，代码中定义了一个名为 myFunction 的函数；同时为 <button> 元素添加 onclick 事件，当此按钮被单击时就会执行 myFunction 函数。加载上述网页，单击按钮前后的对比如图 1-14 所示。

a）JS 执行前

b）JS 执行后

图 1-14　在网页中执行 JavaScript 代码前后的对比

我们也可以将 JavaScript 代码存放在单独的 JS 文件中，在 HTML 文档同目录下新建一个名为“myScript.js”的文件，其代码如下：

```
function myFunction() {
    var elem = document.getElementById("demo");    //根据ID获取页面元素
    elem.innerHTML = "段落已被更改。";               //修改元素的内部文本
}
```

将 HTML 文档内容调整如下：

```
<!DOCTYPE html>
<html>
    <head>
        <title>JavaScript测试</title>
        <script src="myScript.js" charset="utf-8"></script>
    </head>
    <body>
        <h2>执行JavaScript代码</h2>
        <p id="demo">这是一个段落。</p>
        <button type="button" onclick="myFunction()">试一试</button>
    </body>
</html>
```

在 HTML 文档中通过 <script> 标签的 src 属性引入 myScript.js 文件，此时标签内容为空即可。经过上述调整，我们将 1 个 HTML 文档拆分成两个文件（HTML 和 JS），但运行结果保持不变。将 JavaScript 代码保存为单独的文件，不仅有利于功能划分，而且能够提高代码的复用率。这与单独存放 CSS 文件具有类似的意义。

1.3　网络爬虫的原理

1.3.1　网络爬虫概述

1. 网络爬虫的定义

或许你不太了解网络爬虫（Web Crawler，简称爬虫），但一定很熟悉搜索引擎，我们几乎每天都在通过搜索引擎获取互联网信息。无论搜索引擎的功能多么强大，其基本工作原理并不复杂，我们总结如下：

1）在 Web 中广泛收集数据。

2）为数据建立倒排索引。

3）根据搜索词将相关结果排序后返回给用户。

其中第 1 步“收集数据”的工作就是由网络爬虫完成的。

网络爬虫不仅是搜索引擎的关键组件，在其他领域也有广泛应用。借助网络爬虫，语言学家可以下载大量文本以研究语言现象，销售人员可以搜集产品的价格和销量以分析市场行情，领域爱好者能够将某个网站或栏目的内容收藏到本地，AI 研究者能够采集各类数据作为机器学习的素材。

网络爬虫是按照一定规则自动获取 Web 信息资源的计算机程序。对于网络爬虫的定义，可以从以下几个方面进行理解：

- 爬虫这个称谓是一种形象的比喻，有时也被称为网络蜘蛛（Web Spider）或网络机器人（Web Robot）。

- 关于运行环境，虽然 Web 不是因特网的全部，但网络爬虫主要是面向 Web 的，这是由 Web 资源的开放性和丰富性所决定的。
- 关于爬虫规则，一方面指网络爬虫所采用的搜索策略（如深度优先、广度优先等），另一方面指网络爬虫要遵循的行业规范（如 Robots 协议）。
- 关于存在形式，网络爬虫是能够执行数据采集任务的自动化程序，其具体形式既可以是可执行文件，也可以是某种脚本。
- 关于抽取目标，网络爬虫通常会对原始 Web 数据进行二次抽取，以提高目标数据的结构化程度和价值密度。

2. 爬虫的分类

根据数据采集的范围和精度不同，网络爬虫大致可分为“漫爬型”和“垂直型”：前者用于搜索引擎的广泛采集，也被称为通用爬虫（General Purpose Web Crawler）；后者用于领域数据的精准采集，也被称为聚焦爬虫（Focused Web Crawler）。如图 1-15 所示，通用爬虫对网页中的所有超链接进行无差别搜索，得到一棵完整的生成树；聚焦爬虫则按照一定条件进行筛选，得到一棵被剪枝的生成树。

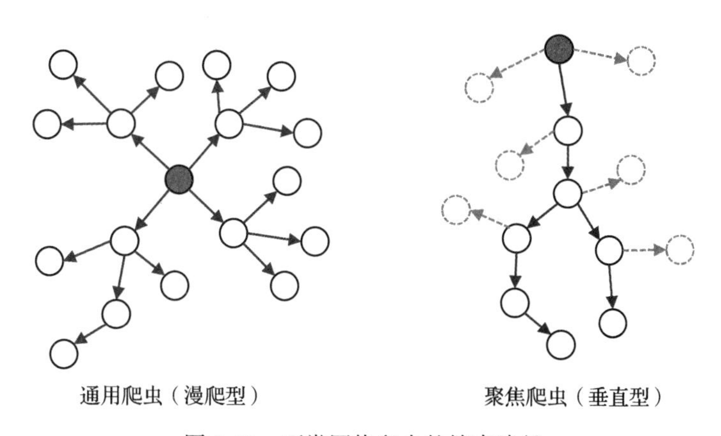

图 1-15　两类网络爬虫的搜索路径

搜索引擎能够满足日常生活中的信息检索，却难以满足行业用户的需求。搜索引擎存在以下问题：

1）包含不相关的内容（如广告、推广等）。

2）包含内容重复的页面。

3）仅返回部分搜索结果。

这与行业用户对数据“查准、查全”的要求相去甚远。如何高效获取资源，解决信息不对称问题，已成为互联网信息利用的关键。面向特定主题和应用的爬虫是行业人员获取领域数据的重要工具，也是本书的主要研究对象。

网络爬虫还可从其他角度进行分类。根据目标资源的位置不同，网络爬虫可以分为浅层爬虫（Surface Web Crawler）和深层爬虫（Deep Web Crawler）。通过 URL 能够直接到达的数据为浅层数据（如静态页面），需要用户登录、提交表单或异步加载才能获得的数据为深层数据。研究发现，Web 中的深层数据量远远超过浅层数据量，因此深层爬虫就显得十分重要。相比之下，浅层爬虫比较容易开发，而开发深层爬虫则需要更多的技术手段。

根据部署方式不同，网络爬虫可分为集中式爬虫和分布式爬虫。集中式爬虫运行在单台计算机上，可用于面向个人的中小规模数据采集；分布式爬虫能够实现在多台计算机上的协同爬取，可用于面向企业的大规模数据采集。

根据数据更新方式的不同，网络爬虫可以分为累积式爬虫（Cumulative Crawler）和增量式爬虫（Incremental Crawler）。累积式爬虫常用于数据集的整体建立或大规模更新，增量式爬虫主要针对数据集的日常维护与实时更新。

3. 工作流程

网络爬虫涉及很多技术环节，必要技术包括 Web 访问、信息抽取、数据存储、爬虫控制等，可选技术包括多线程爬取、分布式部署、可视化编程、模拟浏览器、使用代理服务等。每个环节又包含很多技术细节，这些细节将在后续章节详细介绍。网络爬虫的基本工作流程如图 1-16 所示。

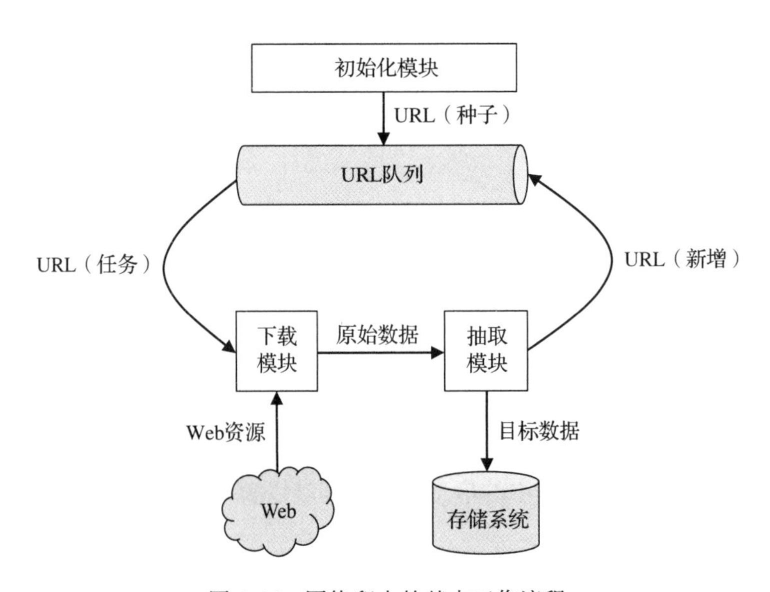

图 1-16 网络爬虫的基本工作流程

爬虫的基本工作流程可描述为以下 7 个步骤：

1）初始化爬虫参数，将种子添加到 URL 队列。

2）判断 URL 队列是否为空，若不空则进入第 3 步，否则进入第 7 步。

3）从队列中取出下一个 URL，访问其 Web 资源。

4）解析 Web 资源，根据条件抽取目标数据和扩展链接。

5）根据用户需要将目标数据保存到文件或数据库。

6）将符合条件的扩展链接补充到 URL 队列，转到第 2 步。

7）结束任务，退出爬虫。

在上述步骤中，种子可以是一个或多个，这是爬虫采集的起点。采集任务启动后将循环判断 URL 队列是否为空，在 URL 不断出列的同时又有新的补充，这样就实现了自动采集。目标数据和扩展链接的选取条件可在初始化模块中设置。

为了避免重复采集，我们通常借助一个 Visited 数组来记录那些已被访问的 URL。随着爬虫任务的执行，Visited 数组将会越来越大，直到所有符合条件的扩展链接都包含在其中，此时不会再有新的 URL 入列，URL 队列最终将被清空。

爬虫的目标数据通常是对原始 Web 数据进一步抽取的结果（如文章的标题和正文、产品的款型和价格）。常见的抽取对象包括 HTML 数据、XML 数据、JSON 数据等。

1.3.2　Robots 协议

网络爬虫排除协议（Robots Exclusion Protocol，简称 Robots 协议）用于告知网络爬虫允许抓取网站哪些内容，不允许抓取哪些内容。Robots 协议内容通常以文本文件（robots.txt）的形式存放于网站根目录下，也可以在 HTML 文档的 <meta> 标签中进行描述。

1. 通过 robots.txt 文件描述 Robots 协议

网站根目录下的 robots.txt 文件默认采用 ASCII 编码，其中描述了一系列 Robots 规则。不同网站的 robots.txt 文件的书写方式各不相同，百度（www.baidu.com）网站的 robots.txt 文件内容如图 1-17 所示。

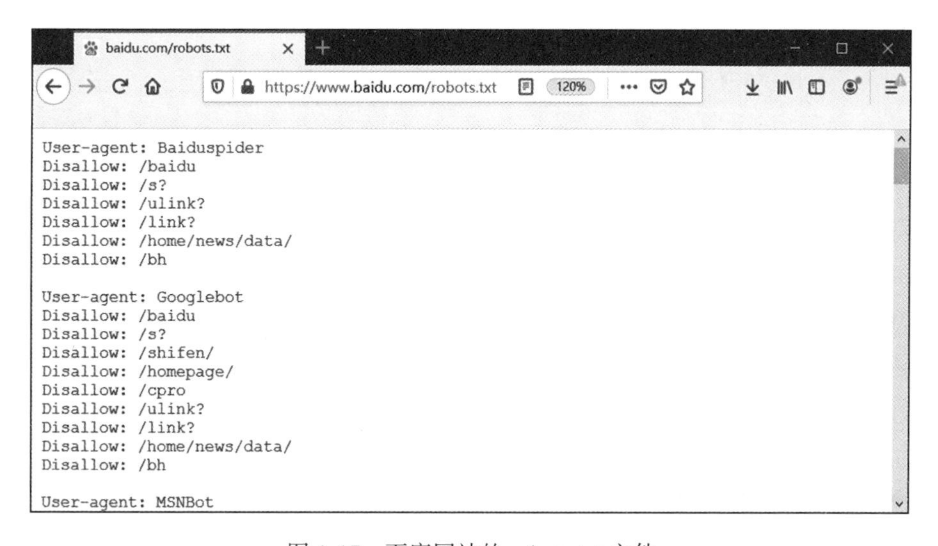

图 1-17　百度网站的 robots.txt 文件

百度网站的 Robots 协议指定了某些网络爬虫（如 Baiduspider、Googlebot 等）不允许抓取的资源（如 /baidu、/s？、/home/news/data/ 等），除此之外的内容都可以抓取。搜狐

（www.sohu.com）网站的 robots.txt 文件内容如图 1-18 所示。

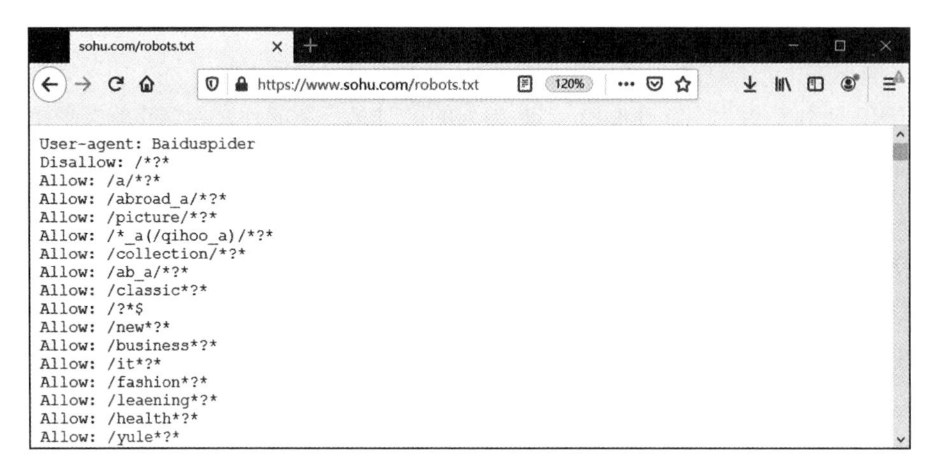

图 1-18　搜狐网站的 robots.txt 文件

搜狐网站的 Robots 协议指定了某些网络爬虫（如 Baiduspider 等）允许抓取的资源（如 /a/*?*、/abroad_a/*?*、/picture/*?* 等），除此之外的内容都不能抓取。由此可见，百度和搜狐所采取的爬虫排除策略恰好相反。

如果网站不存在 robots.txt 文件或者文件内容为空，则默认没有设置排除规则，网络爬虫可以访问站点的所有资源。如图 1-19 所示，网易网站的 robots.txt 文件内容即为空。

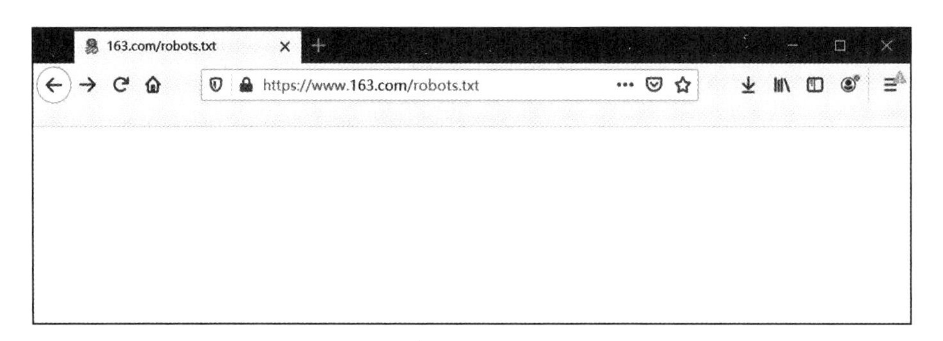

图 1-19　网易网站的 robots.txt 文件

通过以上几个示例可见，robots.txt 文件由若干字段构成，表 1-13 给出了 robots.txt 文件中的常用字段名及说明。

表 1-13　robots.txt 文件的常用字段及说明

字段名	含　义	示例说明
User-agent	指定对哪些爬虫生效	User-agent: Baiduspider（针对百度爬虫）
Disallow	指定不允许访问的资源	Disallow: /tmp/（不允许访问 tmp 目录）
Allow	指定可以访问的资源	Allow: /*.html$（允许访问以 html 为后缀的 URL）
Robot-version	指定 Robots 协议的版本号	Robot-version: Version 2.0（协议版本为 2.0）

（续）

字段名	含　义	示例说明
Crawl-delay	两次抓取的最小间隔	Crawl-delay:2（最小间隔为 2 秒）
Visit-time	允许爬虫访问的时间段	Visit-time: 0200-1300（允许在 2:00 到 13:00 访问）
Request-rate	URL 的最大读取频率	Request-rate: 40（以每分钟 40 次的频率进行访问）

下面通过几个简单例子来说明常见 robots.txt 内容的书写方法。

1）允许所有的爬虫访问所有内容，写法如下：

```
User-agent: *
Disallow:                         #禁止访问内容为空
```

另一种写法如下：

```
User-agent: *
Allow:/                           #允许访问内容为所有
```

2）仅允许特定爬虫访问所有内容，写法如下：

```
User-agent: spider_name           #spider_name为爬虫名字
Allow:/
```

3）禁止所有爬虫访问网站的任何内容，写法如下：

```
User-agent: *
Disallow: /
```

4）禁止所有爬虫访问指定目录，写法如下：

```
User-agent: *
Disallow: /cgi-bin/               # 禁止访问网站的cgi-bin目录
Disallow: /private/images/        # 禁止访问网站的private/images目录
```

5）禁止特定爬虫访问指定目录，写法如下：

```
User-agent: BadBob                # BadBob为爬虫名字
Disallow: /private/
```

6）禁止所有爬虫访问指定文件类型，写法如下：

```
User-agent: *
Disallow: /*.php$                 #禁止访问所有以.php结尾的资源
Disallow: /*?*                    #禁止访问包含"?"的资源
Disallow: /tmp/test.html          #禁止访问tmp目录下的test.html文件
```

Robots 协议通过模式匹配字符串（Allow 和 Disallow 字段值）定位 URL。以斜杠“/”结尾时表示目录，否则表示文件。若希望单独定义网络爬虫对某个子目录的行为限制，可将相关设置合并到根目录下的 robots.txt 中。User-agent 字段用于指定网络爬虫，常见的网络爬虫名称如表 1-14 所示。

表 1-14　常见的网络爬虫名称

网络爬虫名称	名　称	网　站
Baiduspider	百度	www.baidu.com
Googlebot	谷歌	www.google.com
360Spider	360 搜索	www.so.com
YodaoBot	有道	www.youdao.com
ia_archiver	Alexa	www.alexa.cn

2. 通过 <meta> 标签描述 Robots 协议

除了通过 robots.txt 文件描述之外，还可以通过 HTML 文档的 <meta> 标签描述 Robots 协议。前者用于描述整个站点对爬虫的访问限制，后者用于描述某个具体的页面。描述 Robots 协议的 <meta> 标签的基本形式如下：

```
<meta name="Robots" contect="all ">
```

标签的 name 属性用来指定爬虫名称（如 name="Baiduspider"），若取值为 Robots，则表示对所有网络爬虫有效。contect 属性用于描述爬虫的操作权限，其可选取值如表 1-15 所示。

表 1-15　contect 属性的可选取值

取　值	含　义
all（默认值）	文件可以被检索，且页面链接可以被查询
none	文件不能被检索，且页面链接不可被查询
index	文件将被检索
noindex	文件将不能被检索
follow	页面链接可以被查询
nofollow	页面链接不能被查询

这里的“检索”是指下载网页的内容，“查询”是指继续搜索页面中的链接。表 1-15 中的 contect 取值还可组合使用，以下代码表示本网页可检索、可查询：

```
< meta name="Robots" contect="index,follow">
```

上述代码相当于：

```
< meta name="Robots" contect="all">
```

若 contect="index,nofollow"，则表示可检索、不可查询；若 contect="noindex,nofollow"，则表示不可检索、不可查询，相当于 contect="none"。

说明：Robots 协议只是一种行业约定，并不是法律规范，没有强制约束力。但需要强调的是，若进行商业用途的数据采集，无论是否使用网络爬虫、是否遵守 Robots 协议，哪怕采用手动复制的方式，都可能会侵犯他人知识产权，引发不正当竞争。

1.3.3 网络爬虫框架

国内外众多机构和个人已开发出多款爬虫工具软件，如 Nutch、Heritrix、SOUP、ParseHub、GooSeeker、八爪鱼、火车头等。常用的爬虫框架包括 WebCollector、Nutch、WebMagic、Heritrix、Scrapy 和 PySpider 等。这些爬虫软件和框架极大地方便了人们对网络数据的获取，但具有以下局限性：

- 有的爬虫功能相对单一，使用方式受限，可定制化程度不够。
- 有的爬虫安装配置烦琐，框架结构复杂，使用门槛较高。
- 有的爬虫采用封闭式框架，不提供开源代码，难以进行二次开发。
- 有的爬虫抓取速度慢，解析和抽取能力弱，性能表现不佳。

总之，基于现有框架快速开发个性化爬虫仍然具有一定难度。因此，为开发者提供一个轻量级、模块化、免费开源、高效易用的网络爬虫框架就显得十分重要。

面向个性化需求的轻量级爬虫框架应当采用模块化设计，能够下载各类网络资源，并支持异步下载、编码检测、提交表单、压缩传输、使用代理等机制；能够解析和抽取 HTML、XML、JSON 等多种数据；能够提供灵活的爬虫控制方式，内置常用搜索算法；能够管理、分配线程资源和代理资源，支持分布式部署。根据上述需求，可设计如图 1-20 所示的爬虫框架，主要组件包括：控制器、下载器、解析器、线程池、代理池、分布式部署器和智能化工具包。

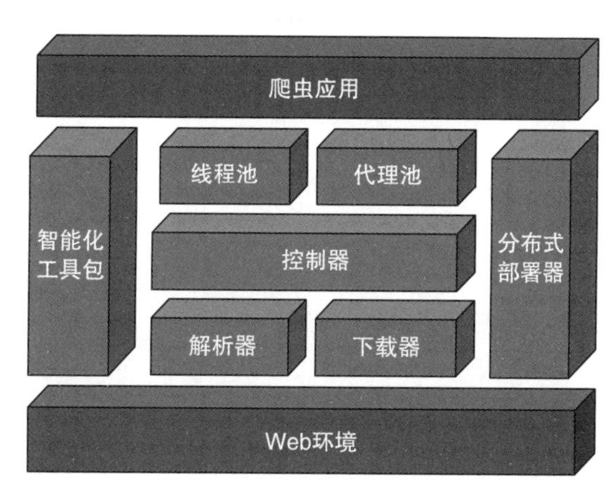

图 1-20　轻量级爬虫框架

框架中的智能化工具包通过人机交互技术实现可视化模板配置，用户不必掌握 Web 专业知识就能完成模板配置，从而降低了爬虫的使用门槛；通过智能抽取技术实现对网页内容（如正文、日期、目录等）的自动抽取，进一步减少配置工作量；通过主题模型计算网页内容的相关度，从而提高主题爬虫的采集精度。

通常情况下，框架中的控制器、解析器、下载器为必选组件，其余为可选组件，用户可根据需要进行组装。爬虫框架的基本应用模式如图 1-21 所示。

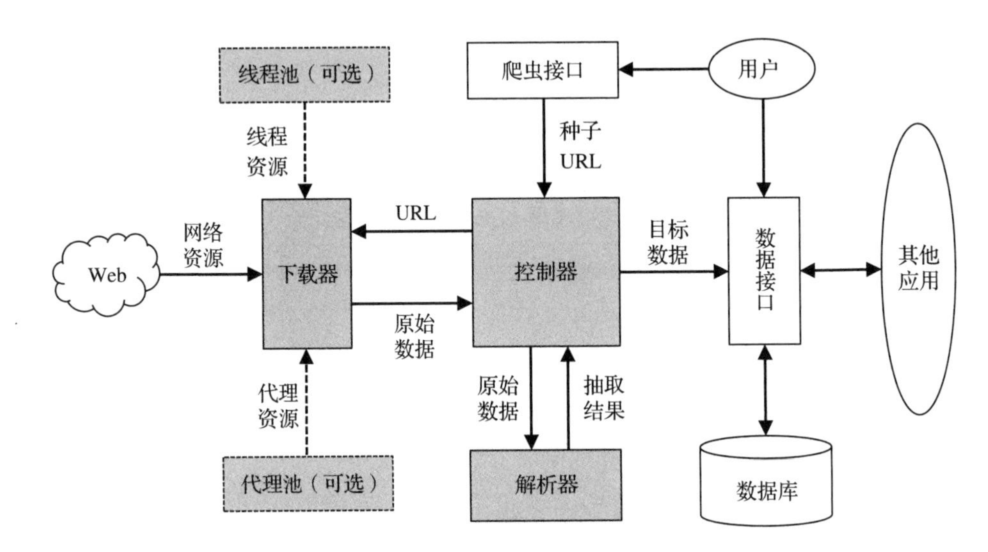

图 1-21　爬虫框架的应用模式

引入爬虫框架后，开发者只需编写几行代码即可完成对简单任务的爬取；对于较复杂的任务，亦可通过参数化定制或二次开发来实现。当需要规划新的爬虫路线时，开发者通常只需要重写控制器的相关方法，从而最大限度地复用框架功能。

上述框架具有高内聚、低耦合、可拼装、易使用的特点，能够有效降低使用门槛，简化配置流程，优化搜索路线，提高采集精度，从而提高爬虫的自动化、智能化水平。

爬虫框架中的重要模块将在后续章节中详细介绍，其中第 3 章重点介绍下载器，第 4、5 章重点介绍解析器，第 7 章重点介绍控制器，第 8 章重点介绍线程池，第 9 章重点介绍代理池。

第 2 章

C# 编程基础

“工欲善其事，必先利其器。”在正式开启网络爬虫之旅前，我们先来回顾一下 C# 的基本语法。如果你已经熟练掌握了 C# 基本语法，可以跳过本章。

2.1 C# 语言概述

2.1.1 C# 与 .NET 框架

C# 是微软公司推出的一种简单、通用、面向对象的编程语言，由安德斯·海尔斯伯格（Anders Hejlsberg）主持设计。C# 语言规范被欧洲计算机制造商协会（ECMA）于 2001 年 10 月批准为计算机产业标准（ECMA-334），随后又被国际标准化组织（ISO）批准为标准。C# 吸收了 C++ 和 Java 等语言的优点，同时摒弃了一些晦涩的语法，并具有以下特性：

- 语法简洁，具有和 C/C++ 类似的代码风格。
- 纯粹面向对象，支持封装、继承、多态等面向对象的特性。
- 类型安全，支持强制类型检查、数组边界检查和变量初始化检查。
- 与 Web 紧密结合，支持绝大多数 Web 标准（如 HTTP、XML、SOAP 等）。
- 提供自动垃圾收集机制，能帮助开发者有效地管理内存资源。
- 遵循 .NET 的公共语言规范，能够与其他语言开发的组件相互兼容。
- 支持灵活的版本处理，使程序代码的可维护性更强。
- 提供了完善的错误和异常处理机制，从而提高了应用程序的健壮性。

说起 C# 语言，就不得不提到 .NET Framework（.NET 框架）。虽然 C# 不是 .NET Framework 的一部分，但它最初就是为 .NET 应用而设计的，这从根本上保证了 C# 与 .NET Framework 的完美结合。.NET Framework 是一个在 Windows 系统上运行的软件框架，支持包括 C# 在内的多种编程语言，这些语言都符合公共语言规范（Common Language Specification，CLS）。此外，.NET Framework 包含一个规模庞大的框架类库（Framework Class Library，FCL），并提供一个名为公共语言运行时（Common Language Runtime，CLR）的运行环境。.NET Framework 体系结构如图 2-1 所示。

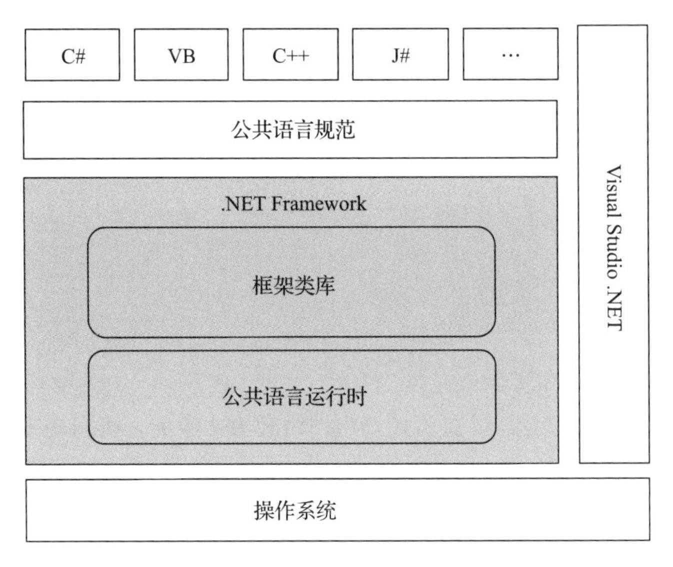

图 2-1　.NET Framework 体系结构

CLR 为 .NET 程序提供运行时环境，其核心功能包括内存管理、程序集加载、安全性、异常处理和线程同步，可以看作 .NET 程序的执行引擎或虚拟机。CLR 是平台无关的，允许开发人员使用不同语言开发应用程序。用不同语言编写的程序代码将被编译成一种平台无关的通用中间语言（Common Intermediate Language，CIL）代码，而不是直接编译为机器代码；在执行期间，基于特定体系结构的即时编译器（JIT）再将 CIL 转换为机器代码。.NET 程序的执行过程如图 2-2 所示。

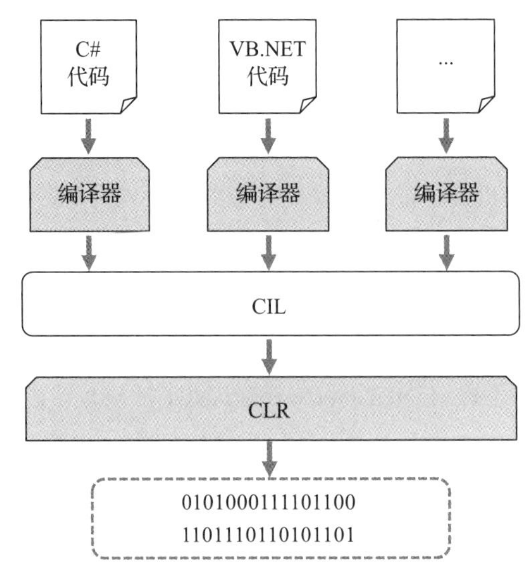

图 2-2　.NET 程序执行过程

框架类库是可重用类（reusable class）、接口（interface）和值类型（value type）的集合，提供对操作系统功能的访问，是构建 .NET 应用程序、组件和控件的基础。框架类库又可分为基础类库（Base Class Library）和应用类库（Application Class Library）。随着版本的更新，越来越多的功能或特性被添加进来，逐渐形成了 .NET Framework 组件堆栈（如图 2-3 所示）。

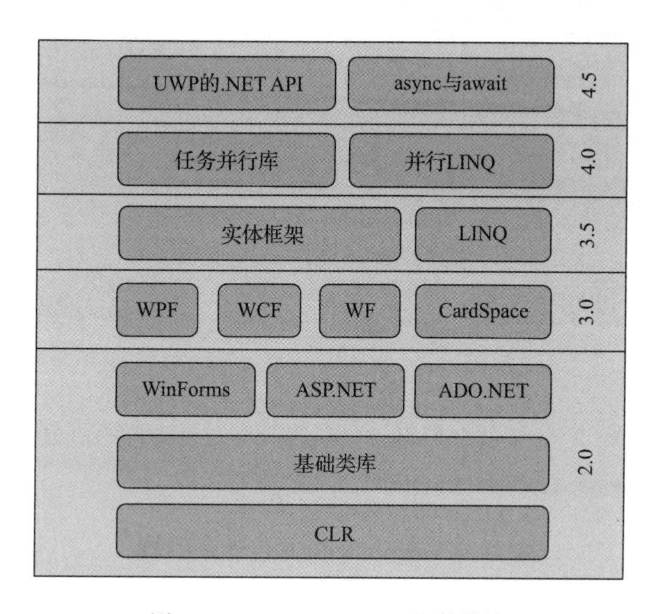

图 2-3　.NET Framework 组件堆栈

目前，.NET 实现主要包括 .NET Framework、.NET Core 和 Xamarin，它们都遵循一个名为 .NET 标准库的通用 API 规范。.NET Framework 是最早出现的 .NET 实现，它包含一些特定于 Windows 的 API（如 WinForms 和 WPF），特别适用于开发 Windows 桌面应用程序。.NET Core 支持在 Windows、Linux 和 MacOS 上开发 ASP.NET 和控制台应用，主要用于云计算下的服务器端跨平台开发。Xamarin 基于 Mono 实现，专注于提供 Android、iOS 等主流移动平台的 .NET 开发工具和类库。新的 .NET 体系结构如图 2-4 所示。

微软公司早就声称 .NET 程序是可以跨平台的——为不同平台实现 .NET 规范，但由于长期以来 .NET Framework 是 .NET 的唯一实现（仅支持 Windows 系统），因此所谓的“跨平台能力”也只存在于理论之中。随着 .NET Core 和 Xamarin 等框架的出现，这种跨平台能力逐渐从理论变为现实。

2.1.2 开发环境

Visual Studio 是微软公司推出的全功能集成开发环境（IDE），是 .NET 战略的一部分。Visual Studio 提供了开发、调试、测试、协作及其他扩展功能，面向 C#、VB、C/C++、Python、JS、R 等多种语言，支持 Windows 应用、Web 应用、Office 和游戏、移动应用以及跨平台应用开发。虽然 Visual Studio 提供了丰富的开发功能，但我们主要关注如何使用 C# 语言开发 Windows 应用程序——网络爬虫。

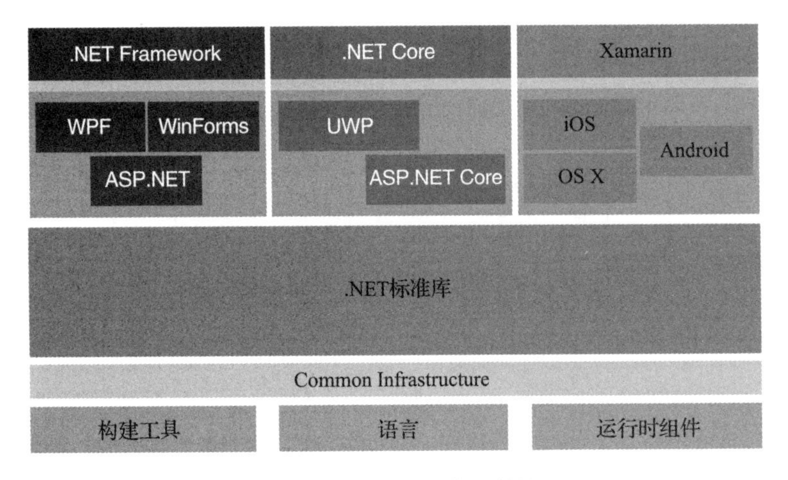

图 2-4　新的 .NET 体系结构

Visual Studio 每隔 2～3 年就会推出一个新的版本，所支持的语言特征和 .NET 框架也会随之更新。表 2-1 列出了 Visual Studio 的主要历史版本。

表 2-1　Visual Studio 的主要历史版本

版　本	内部版本	支持的 .NET Framework	发布时间 / 年
Visual Studio 2002	7.0	1.0	2002
Visual Studio 2003	7.1	1.1	2003
Visual Studio 2005	8.0	2.0	2005
Visual Studio 2008	9.0	2.0、3.0、3.5	2007
Visual Studio 2010	10.0	2.0、3.0、3.5、4.0	2010
Visual Studio 2012	11.0	2.0、3.0、3.5、4.0、4.5、4.6	2012
Visual Studio 2013	12.0	2.0、3.0、3.5、4.0、4.5、4.6	2013
Visual Studio 2015	14.0	2.0、3.0、3.5、4.0、4.5、4.6	2014
Visual Studio 2017	15.0	2.0、3.0、3.5、4.0、4.5、4.6、4.7	2017
Visual Studio 2019	16.0	2.0、3.0、3.5、4.0、4.5、4.6、4.7、4.8	2019

1. Visual Studio 的安装

下面以 Visual Studio 2015 为例介绍其安装和配置方法。

1）加载安装光盘，启动安装程序（如图 2-5 所示）。

2）指定安装位置，选择安装方式。如果选择“典型”安装，则默认安装 C#、VB、Web 和桌面功能；如果选择“自定义”安装，则需要手动选择安装功能模块。

3）确认安装功能，等待安装完成。如果在“自定义”安装时选择了第三方开发工具，则会从网上下载这些工具，需要较长时间。

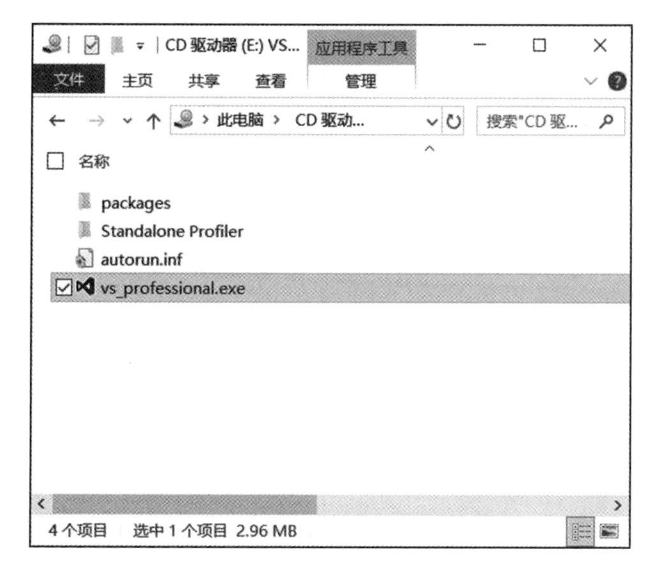

图 2-5　Visual Studio 的启动安装

4）启动 Visual Studio 并登录。如果没有用户名，可以免费注册一个，也可以跳过登录。

5）完成最后的配置。选择默认开发语言和颜色主题，等待几分钟后即可打开 Visual Studio 主界面（如图 2-6 所示）。

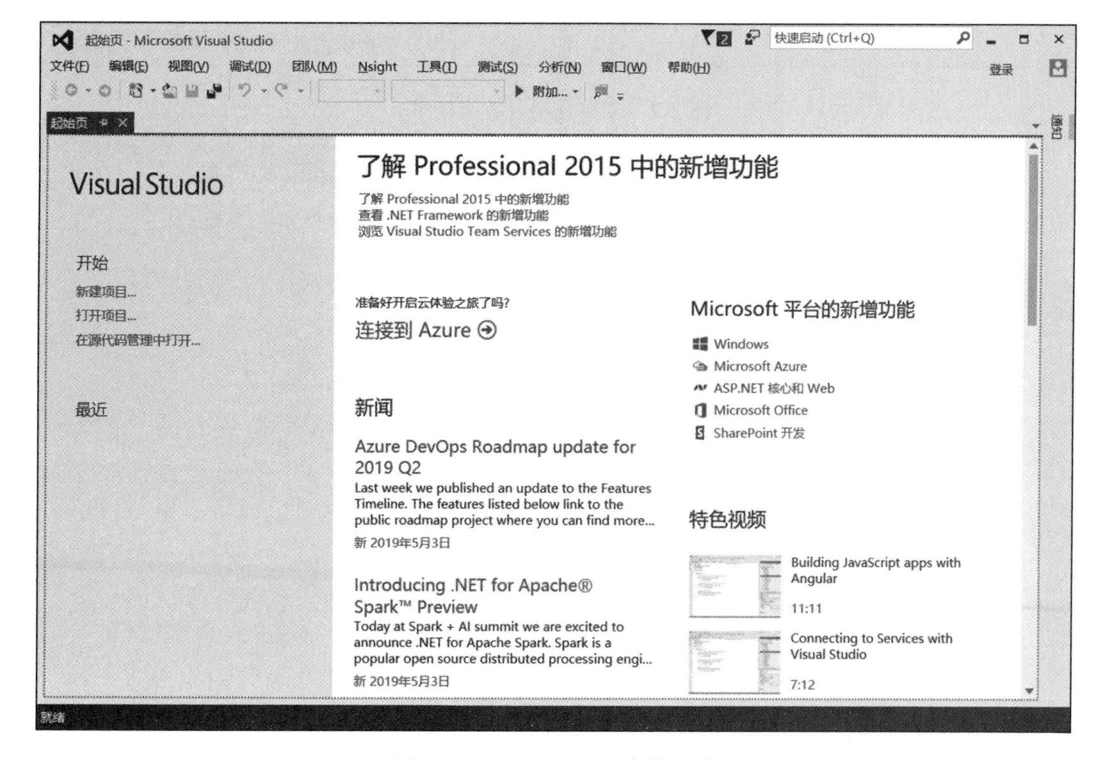

图 2-6　Visual Studio 安装完成

2. 初识 C# 程序

利用 Visual Studio 可以创建多种 C# 应用程序，包括控制台应用程序、Windows 窗体应用程序、类库（DLL）程序等。下面以最简单的控制台应用程序为例，介绍 C# 程序的基本构成。图 2-7 显示了创建一个新的控制台项目。

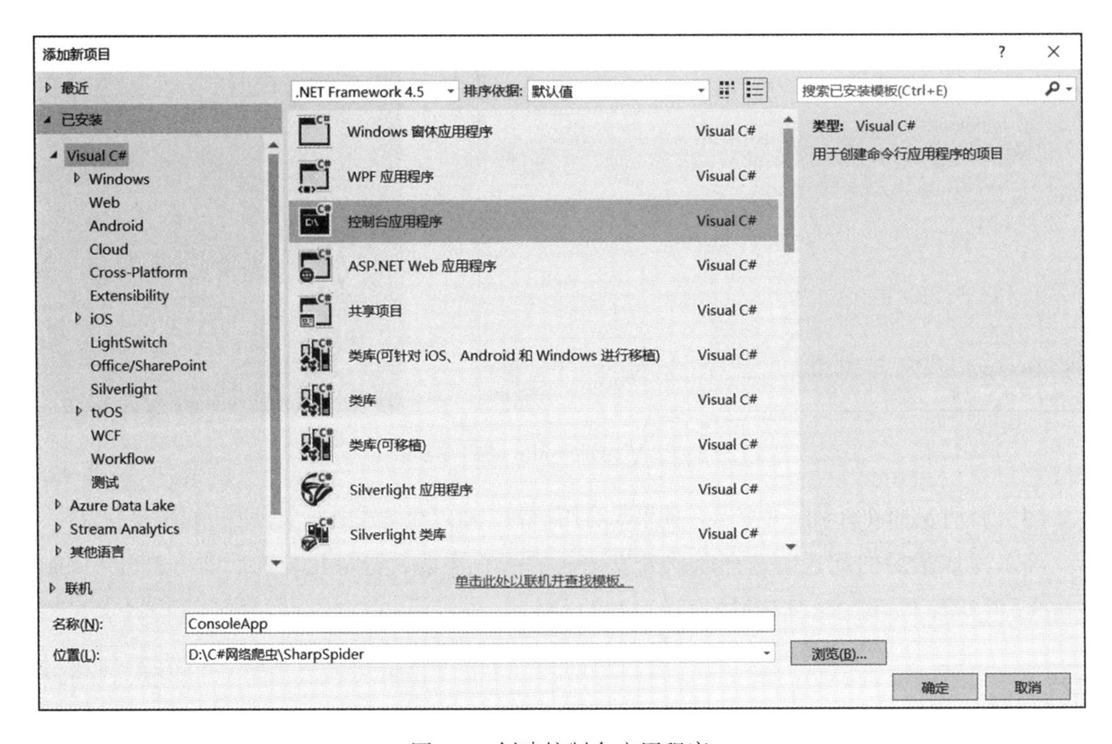

图 2-7　创建控制台应用程序

项目创建后会自动创建一系列文件，其中包括一个名为 Program.cs 的源文件，在此文件中添加代码即可实现相应功能。下面的代码用于输出一段文本（Hello CSharp!）：

```
using System;                                   //引用程序集
namespace ConsoleApp                            //命名空间
{
    class Program                               //定义类
    {
        static void Main(string[] args)         //Main方法
        {
            /*在这里添加用户代码*/
            Console.WriteLine("Hello CSharp!"); //输出一段文本
            Console.ReadLine();                 //等待接收回车
        }
    }
}
```

结合上述代码，可以总结出 C# 程序的结构特点如下：

❑ 代码结构：采用大括号组织代码的层次结构，每条 C# 语句以分号结束。

❑ 引用语句：使用 using 关键字引用某个命名空间（如 System），以便在代码中使用其中的功能。

❑ 命名空间：使用 namespace 关键字声明命名空间（本例为 ConsoleApp），其中可以包含多个类。

❑ 类：使用 class 关键字声明类（本例为 Program），其中包含相关变量和方法。

❑ Main 方法：C# 程序有且仅有一个静态（static）的 Main 方法，它是程序的入口点，包含具体的功能代码。

❑ 注释：C# 代码中可使用多行注释（/*……*/）或单行注释（//）。注释通常用于对代码进行解释说明，在编译时将被忽略。

说明：C# 语言本身并没有专门用于输入 / 输出的语句，需要借助 .NET 框架类库来实现相应的功能。System 命名空间中的 Console 类的 WriteLine 方法可用于输出一行文本，ReadLine 方法可从键盘接收一行文本。上述代码调用 ReadLine 方法的目的是等待用户按下回车键后再结束程序（运行结果如图 2-8 所示）。

图 2-8　程序的运行结果

2.1.3 语言生态

几乎所有现代开发平台都会为开发人员提供一种创建和使用共享代码的机制。通常此类代码被封装在包（Package）或库（Library）中，其中包含编译后的代码（如 DLL）和相关资源。微软公司为 .NET（包括 .NET Core）平台提供的代码共享机制为 NuGet，它定义了如何创建、托管和使用面向 .NET 的包，并针对不同环境提供了适用的工具。

NuGet 代码共享机制如图 2-9 所示。希望共享代码的开发者可以创建包，并将其发布到公用或专用主机；包的使用者从适合的主机获取这些包，将它们添加到自己的项目，然后在项目代码中调用包的功能。NuGet 会负责处理所有的中间细节。

对于初级开发者，需要学会如何使用别人在 NuGet 上共享的包。这需要安装 NuGet 客户端工具，可用的工具包括：

❑ dotnet.exe：包含在 .NET Core SDK 中，在所有平台上提供核心 NuGet 功能。

❑ nuget.exe：提供 Windows 上的所有 NuGet 功能以及其他平台下的大部分功能。

❑ Visual Studio 包管理器：集成在 Visual Studio 2012 及以上版本中。

其中 dotnet.exe 和 nuget.exe 是命令行程序，而 Visual Studio 包管理器则提供了 NuGet

图形界面，推荐初学者使用 Visual Studio 包管理器。下面以 jieba.NET 为例介绍第三方程序包的安装和使用步骤。

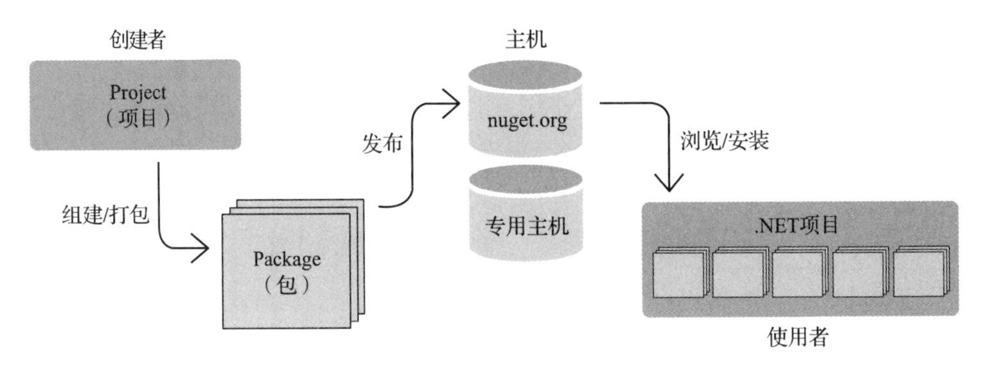

图 2-9　NuGet 代码共享机制

1. 查找程序包

在 Visual Studio 2012 及以上版本中，在“解决方案资源管理器”中选择项目，单击鼠标右键，从弹出的菜单中选择“管理 NuGet 程序包”，即可打开 NuGet 包管理器。在“浏览”选项卡的搜索框中输入关键词，列表中会显示相关的第三方程序包（如图 2-10 所示）。

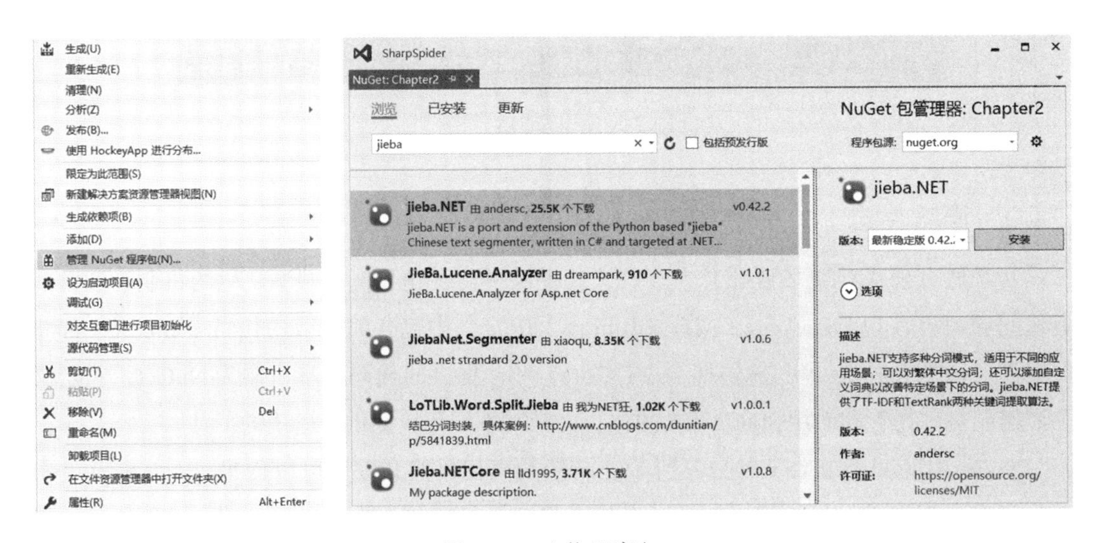

图 2-10　查找程序包

2. 安装程序包

选择需要的程序包并指定版本（默认为最新稳定版本），单击“安装”按钮，并在“预览”窗口中再次确认安装。程序包安装完成后，会在“解决方案 /packages”目录中创建相应的文件夹（如图 2-11 所示），编译后的程序集（dll 文件）存放在 lib 目录中，其他资源则存放在 Resources 目录中。

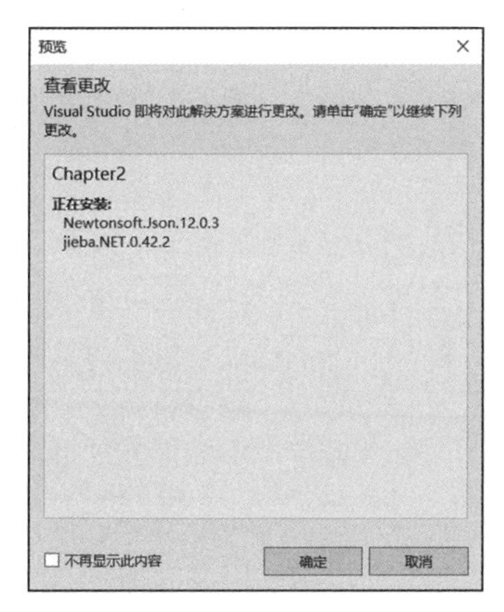

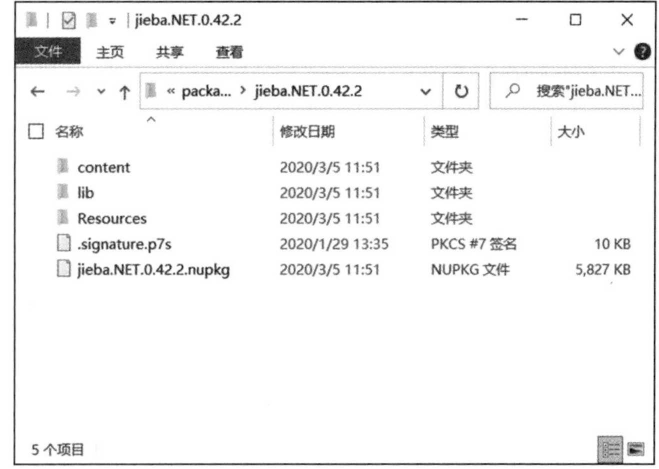

图 2-11　安装程序包

3. 配置相关资源

第三方程序包安装完成后，当前项目会自动添加对程序集的引用，并将 dll 文件复制到项目输出目录。为了正确加载 jieba.NET 功能，我们还需要手动复制 Resources 文件夹到输出目录（如图 2-12 所示）。

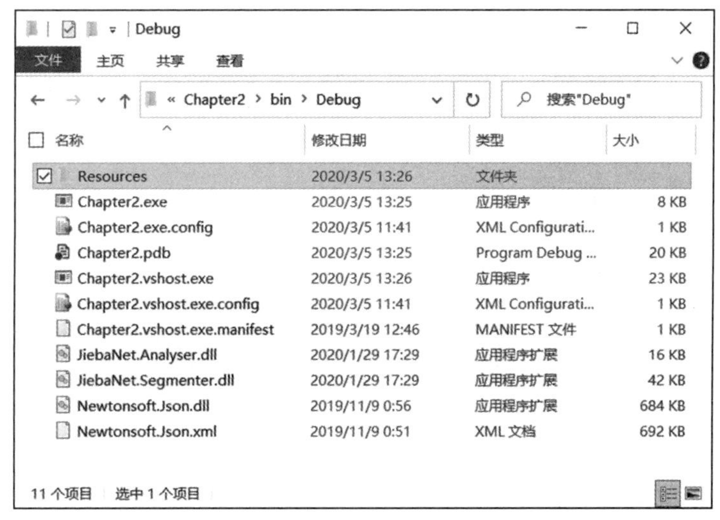

图 2-12　配置相关资源

说明：jieba.NET 是 jieba 中文分词的 .NET 版本（C# 实现）。jieba.NET 不仅包含程序集，还需要相关的数据资源（词表、模型文件等）和依赖包（如 Newtonsoft.Json，依赖包会自动安装）。我们还可以在 jieba.NET 项目的发布主页（https://github.com/anderscui/jieba.NET）查看相关文档和示例。

---

4. 使用程序包

程序包安装完成后，就可以在自己的项目中使用 jieba.NET 实现中文分词了。下面给出一段完整的示例代码：

```
using System;
using JiebaNet.Segmenter;                                          //引用命名空间
namespace Chapter2
{
    class Program
    {
        static void Main(string[] args)
        {
            Console.WriteLine("请输入一段中文: ");
            string text = Console.ReadLine();
            JiebaSegmenter segmenter = new JiebaSegmenter();   //创建分词器
            var words = segmenter.Cut(text);                   //对文本分词
            Console.WriteLine("分词结果: ");
            foreach (string word in words)                     //对于每个词
            {
                Console.Write(word + " ");                     //打印输出
            }
            Console.WriteLine();                               //按回车键结束
        }
    }
}
```

上述代码通过 using 语句引用 JiebaNet.Segmenter 命名空间，并在 Main 方法中创建一个分词器对象（JiebaSegmenter 类型），创建对象时会自动加载词表等资源，并对文本进行分词，分词结果如图 2-13 所示。

图 2-13　程序运行结果

2.2　数据和运算

2.2.1　C# 数据类型

1. 数据类型分类

C# 提供了丰富的数据类型，按照不同的标准分类会得到多种结果。根据描述粒度的不同，可分为基本数据类型和组合数据类型；根据类型的创建者不同，可分为预定义类型和自定义类型；根据能否实例化对象，可分为抽象数据类型和实例数据类型；根据存储方式不同，可分为值类型和引用类型。我们通常按照存储方式进行分类（如图 2-14 所示）。

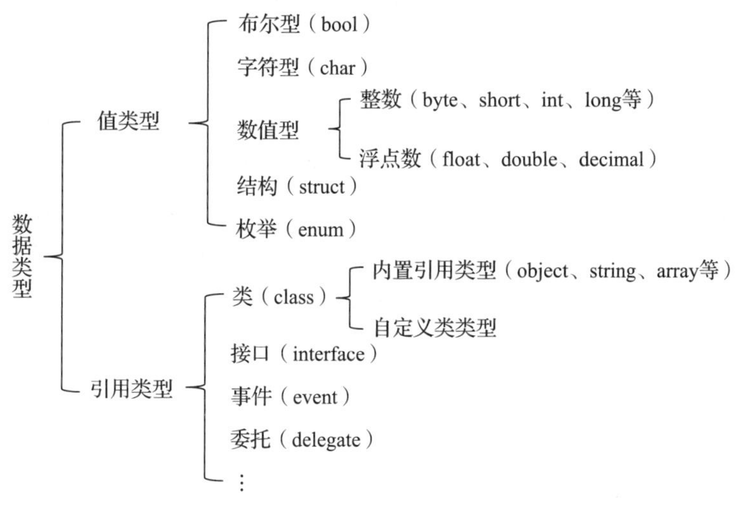

图 2-14 C# 数据类型分类

2. 常量和变量

C# 数据的表示形式包括常量和变量，在程序执行过程中变量的值可以发生变化，而常量的值则始终保持不变。常量又分为字面常量和符号常量，字面常量是指直接给出的字面值常量。表 2-2 给出了部分类型的字面常量示例。

表 2-2 常见数据类型及常量表示

类 型	名 称	常量示例	说 明
int	整数	12、0xFF	取值范围：-2^{31}～$2^{31}-1$
char	字符	' a '、'\t'、'\u80B5'	表示一个 Unicode 字符
string	字符串	"Hello!\n"、""	表示 0 个或多个字符序列
double	双精度浮点数	3.5	占 8 个字节，精确位数为 15～16 位
float	单精度浮点数	2.0F	占 4 个字节，精确位数为 7～8 位
bool	布尔	True、False	表示逻辑真（True）和假（False）
byte	字节	40	取值范围为 0～255

说明： 表 2-2 中的 int 类型在 .NET 框架中对应 Int32（表示 32 位有符号整数），框架中表示整数的类型还有 Int16（16 位有符号整数）、Int64（64 位有符号整数）、UInt16（16 位无符号整数）、UInt32（32 位无符号整数）和 UInt64（64 位无符号整数）等。byte 类型相当于 8 位无符号整数（在框架中对应 Byte），框架中还包括一种 SByte 类型（表示 8 位有符号整数）。char 类型表示 Unicode 字符的 UTF-16 编码，每个字符占用 2 个字节，字符常量包含在一对单引号中，其形式包括普通字符（如 'a'）、转义字符（如 '\t'）和八进制转义字符

（如 '\u80B5'）。浮点数包括 float 和 double 两种类型，二者的区别在于表示范围和精度不同。例如，3.5 在程序中被认为是 double 类型，若要成为 float 类型，则应写成 3.5F。可见，.NET 框架对各种数据类型的支持十分丰富。

相对于常量而言，在程序中使用更多的是变量。变量的意义在于：数据可以借助变量不断演化和传递，从而得到最终结果。在 C# 中，变量一般需要"先定义、后赋值、再使用"，使用未赋值的变量会产生编译错误。变量的三要素为名称、类型和值。请看下列代码：

```
int num;                    //定义整型变量num
num = 25;                   //将num赋值为25
```

上述代码体现了变量的三要素：变量类型为 int、变量名称为 num、变量值为 25。如果在定义变量的同时赋值，则被称为"赋初值"。请看下列代码：

```
int num = 25;               //定义整型变量num，并赋初值25
```

注意：上面两段代码的执行效果一致，但从语法角度看则有所不同：前者为普通赋值（先定义，后赋值），后者为赋初值（在定义的同时赋值）。

变量并不是随意命名的，应符合以下标识符规则：

- 由字母（包括汉字或其他语言字符）、数字、@、下划线 4 类字符组成。
- 不能以数字开头。
- 不能与 C# 关键字（保留字）重名。

除了为变量命名，标识符还用来描述方法（函数）、类、命名空间等程序元素的名称。从理论上讲，变量可以在标识符规则范围内任意命名，但为了提高程序的可读性，下面对变量命名提出了几点建议：

- 尽量不要使用汉字字符，这会降低程序的可读性。
- 尽量使用有意义的单词或单词组合，从而见名知义。
- 在同一个项目中尽量保持风格一致。

除了字面常量和变量外，C# 还支持符号常量（也称常变量），它具有变量的形式和常量的性质。使用符号常量时应当注意以下几点：

- 使用 const 关键字修饰。
- 定义的同时必须赋值。
- 一旦定义，其值就不可改变。

请看下面的示例代码：

```
const int C1= 5;            //定义一个符号常量
C1 = 15;                    //这是错误的，因为符号常量定义后不可再赋值
const int C2;               //这也是错误的，因为定义符号常量的同时没有赋值
```

对于程序中重复出现的常数（如圆周率 PI、自然常数 e 等），应该使用符号常量。使用符号常量的好处如下：

- 能够见名知义，增强程序可读性。
- 常量值一改全改，便于代码维护。
- 能够有效防止误改常量值。

3. 值类型和引用类型

C# 中的值类型和引用类型的本质区别在于存储方式不同，深入理解这一点对编程十分有用。值类型的基础类型是结构（struct），实际数据存放在栈中；引用类型的基础类型是类（class），通常使用 new 关键字创建对象，实际数据（对象）存放在堆中，而栈中只存放对象的引用。下面的示例代码用于说明两种类型的不同：

```
int n = 10;
int[] arr = new int[5] { 1, 2, 3, 4, 5 };
```

在上述代码中，变量 n 为整数（值类型），变量 arr 为数组（引用类型）。代码执行后在内存中的存储模型如图 2-15 所示。

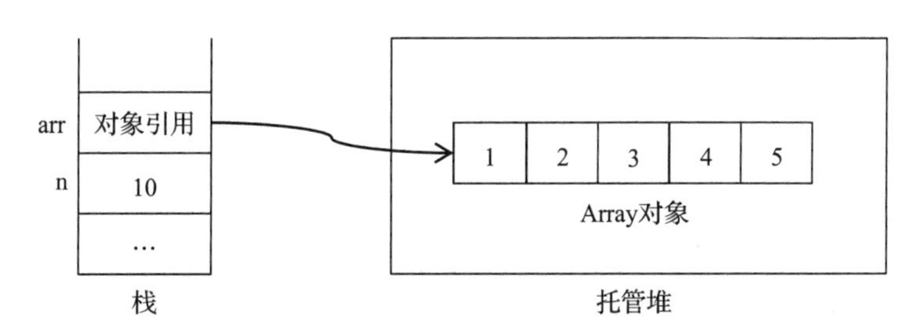

图 2-15　数据存储模型

注意：这里所说的堆栈是指内存堆栈，与数据结构中的堆栈的概念不同。数据结构中的栈是一种操作受限的线性表，具有“先进后出”的特性；堆则可以看作一棵完全二叉树，通常存放在数组中。内存堆栈是指两个不同的存储区：栈区用来存放局部变量、函数参数等由系统自动分配和释放的对象，堆区则用来存放用户创建的对象（一般通过 new 关键字）。在早期编程语言中（如 C/C++），用户创建的对象在使用完毕后需要自己释放，否则会产生内存泄漏。但对于 .NET 程序，当某个对象没有变量引用时，垃圾收集器会自动对其进行清理。因此，.NET 程序中的堆也被称为“托管堆”。

为值类型的变量赋值，会直接改变其数据内容；为引用类型的变量赋值，则仅改变其引用指向。为进一步说明数据在堆栈中的存储和引用关系，我们设计一个稍微复杂的示例程序。首先，我们定义一个 Student 类：

```
public class Student
{
```

```
    public int num;
    public string name;
    public Student(int num, string name)
    {
        this.num = num;
        this.name = name;
    }
}
```

Student 类中包含 num 和 name 两个成员变量，并可通过构造方法进行初始化。我们通过下列代码进行相关测试：

```
int num = 9527;
string name = "Tom";
Student stu = new Student(num, name);    //创建对象
Console.WriteLine("num和s.num是否为同一对象？");
Console.WriteLine(ReferenceEquals(num, stu.num));
Console.WriteLine("name和s.name是否为同一对象？");
Console.WriteLine(ReferenceEquals(name, stu.name));
//以下为第二段测试
name = "Jim";                            //name的值被修改
Console.WriteLine("\nname的值被修改后,name和s.name是否为同一对象？");
Console.WriteLine(ReferenceEquals(name, stu.name));
Console.WriteLine(string.Format("name:{0},s.name:{1}",name,stu.name));
```

我们首先给出上述代码的运行结果（如图 2-16 所示），再分析其执行过程。

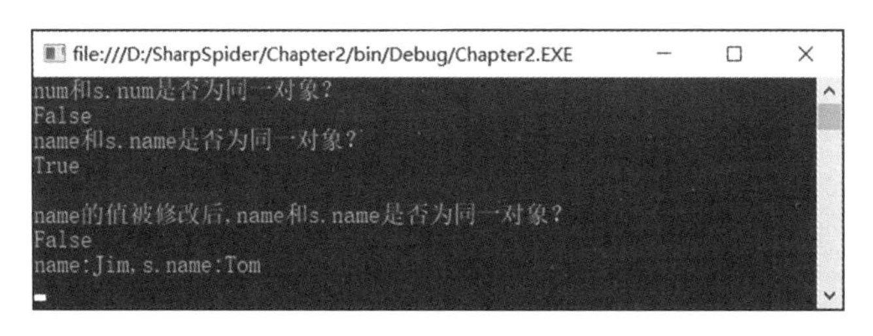

图 2-16　程序运行结果

上述代码创建了一个 Student 对象 stu，两个已经赋值的局部变量（num 和 name）作为参数传入构造方法，分别赋给 stu 的两个成员变量。对象创建完成后的内存模型如图 2-17 所示。

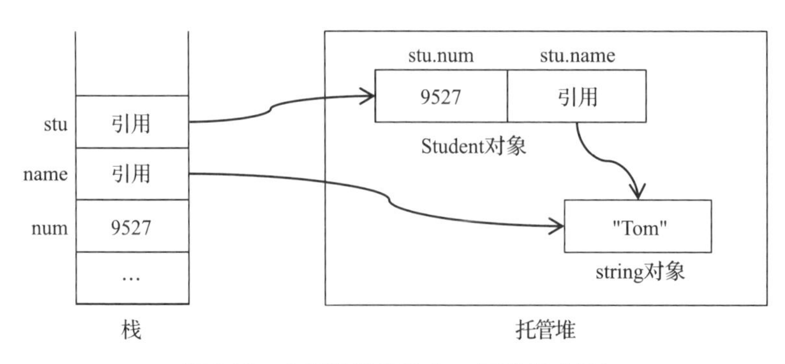

图 2-17　内存堆栈状态（stu 创建完成后）

由于 Student 为自定义类（引用类型），所创建的对象存放在堆中，栈中只存放对象引用。由于 num 为 int 类型（值类型），赋值操作后 num 和 stu.num 分别保存一份数据（9527）。由于 name 为 string 类型（引用类型），赋值操作后 name 和 stu.name 均指向同一个对象。随着程序的执行，当 name 的值被修改后，内存模型又会进一步发生变化，如图 2-18 所示。

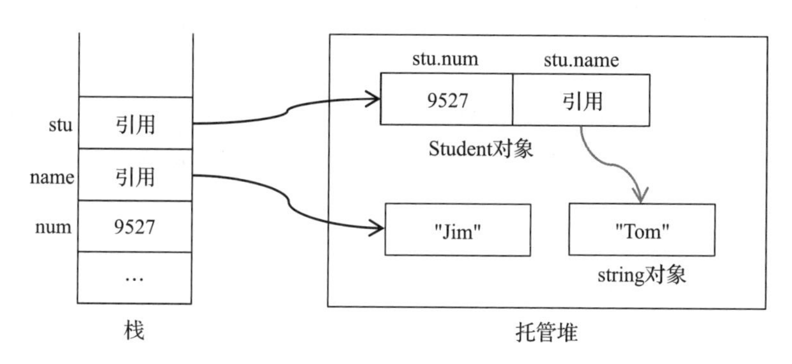

图 2-18　内存堆栈状态（name 值被修改后）

2.2.2　常用运算符

运算符用于描述对数据执行的某种操作，因此运算符也被称为操作符。运算符所执行的对象被称为“操作数”，运算符和操作数连接在一起就组成了“表达式”。C# 不仅有丰富的数据类型，而且提供了丰富的运算符，主要包括算术运算符、关系运算符、逻辑运算符、赋值运算符、位运算符以及其他运算符。

1. 算术运算符

表 2-3 列出了 C# 支持的算术运算符，用于加、减、乘、除等算术运算。

表 2-3　算术运算符

运算符	功能描述	示　例	运算结果
+	两个操作数相加	3+5	8
–	左操作数减去右操作数	5–3	2
*	两个操作数相乘	0.5*6	3
/	左操作数除以右操作数	7.5/3	2.5
%	整除后的余数部分	10%3	1
++	变量自增	a=5; a++;	6
––	变量自减	a=5; a--;	4

算术运算符的操作数为数值类型，运算结果也为数值类型。使用各种算术运算符时，应当注意以下几点：

- “+”和“–”除了表示“加”“减”以外，还可表示“取正”“取负”，具体要看运算符出现的位置，比如，a–b 中的“–”为“减”，而 –x+y 的“–”为“取负”。

- 在描述乘法时，不要受数学表达方式的影响而将“*”省略。比如 x=a*b 不要误写成 x=ab，编译器会将 ab 当作另一个标识符（若未定义，则报错）。
- “/”的运算规则是“整数相除得整数，小数参与得小数”。比如，表达式 7/2 的结果为 3，而表达式 7.0/2 的结果为 3.5。
- “%”运算符的操作数只能是整数，不能是小数。对于表达式 7.5%2，编译器将直接报错。
- “++”“--”是单目运算符，只能作用于变量，不能用于常量或表达式。此外，“++”“--”运算符还有“前置”“后置”之分。请看以下示例代码：

```
int a = 3;
int b = 5;
b += a++;            //后置++
Console.WriteLine(String.Format("a={0}, b={1}", a, b));
int c = 3;
int d = 5;
d += ++c;            //前置++
Console.WriteLine(String.Format("c={0}, d={1}", c, d));
```

上述代码的运行结果如图 2-19 所示。

图 2-19　程序运行结果（算术运算）

说明： a++ 相当于 a=a+1，其中隐含赋值操作，因此“++”只能作用于变量，比如 5++ 或 (x+y)++ 都是错误的形式。单独使用“++”或“--”时，前置和后置没有区别；在复合表达式中（如上例所示），前置 ++ 表示“先加后用”，后置 ++ 表示“先用后加”。

---

2. 关系运算符

关系运算符用来判断两个操作数是否满足某种关系，若满足则运算结果为 True，否则结果为 False。表 2-4 列出了 C# 支持的关系运算符。

表 2-4　关系运算符

运算符	功能描述	示　例	运算结果
==	判断两个数是否相同	3==5	False
!=	判断两个数是否不同	3!=5	True
>	判断左数是否大于右数	3>5	False
<	判断左数是否小于右数	3<5	True

（续）

运算符	功能描述	示　例	运算结果
>=	判断左数是否大于或等于右数	3>=5	False
<=	判断左数是否小于或等于右数	5<=5	True

在使用关系运算符时，需要注意以下几点：

- 注意区分“==”和“=”，前者表示“关系等”，后者表示“赋值”。初学者经常把“==”误写成“=”，从而导致条件判断为“永真”或“永假”。
- 在 C# 中，“!=”是“不等于”的唯一表示形式，不要误写为“<>”或“><”。
- 由两个字符组成的运算符应写作一个整体，中间不要加空格。

3. 逻辑运算符

逻辑运算符用来描述多个条件的逻辑关系，C# 中的逻辑运算符如表 2-5 所示。

表 2-5　逻辑运算符

<table>
<tr><th>运算符</th><th>功能描述</th><th>示　例</th><th>运算结果</th></tr>
<tr><td>&&</td><td>判断两个条件是否同时成立</td><td>8>5 && 2>3</td><td>False</td></tr>
<tr><td>||</td><td>判断是否至少有一个条件成立</td><td>8>5 || 2>3</td><td>True</td></tr>
<tr><td>!</td><td>反转操作数的逻辑状态</td><td>!(5>3)</td><td>False</td></tr>
</table>

逻辑运算的操作数和运算结果都为逻辑值，其运算规则可用“真值表”来描述（如表 2-6 所示）。

表 2-6　逻辑运算真值表

<table>
<tr><th>X</th><th>Y</th><th>X&&Y</th><th>X||Y</th><th>!X</th></tr>
<tr><td>True</td><td>True</td><td>True</td><td>True</td><td>False</td></tr>
<tr><td>True</td><td>False</td><td>False</td><td>True</td><td>False</td></tr>
<tr><td>False</td><td>True</td><td>False</td><td>True</td><td>True</td></tr>
<tr><td>False</td><td>False</td><td>False</td><td>False</td><td>True</td></tr>
</table>

说明：在 C# 程序中，逻辑值不能用于算术运算，数值也不能用于逻辑运算，但两种类型可借助 System.Convert 类相互转换。当逻辑值向数值转换时，True 对应 1，False 对应 0；当数值向逻辑值转换时，非零值对应 True，零值对应 False。此外，“&&”和“||”具有“短路”效果，即当“&&”的左操作数为 False 时，则直接返回 False，不再计算右操作数；当“||”的左操作数为 True 时，则直接返回 True，不再计算右操作数。

4. 赋值运算符

赋值运算包括直接赋值和复合赋值，表 2-7 列出了常用的赋值运算符。

表 2-7　常用的赋值运算符

运算符	功能描述	示　例	运算结果
=	将右值赋给左侧的变量	int x=3+5;	8
+=	将左值与右值的和赋给左值	int x=3; x+=2;	5
-=	将左值减右值的差赋给左值	int x=3; x-=2;	1
*=	将左值乘右值的积赋给左值	int x=3; x*=2;	6
/=	将左值除以右值的商赋给左值	float x=3.0; x/=2;	1.5
%=	将左值除以右值的余数赋给左值	int x=7; x%=3;	1

使用赋值运算符时，要注意以下几点：

- 赋值运算的左侧必须为变量，且运算方向是从右向左。
- 复合赋值运算的形式为“A op= B”，它相当于“A = A op (B)”。
- “op”既可以是“+”“-”等算术运算符，也可以是逻辑运算或位运算符。

下面通过一段示例代码来验证赋值运算规则：

```
int a = 10;
int b = 20;
a = b = 30;        //运算方向从右向左
Console.WriteLine(string.Format("a={0},b={1}", a, b));
int x = 30;
x += 5;
Console.WriteLine(string.Format("x={0}", x));
x *= 5;
Console.WriteLine(string.Format("x={0}", x));
x -= 5;
Console.WriteLine(string.Format("x={0}", x));
x /= 5;
Console.WriteLine(string.Format("x={0}", x));
```

在上述代码中，第 3 行为连续赋值，赋值方向为从右向左（先将 30 赋给 b，再将 b 赋给 a）；而变量 x 每一次运算都会受到上一次运算的影响。程序的运行结果如图 2-20 所示。

图 2-20　程序运行结果

5. 位运算符

表 2-8 列出了 C# 支持的位运算符。为便于理解运算规则，表中的数值全部采用二进制表示。

表 2-8　位运算符

运算符	功能描述	示例（a=00001010, b=00010100）	运算结果
&	按位进行与运算	a&b	00000000
|	按位进行或运算	a|b	00011110
~	按位取反	~a	11110101
^	按位进行异或运算	a^b	00011110
<<	向右移位	a<<1	00010100
>>	向左移位	a>>2	00000010

使用位运算符时，需要注意以下几点：

- 区分位运算和逻辑运算中与、或、非的书写方式。
- 位运算只能作用于整数，不能作用于浮点数。
- 移位操作将在移出的另一端补 0，左移 1 位相当于乘 2，右移 1 位相当于除以 2。

6. 其他运算符

表 2-9 列出了 C# 所支持的其他重要运算符。

表 2-9　其他运算符

运算符	功能描述	示　例	运算结果
sizeof	获取类型所占内存大小（字节）	sizeof(int)	4
typeof	获取类型所对应的框架类名	typeof(string)	System.String
? :	条件表达式	3>5?True:False	False
is	判断对象是否为某一类型	3.0 is float	False
as	引用类型强制转换	object x = new int[5]; int[] a = x as int[];	将 x 转换为 int[] 类型

在使用这些运算符时，需要注意以下问题：

- sizeof 只能用于值类型，不能用于引用类型，也不能用于常量或变量。
- typeof 可用于任何类型，但不能用于常量或变量，常量或变量可调用 object.GetType() 方法获取自己所属的类型。
- 条件表达式的语法格式为：表达式 1 ？ 表达式 2 ： 表达式 3。其运算规则为：当表达式 1 为真时，直接返回表达式 2 的值（不再计算表达式 3），否则直接返回表达式 3 的值（不再计算表达式 2）。
- is 的左操作数可以是常量或变量，右操作数必须为类型。
- as 相当于强制类型转换，但只能用于引用类型。值类型数据可以使用 (type) 实现类型转换，例如 (int)7.5%3。

7. 运算符的优先级

“优先级”和“结合性”是运算符的两个重要特性。优先级用来描述不同运算符被执行的优先级别；结合性用来描述优先级相同的运算符相邻时的运算方向。表 2-10 将 C# 中常用运算符按照优先级进行了排序。

表 2-10　运算符的优先级

<table>
<tr><th>优先级</th><th>运算符</th><th>结合性</th></tr>
<tr><td rowspan="15">高
↓
低</td><td>()、[]、.</td><td>从左向右</td></tr>
<tr><td>+（取正）、-（取负）、~、!、++、--、(type)、sizeof</td><td>从右向左</td></tr>
<tr><td>*、/、%</td><td>从左向右</td></tr>
<tr><td>+（加）、-（减）</td><td>从左向右</td></tr>
<tr><td><<、>></td><td>从左向右</td></tr>
<tr><td>< 、<=、>、>=</td><td>从左向右</td></tr>
<tr><td>==、!=</td><td>从左向右</td></tr>
<tr><td>&</td><td>从左向右</td></tr>
<tr><td>^</td><td>从左向右</td></tr>
<tr><td>|</td><td>从左向右</td></tr>
<tr><td>&&</td><td>从左向右</td></tr>
<tr><td>||</td><td>从左向右</td></tr>
<tr><td>? :</td><td>从右向左</td></tr>
<tr><td>=、+=、-=、*=、/=、%=</td><td>从右向左</td></tr>
<tr><td>,</td><td>从右向左</td></tr>
</table>

优先级和结合性对于表达式运算十分重要。比如，在表达式 3+2*4 中，由于“*”的优先级高于“+”，因此先乘后加，运算结果为 11；在表达式 24/4*2 中，“/”和“*”的优先级相同，它们的结合性为“从左向右”，因此先除后乘，运算结果为 12；在连续赋值表达式 a=b=30 中，“=”的结合性为“从右向左”，赋值后 a 和 b 的值都为 30。

注意： *在实际编程中，当我们无法确定运算符的优先级或结合性时，可以使用小括号确保运算顺序，因为小括号具有最高优先级。*

2.3　流程控制

C# 与其他高级语言一样支持顺序、分支和循环 3 种控制结构（如图 2-21 所示）。顺序结构是指通常情况下程序代码逐句执行，不需要使用控制语句；分支结构是指根据条件选择执行某一段代码，需要借助分支语句实现；循环结构是指在一定条件下重复执行同一段代码，需要借助循环语句实现。从理论上讲，我们可以通过上述 3 种控制结构描述任意复杂的逻辑功能。

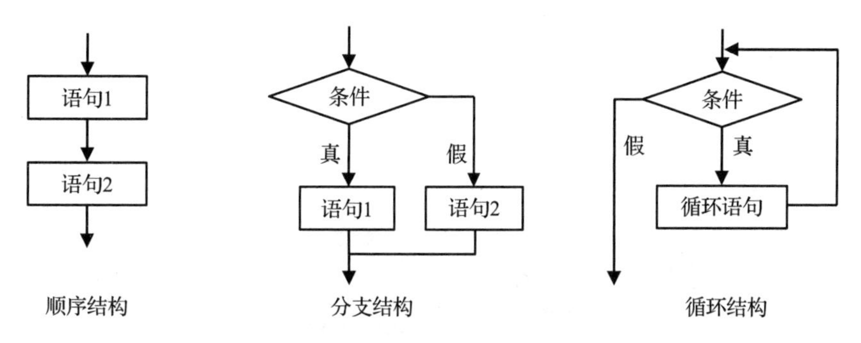

图 2-21　流程控制的 3 种结构

2.3.1　分支结构

C# 提供了 if-else 和 switch-case 两种语句实现分支结构。

1. if-else 语句

if-else 语句是最常用的分支结构。例如，下列代码用于判断体温是否正常。

```
Console.WriteLine("请输入体温: ");
double temp = double.Parse(Console.ReadLine()); //将输入字符串转换为双精度浮点数
if (temp > 37.2)
{
    Console.WriteLine("体温过高");
}
else
{
    Console.WriteLine("体温正常");
}
```

上述代码是 if-else 语句的基本形式，运行结果如图 2-22 所示。

图 2-22　程序运行结果（判断体温）

通过 if-else 嵌套形式还可实现多分支功能，下列代码根据分数输出其评价等级（运行结果如图 2-23 所示）。

```
Console.WriteLine("请输入考试分数: ");
int score = int.Parse(Console.ReadLine());        //将输入字符串转换为整数
if (score >= 90)
    {Console.WriteLine("优秀");}                  //此处大括号可以省略，但建议保留(下同)
else if (score >= 75)
    {Console.WriteLine("良好");}
```

```
else if (score >= 60)
    {Console.WriteLine("及格");}
else
    {Console.WriteLine("不及格");}
```

```
file:///D:/SharpSpider/Chapter2/bin/Debug/Chapter2.EXE
请输入考试分数:
89
良好
```

图 2-23　程序运行结果（评价等级）

上述代码将一个条件分为多种情况处理，相当于分段函数。如果考虑到多个条件的组合，则需要更复杂的嵌套结构。例如，下列代码根据性别和年龄判断员工是否退休（运行结果如图 2-24 所示）。

```
Console.WriteLine("请输入员工性别：");
string sex = Console.ReadLine();
Console.WriteLine("请输入员工年龄：");
int age = int.Parse(Console.ReadLine());
if (sex == "男")
{
    if (age>60)
        {Console.WriteLine("退休");}
    else
        {Console.WriteLine("未退休");}
}
else        //女性
{
    if (age > 55)
        {Console.WriteLine("退休");}
    else
        {Console.WriteLine("未退休");}
}
```

图 2-24　程序运行结果（判断是否退休）

使用 if-else 语句时，需要注意以下几点：

- if 后的表达式结果必须为 bool 类型，通常为关系表达式或逻辑表达式。
- else 子句可以省略，但不能独立使用（必须依附于某个 if 语句）。
- if 或 else 后的语句应当使用 {} 括起，即使只有一条语句也建议如此。

2. switch-case 语句

在某些情况下，使用 switch 语句代替 if-else 语句能使代码更加简洁。例如，下列代码根据用户输入的指令（运算符）执行相应运算（运行结果如图 2-25 所示）。

```
int a = 5, b = 3;
Console.WriteLine("请输入运算（+、-、*、/）：");
string op = Console.ReadLine();
switch (op)                  //switch后跟一个变量表达式
{
    case "+":                //case后跟一个常量表达式（类型与op相同）
        Console.WriteLine(a + b);
        break;
    case "-":
        Console.WriteLine(a - b);
        break;
    case "*":
        Console.WriteLine(a * b);
        break;
    case "/":
        Console.WriteLine(a / b);
        break;
    default:
        Console.WriteLine("输入错误");
        break;
```

图 2-25　程序运行结果（四则运算）

使用 switch 语句时，应当注意以下几点：

- switch 后的变量表达式只能为 bool、char、string、int 或 enum 类型。
- switch 语句中的 case 取值不能重复，当变量表达式的值匹配到某个 case 值时，将从其冒号后的语句开始执行，直到遇到 break 语句为止。
- 并非每个 case 都必须包含 break，若不包含 break，程序将继续执行后续 case 的代码，直到遇到 break 为止。
- 当没有匹配到任何 case 时，会执行 default 子句，default 子句是可选的，通常放在最后位置。

注意：switch 只适用于特定类型的判断，if 语句则适用于任何类型；switch 只能做等值匹配，if 语句则可进行区间匹配。比如，对于“a>3”这样的条件，使用 switch 语句很难表达。相比之下，if-else 是更基础、更重要的分支语句，而 switch 语句可以看作一种补充。

2.3.2　循环结构

1. for 语句

C# 提供了 for 和 while 两种循环语句，for 语句多用于循环次数已定的循环。例如，下列代码用于计算 n！(运行结果如图 2-26 所示)。

```
Console.WriteLine("请输入一个整数n: ");
int n = int.Parse(Console.ReadLine());          //输入一个整数
int y = 1;                                      //表示n!，初值为1
for (int i = 1; i <= n; i++)                    //固定次数循环
{
    y = y * i;                                  //累乘
}
Console.WriteLine(string.Format("n!={0}", y));  //输出n!
```

```
file:///D:/SharpSpider/Chapter2/bin/Debug/Chapter2.EXE
请输入一个整数n:
5
n!=120
```

图 2-26　程序运行结果（阶乘）

通过循环的嵌套可以实现更加复杂的功能。例如，下列代码使用两重循环打印九九乘法表。

```
for (int i = 1; i <= 9; i++)                                    //每一行
{
    for (int j = 1; j <= i; j++)                                //每一列
    {
        Console.Write(string.Format("{0}*{1}={2}\t", j, i, i * j));//打印每一个算式
    }
    Console.WriteLine();                                        //每一行后打印换行
}
```

上述代码的运算结果如图 2-27 所示。

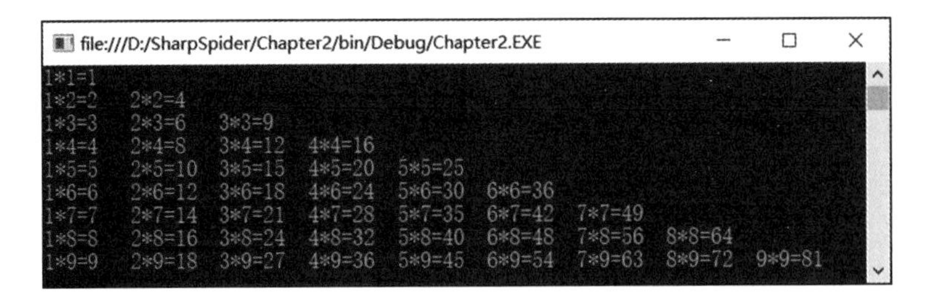

图 2-27　程序运行结果（九九乘法表）

2. while 语句

while 语句多用于循环次数不定的循环。例如，在下列代码中，使用“辗转相除法”求

两个数的最大公约数（运行结果如图 2-28 所示）。

```
Console.WriteLine("请输入两个整数m和n: ");
int m = int.Parse(Console.ReadLine());    //输入第一个数
int n = int.Parse(Console.ReadLine());    //输入第二个数
int r = m % n;                            //求余数（此处不要求m大于n，此算法具有自适应性）
while (r != 0)                            //如果余数不为零
{
    m = n;                                //替换
    n = r;                                //替换
    r = m % n;                            //更新余数
}
Console.WriteLine(string.Format("最大公约数为: {0}", n));
```

图 2-28　程序运行结果（最大公约数）

拓展：C# 还支持一种被称为“do-while”的循环语句，do-while 语句可以看作 while 语句的变体。它们都常用于循环次数不定的循环，其区别在于：while 语句先判断条件，再执行循环体（循环体可能 1 次都不被执行）；do-while 语句先执行 1 次循环体，再判断条件（循环体至少被执行 1 次）。我们可以根据实际情况选用 while 或 do-while 语句。

3. break 和 continue 语句

在循环结构中，可以使用两种跳转语句——break 和 continue。它们的区别在于：break 用于跳出整个循环结构，进入循环之后的代码；continue 用于跳出本次循环体，进入下一次循环条件判断。例如，下列代码将打印 1000 以内的所有素数，且以每行 10 个数字的形式输出（运行结果如图 2-29 所示）。

```
int count = 0;                            //打印计数
for (int i = 2; i <= 1000; i++)           //从2到1000的每一个数
{
    bool tag = true;                      //素数标志，初始为真
    for (int k = 2; k < i; k++)           //从2到i-1的每个数
    {
        if (i % k == 0)                   //如果i被k整除，则不是素数
        {
            tag = false;
            break;                        //后面的k不必再判断，跳出循环（for k）
        }
    }
```

```
        if (tag == false)                              //如果不是素数，不必打印
        {
            continue;                                  //不必打印，跳出本次循环（for i）
        }
        Console.Write(string.Format("{0}\t", i));      //输出素数
        if (++count% 10 == 0)                          //每打印10个
        {
            Console.WriteLine();                       //输出换行
        }
    }
```

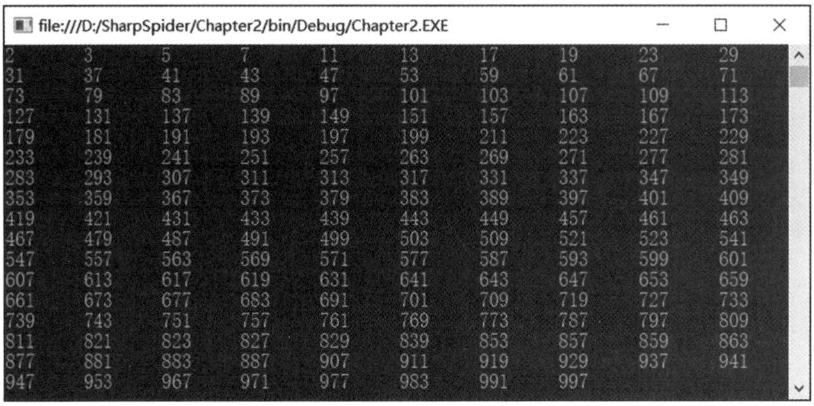

```
file:///D:/SharpSpider/Chapter2/bin/Debug/Chapter2.EXE
2       3       5       7       11      13      17      19      23      29
31      37      41      43      47      53      59      61      67      71
73      79      83      89      97      101     103     107     109     113
127     131     137     139     149     151     157     163     167     173
179     181     191     193     197     199     211     223     227     229
233     239     241     251     257     263     269     271     277     281
283     293     307     311     313     317     331     337     347     349
353     359     367     373     379     383     389     397     401     409
419     421     431     433     439     443     449     457     461     463
467     479     487     491     499     503     509     521     523     541
547     557     563     569     571     577     587     593     599     601
607     613     617     619     631     641     643     647     653     659
661     673     677     683     691     701     709     719     727     733
739     743     751     757     761     769     773     787     797     809
811     821     823     827     829     839     853     857     859     863
877     881     883     887     907     911     919     929     937     941
947     953     967     971     977     983     991     997
```

图 2-29　程序运行结果（打印素数）

注意：break 和 continue 如果包含在多重循环中，只能跳出直接包含它的最内层循环。break 和 continue 必须存在于某一个条件语句下，无条件执行 break 或 continue 是没有意义的。此外，continue 在跳出 while 循环时会直接进入下一次条件判断，在跳出 for 循环时要先执行一次表达式再进行条件判断。

2.4　常用数据结构

2.4.1　字符串

在早期编程语言（如 C 语言）中，通常使用字符数组表示字符串（String）；到了中后期，编程语言（如 VB、C#、Java 等）一般都将字符串作为内置数据类型。在 C# 中，使用 string 关键字表示字符串类型，对应 .NET 框架中的 System.String 类。

1. 基本操作

我们可以将一个字符串常量直接赋给字符串变量，也可以通过 new 方法创建字符串。下列代码用于说明字符串的创建方式（运行结果如图 2-30 所示）。

```
string s1 = "Good ";                    //将字符串常量赋值给变量
string s2 = "morning";
Console.WriteLine("s1: {0}", s1);
Console.WriteLine("s2: {0}", s2);
string s3 = s1 + s2;                    //连接生成新的字符串
Console.WriteLine("s3: {0}", s3);
char[] letters = { 'H', 'e', 'l', 'l', 'o' };
string s4 = new string(letters);        //使用new关键字创建字符串
Console.WriteLine("s4: {0}", s4);
string s5 = s3.Substring(8);            //调用方法返回字符串
Console.WriteLine("s5: {0}", s5);
int num = 123;
string s6 = num.ToString();             //从其他类型转化为字符串
Console.WriteLine("s6: {0}", s6);
```

图 2-30　程序运行结果（创建字符串）

String 类提供了丰富的方法（属性）用于字符串操作，包括截取、连接、删除、匹配、分隔、替换、比较、转换等。表 2-11 列出了一些字符串的常用方法。

表 2-11　字符串的常用方法

方法或属性	返回值	功能描述
CompareTo(string strB)	int	返回当前字符串与指定字符串的比较结果
Contains(string value)	bool	判断当前字符串是否包含指定字符串
StartsWith(string value)	bool	判断当前字符串是否以指定字符串开头
EndsWith(string value)	bool	判断当前字符串是否以指定字符串结尾
IndexOf(string value)	int	返回指定字符在当前字符串中首次出现的索引
LastIndexOf(string value)	int	返回指定字符在当前字符串中末次出现的索引
Insert(int startIndex, string value)	string	在当前字符串的某个位置插入指定字符串，并返回新的字符串
Remove(int startIndex, int count)	string	从当前字符串的某个位置删除指定长度的字符，并返回新的字符串
Replace(string oldValue, string newValue)	string	在当前字符串中，将所有指定的字符串替换为另一个指定的字符串，并返回新的字符串
Split(String[] separator, StringSplitOptions options)	String[]	将字符串用分隔符（可指定多个）和参数分隔，并将分隔结果以数组形式返回
ToUpper()	string	把字符串转换为大写
ToLower()	string	把字符串转换为小写
Length	int	返回字符串的长度（属性）

拓展：字符串也是可以比较的，比较时将两个字符串左端对齐，依次比较相应字符。具体分为以下几种情况：

1）若当前位置字符不同，则比较结束，字符序号大的字符串较大。

2）若当前位置字符相同，则比较下一位字符。

3）若比较时一个字符串已经完结，另一个字符串尚有字符，则较长的字符串较大。

4）若比较时两个字符串同时完结，则两个字符串相等。

我们可以使用CompareTo方法比较当前字符串A与指定字符串B的大小，若A大于B则返回正数，若A小于B则返回负数，若A等于B则返回0。

C#中的字符串是一种特殊的引用类型，其特殊性在于：字符串对象一旦创建，其值就不可修改。下列代码说明了这一特性（运行结果如图2-31所示）。

```
string s = "Hello World!";
string t = s.ToLower();
Console.WriteLine("s: {0}  t:{1}", s, t);
t = s.Replace("World", "Tom");
Console.WriteLine("s: {0}  t:{1}", s, t);
t = s.Insert(5,",");
Console.WriteLine("s: {0}  t:{1}", s, t);
t = s.Remove(5);
Console.WriteLine("s: {0}  t:{1}", s, t);
```

```
file:///D:/SharpSpider/Chapter2/bin/Debug/Chapter2.EXE
s: Hello World!  t:hello world!
s: Hello World!  t:Hello Tom!
s: Hello World!  t:Hello, World!
s: Hello World!  t:Hello
```

图2-31　程序运行结果（字符串操作）

上述代码的输出结果表明：即使对字符串进行转换、插入、删除、替换等操作，也只是将操作结果作为新字符串对象返回，原字符串对象始终保持不变。

2. 应用实例：单词计数

若要统计一段文本中包含某个单词的次数，在不考虑整词匹配的情况下，这个问题可以简化为统计一个字符串包含另一个字符串多少次。实现代码如下：

```
Console.WriteLine("请输入文本: ");
string text = Console.ReadLine().ToLower();              //将文本转化为小写
Console.WriteLine("请输入关键词: ");
string key = Console.ReadLine().ToLower();               //将关键词转化为小写
int index = text.IndexOf(key);                           //查找关键词第一次出现的位置
int count = 0;
```

```
while (index >= 0)                                        //如果找到了单词
{
    count++;                                              //计数加1
    index = text.IndexOf(key, index + 1);                 //查找关键词下一次出现的位置
}
Console.WriteLine("该单词在文本中出现{0}次。", count);
```

上述代码的运算结果如图 2-32 所示，当输入“if”作为搜索词时，统计结果为 3 次。

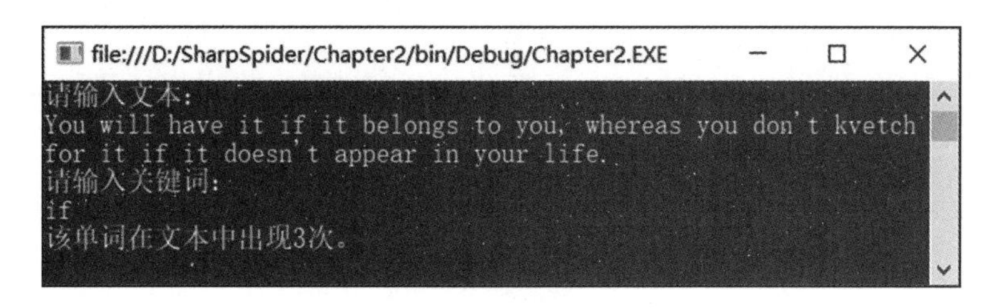

图 2-32　程序运行结果（单词统计）

其实，单词 if 在句子中只出现了 2 次，第 3 个 if 包含在单词 life 中。在实际开发中更需要整词匹配，这就要“先分词、再统计”。下面给出整词匹配的实现代码（运行结果如图 2-33 所示）。

```
Console.WriteLine("请输入文本: ");
string text = Console.ReadLine().ToLower();          //将输入转化为小写
Console.WriteLine("请输入关键词: ");
string key = Console.ReadLine().ToLower();           //将输入转化为小写
int count = 0;
string[] splitTags = new string[] { " ", ",", ".", "?", "!" };              //分隔符
string[] words = text.Split(splitTags, StringSplitOptions.RemoveEmptyEntries); //分词
foreach (string word in words)                       //遍历词表
{
    if (word == key)                                 //如果与关键词相同
    {
        count++;                                     //计数加1
    }
}
Console.WriteLine("该单词在文本中出现{0}次。", count);
```

```
file:///D:/SharpSpider/Chapter2/bin/Debug/Chapter2.EXE
请输入文本:
You will have it if it belongs to you, whereas you don't kvetch
for it if it doesn't appear in your life.
请输入关键词:
if
该单词在文本中出现2次。
```

图 2-33　程序运行结果（整词统计）

2.4.2 数组

数组（Array）是用于存放同类型元素且大小固定的顺序结构。数组的三要素为：元素类型、维度大小、数组名称。下列代码用于说明数组的基本操作（声明、初始化、访问元素等），运行结果如图2-34所示。

```
int[] a;                                    //仅声明一个数组变量（此时a尚不可用）
int[] b = new int[5];                       //创建一个数组，元素默认为0
int[] c = new int[5] { 1, 2, 3, 4, 5 };     //创建并初始化一个数组
int[] d = { 6, 7, 8, 9, 10 };               //声明数组的同时为其赋值，效果同上
ShowArray(b);                               //输出数组元素（第1行）
ShowArray(c);                               //输出数组元素（第2行）
ShowArray(d);                               //输出数组元素（第3行）
a = d;                                      //此时a和d指向同一个数组
a[4] = 100;                                 //为b[4]赋值，a[4]同时发生改变（它们指向同一个元素）
ShowArray(a);                               //输出数组元素（第4行）
ShowArray(d);                               //输出数组元素（第5行）
```

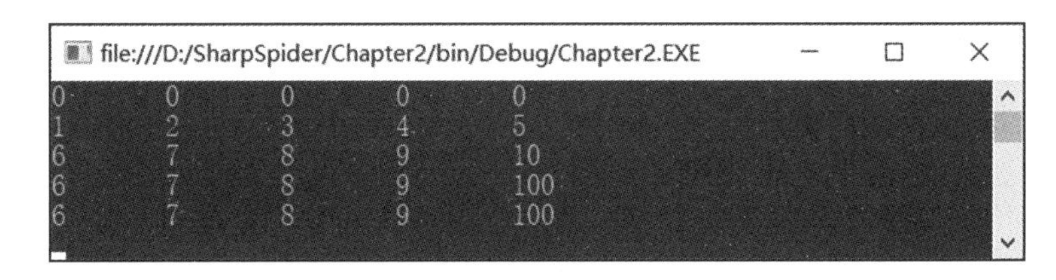

图2-34 程序运行结果（数组基本操作）

上述代码调用了ShowArray方法用于输出数组元素。此方法的实现代码如下：

```
public static void ShowArray(int[] a)
{
    foreach (int item in a)             //遍历循环，依次取a中的元素
    {
        Console.Write(string.Format("{0}\t", item));
    }
    Console.WriteLine();
}
```

上述代码中的foreach为遍历循环语句，当然，也可以改写为如下的for循环形式：

```
for (int i = 0; i < a.Length; i++)      //a.Length表示数组长度
{
    Console.Write(string.Format("{0}\t", a[i]));
}
```

数组用于存储多个同类元素，循环用于实现重复操作，因此，使用循环结构对数组元素进行遍历操作是最常见的用法。下列代码利用数组求Fibonacci数列的前10项（运行结果如图2-35所示）。

```
int[] a = new int[10];                          //定义一个大小为20的一维数组
a[0] = a[1] = 1;                                //数列前两项为1
for (int i = 2; i < 10; i++)                    //从第3项开始
{
    a[i] = a[i - 1] + a[i - 2];                 //每一项为前两项之和
}
ShowArray(a);
```

图 2-35　程序运行结果（Fibonacci 数列）

除了一维数组，C# 还支持多维数组，这里以二维数组为例介绍。下面的代码用于生成并打印 *n* 阶杨辉三角形（运行结果如图 2-36 所示）。

```
int n = int.Parse(Console.ReadLine());                  //输入n
int[,] a = new int[n, n];                               //创建n×n的二维数组
for (int i = 0; i < n; i++)                             //初始化边界元素值
{
    a[i, 0] = a[i, i] = 1;                              //将第1列和对角线元素置1
}
//计算中间元素值
for (int i = 2; i < n; i++)                             //中间每一行
{
    for (int j = 1; j < i; j++)                         //中间每一列
    {
        a[i, j] = a[i - 1, j - 1] + a[i - 1, j];        //每个元素等于两肩头元素之和
    }
}
//打印杨辉三角形
for (int i = 0; i < n; i++)
{
    for (int j = 0; j <= i; j++)
    {
        Console.Write(string.Format("{0}\t", a[i, j]));
    }
    Console.WriteLine();
}
```

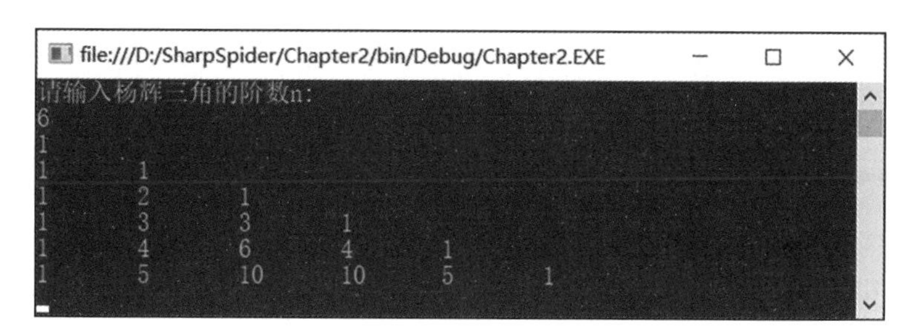

图 2-36　程序运行结果（杨辉三角形）

注意：数组对象一旦创建，其长度（n）就是固定不变的，合法的下标范围从 0 到 $n-1$；数组为引用类型，当多个变量指向同一个数组对象时，它们共用同一组数组元素；二维数组的一般形式为 type[,]，而非 type[][]，后者为数组的数组（可用于实现交错数组）。

2.4.3　列表

列表（List<T>）是一种泛型结构，它实现了一种可随意增删元素的动态数组，其元素可以是任意类型（通过 T 指定）。

1. 列表的基本操作

下面的代码用于说明如何创建列表对象（运行结果如图 2-37 所示）。

```
List<int> a = new List<int>();                         //创建一个空列表
List<int> b = new List<int>() { 1, 2, 3, 4 };          //创建一个列表，并初始化
int[] arr = new int[] { 10, 20, 30, 40 };              //创建一个数组
List<int> c = new List<int>(arr);                      //创建一个列表，使用数组初始化
ShowList(a);                                           //输出空行
ShowList(b);                                           //输出：1    2    3    4
ShowList(c);                                           //输出：10   20   30   40
```

图 2-37　程序运行结果（创建列表）

上述代码的 ShowList 方法用于打印列表元素，实现代码如下：

```
public static void ShowList(List<int> list)
{
    foreach (int item in list)
    {
        Console.Write(item + "\t");
    }
    Console.WriteLine();
}
```

注意：数组的长度是固定的，通过 Length 属性获取；列表的长度是可变的，通过 Count 属性获取。推而广之，.NET 框架中固定长度的数据结构通常提供 Length 属性，而可变长度的数据结构通常提供 Count 属性。

列表与数组最大的区别在于其元素可以动态添加和删除。下面给出列表元素增删的示例代码（运行结果如图 2-38 所示）。

```
List<int> a = new List<int>();                //创建一个空列表
a.Add(1);                                     //添加一个元素
a.AddRange(new int[] { 3, 4 });               //添加一组元素
ShowList(a);
a.Insert(1, 2);                               //在指定位置（1）插入元素（2）
ShowList(a);
a.Remove(3);                                  //删除第一个值为3的元素
a.RemoveAt(0);                                //删除首个元素
ShowList(a);
```

图 2-38　程序运行结果（列表操作）

列表提供了包括元素增删在内的多种操作接口（如表 2-12 所示）。

表 2-12　列表的常用方法或属性

方法或属性	返回值	功能描述
Add(T item)	void	在列表后添加元素
AddRange(IEnumerable<T> collection)	void	在列表后批量添加元素
Insert(int index, T item)	void	在指定位置（index）插入元素
Remove(T item)	void	删除列表第一次出现的 item 元素
RemoveAt(int index)	void	删除列表中下标为 index 的元素
RemoveRange(int index, int count)	void	删除指定位置（index）后的 count 个元素
Clear()	void	删除列表中的所有元素
IndexOf(T item)	int	返回元素首次出现的位置
LastIndexOf(T item)	int	返回元素末次出现的位置
Reverse()	void	反转列表中的元素
Contains(T item)	bool	判断某元素是否存在列表中
Count	int	返回列表中的元素数（属性）

2. 应用实例：羊车门游戏

羊车门游戏的描述如下：参赛者面对 3 扇关闭的门，一扇门后停放着汽车，另外两扇门后则是山羊，主持人知道每扇门后的情况。参赛者先选择一扇门，在开启它之前，主持人会从另外两扇门中打开一扇有羊的门，此时允许参赛者更换自己的选择。问题是：参赛者更换选择后，猜中汽车的机会能否增加？下面我们利用列表来验证羊车门问题。下面的代码用来模拟不换门（策略 1）的情况：

```
public static int SheepGates_1(Random rand)        //单次游戏（策略1）
{
```

```
    List<int> gates = new List<int>() { 0, 0, 0 };       //生成列表，表示3个门
    gates[rand.Next() % 3] = 1;                           //随机生成车门（1表示车，0表示羊）
    int customIndex = rand.Next() % 3;                    //用户随机选择一个门
    return gates[customIndex];                            //返回所选的门
}
```

上述代码将不更换门的游戏过程封装成一个方法，为了保证随机数的质量，我们将随机数对象作为参数传入。方法直接返回所选门的值（1 表示车，0 表示羊），如此设计返回值，便于统计选中汽车的次数。下面的代码用来模拟更换门（策略 2）的情况：

```
public static int SheepGates_2(Random rand)               //单次游戏（策略2）
{
    List<int> gates = new List<int>() { 0, 0, 0 };       //生成列表，表示3个门
    gates[rand.Next() % 3] = 1;                           //随机生成车门
    int customIndex = rand.Next() % 3;                    //用户随机选择一个门
    gates.RemoveAt(customIndex);                          //删除用户所选的门
    gates.Remove(0);                                      //删除第一个羊门
    return gates[0];                                      //返回更换的门
}
```

在上述代码中，同样使用列表来表示 3 个门，由于参赛者初选的门以及主持人打开的门都是被排除的对象，因此我们在代码中把这两扇门删除，剩下的就是最终选定的那一扇门。这里有一个删除顺序的问题，在代码中直接删除了第一个有羊的门，而主持人打开的有羊的门可能是第二个，代码这样处理正确吗？答案是肯定的，这里分两种情况讨论：若剩余的两个门中只有一个有羊，那么必然删除这个门；如果剩余的两个门后都是羊，则无论删除哪一个都会剩下一个有羊的门。因此，删除顺序并不影响最终结果。那么，两种策略下选中汽车的概率分别是多少呢？下面的代码对两种策略进行猜准率测试。

```
public static void SheepGatesTest(int n)                  //n表示测试次数
{
    Random rand = new Random();                           //随机数生成器
    int count = 0;                                        //计数器（选中车的次数）
    for (int i = 0; i < n; i++)                           //模拟n次实验
    {
        count += SheepGates_1(rand);                      //使用策略1
    }
    Console.WriteLine("不换门的猜准率：" + (count * 1.0 / n).ToString("0.00"));
    count = 0;
    for (int i = 0; i < n; i++)
    {
        count += SheepGates_2(rand);                      //使用策略2
    }
    Console.WriteLine("更换门的猜准率：" + (count * 1.0 / n).ToString("0.00"));
}
```

上述代码分别对两种策略进行了 n 次测试，统计并计算其猜准率（猜中车的概率）。我们对不同的 n 值进行了多次测试，测试结果如图 2-39 所示。

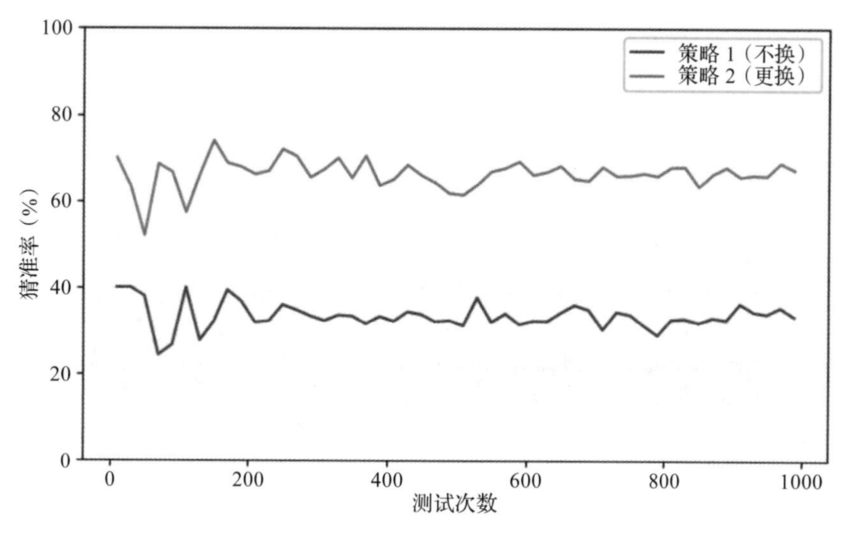

图 2-39　羊车门游戏策略对比

测试结果显示：采用策略 1（不换门）猜中汽车的概率为 1/3，而采用策略 2（更换门）使得猜中汽车的概率提高到 2/3。不换门时猜中汽车的概率为 1/3，这是容易理解的；但更换门后概率提高到 2/3，则有些出乎意料（第一感觉可能是 1/2，因为排除了一个选项）。可以证明：若原来选了汽车，更换后必然选到羊；若原来选了羊，更换后必然选到汽车。因此，造成了概率的反转。

2.4.4　字典

字典（Dictionary<T,T>）也是一种泛型结构，其每个元素是一组“键值对”（key-value pair），键（key）和值（value）可以是任何类型。

1. 字典基本操作

字典可以看作一种映射（map）结构，每个元素的键（key）不能重复，但值（value）可以重复。下面给出创建字典、添加元素和遍历的示例代码（运行结果如图 2-40 所示）。

```
Dictionary<string, int> table = new Dictionary<string, int>(); //创建字典
table.Add("Tom", 86);                                          //添加元素
table.Add("Jim", 88);                                          //添加元素
table.Add("Rose", 86);                                         //添加元素
//遍历字典
foreach (string key in table.Keys)
{
    Console.WriteLine(key + ":" + table[key]);
}
table["Tom"] = 90;                                             //修改Tom的值
table.Remove("Jim");                                           //删除Jim
foreach (string key in table.Keys)                             //遍历
{
```

```
        Console.WriteLine(key + ":" + table[key]);
    }
    table.Clear();                                        //清空
    Console.WriteLine(table.Count);                       //输出字典元素个数
```

```
file:///D:/SharpSpider/Chapter2/bin/Debug/Chapter2.EXE
Tom: 86
Jim: 88
Rose: 86
修改、删除操作之后:
Tom: 90
Rose: 86
清空操作之后:
Count=0
```

图 2-40 程序运行结果（字典基本操作）

字典内部采用哈希（hash）存储结构，不支持下标索引，只能通过关键字（key）进行索引。表 2-13 列出了字典的常用方法或属性。

表 2-13 字典的常用方法或属性

方法或属性	返回值	功能描述
Add(T key, T value)	void	为字典添加键值对
Remove(T key)	void	删除字典中键为 key 的元素
Clear()	void	删除字典中的所有元素
ContainsKey(T key)	bool	判断字典中是否包含某个键
ContainsValue(T key)	bool	判断字典中是否包含某个值
Keys	KeyCollection	返回字典中所有键的集合（属性）
Values	ValueCollection	返回字典中所有值的集合（属性）
Count	int	返回字典中元素的个数（属性）

2. 应用实例：词频统计

词频统计是语言信息处理中十分重要的基础性工作，下面就以小说《三国演义》为例，统计其词频信息。统计词频要考虑以下步骤：

1）获取文本。

2）中文分词。

3）统计词频。

4）词频排序。

由于《三国演义》文本较长，因此采用文件读取方式，分词仍然选用 Jieba 中文分词包，统计词频借助字典来完成。下面给出词频统计的主要实现代码。

```
string text = File.ReadAllText("三国演义.txt", Encoding.UTF8);    //读取文本
JiebaSegmenter segmenter = new JiebaSegmenter();                  //创建分词对象
```

```
List<string> words = new List<string>(segmenter.Cut(text));      //获取分词结果
Dictionary<string, int> counts = new Dictionary<string, int>();//创建字典
foreach (string word in words)                                    //对于每个词
{
    if (counts.ContainsKey(word))
    {
        counts[word] += 1;                                         //已经出现过，则词频加1
    }
    else
    {
        counts.Add(word, 1);                                       //若首次出现，则词频置1
    }
}
IOrderedEnumerable<KeyValuePair<string, int>> result = counts.OrderBy((x) => {
    return x.Value; });                                            //排序
foreach (var item in result)
{
    Console.WriteLine(item.Key +":"+ item.Value);
}
```

上述代码中的 foreach 结构是词频统计的核心操作，也是使用字典的基本形式。词频排序调用 OrderBy 方法实现，其参数为一个 Lambda 表达式，表示以键值对中的值（value）作为排序依据。词频统计结果如图 2-41 所示。

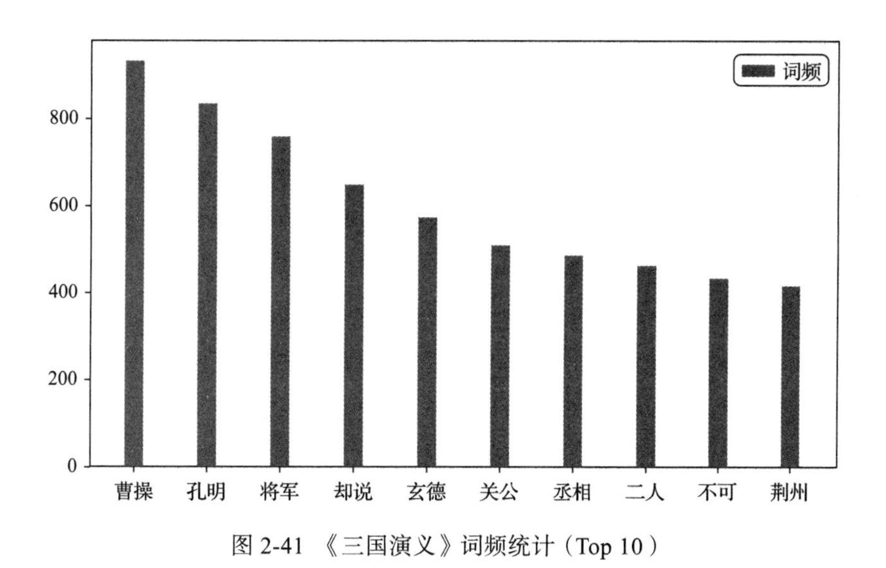

图 2-41 《三国演义》词频统计（Top 10）

3. SortedList 与 SortedDictionary

除了 Dictionary，在 .NET 框架中还提供了两种映射结构：SortedDictionary（有序字典）和 SortedList（有序列表），它们的功能和用法与 Dictionary 类似。但由于它们的实现原理不同，因此在性能上有所差别。具体来说，Dictionary 内部采用哈希表存储，查询和添加的理论时间为 $O(1)$；SortedDictionary 采用二叉树存储，查询和添加的理论时间为 $O(\log N)$；

SortedList 采用有序数组存储，查询和添加的理论时间分别为 $O(\log N)$ 和 $O(N)$。下列方法用于对比测试各类映射结构的添加性能。

```
static double DictAddTest(dynamic dict, int n)
{
    Random rand = new Random();                          //随机数生成器
    DateTime startTime = DateTime.Now;                   //记录开始时间
    for (int i = 0; i < n; i++)                          //生成n组键值对
    {
        int key = rand.Next();                           //生成键
        int value = rand.Next();                         //生成值
        if (dict.ContainsKey(key)==false)                //如果不包含此键
        {
            dict.Add(key, value);                        //添加到字典中
        }
    }
    DateTime endTime = DateTime.Now;
    return endTime.Subtract(startTime).TotalSeconds;
}
```

上述方法将一定数目的键值对添加到映射结构，并记录消耗时间。参数 dict 被定义为 dynamic 类型，可以同时对 3 类对象进行测试（这得益于它们的操作接口相同）。具体的测试代码如下：

```
for (int i = 1; i <= 10; i++)                            //逐渐增加规模
{
    Dictionary<int, int> dict = new Dictionary<int, int>();
    SortedDictionary<int, int> sortedDict = new SortedDictionary<int, int>();
    SortedList<int, int> sortedList = new SortedList<int, int>();
    double time1 = DictAddTest(sortedList, 100000 * i); //测试SortedList
    Console.WriteLine(time1);
    double time2 = DictAddTest(sortedDict, 100000 * i); //测试SortedDictionary
    Console.WriteLine(time2);
    double time3 = DictAddTest(dict, 100000 * i);       //测试Dictionary
    Console.WriteLine(time3);
}
```

测试结果如图 2-42 所示，对于添加操作，Dictionary 的效率明显优于 SortedDictionary，远远优于 SortedList，这与理论值是一致的。

我们继续在已添加 100 万个键值对的 3 种映射结构上分别进行查询性能测试（测试代码与前者类似，这里不再列出）。测试结果如图 2-43 所示，Dictionary 的查询效率明显优于 SortedDictionary 和 SortedList，与理论值一致。因此，在通常情况下，我们应当优先选用 Dictionary 结构。

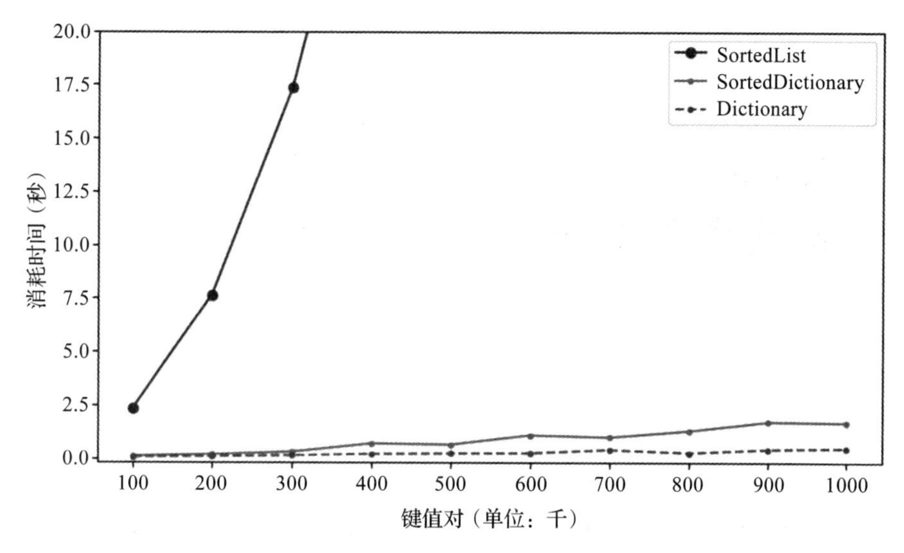

图 2-42　几种字典结构的添加性能对比

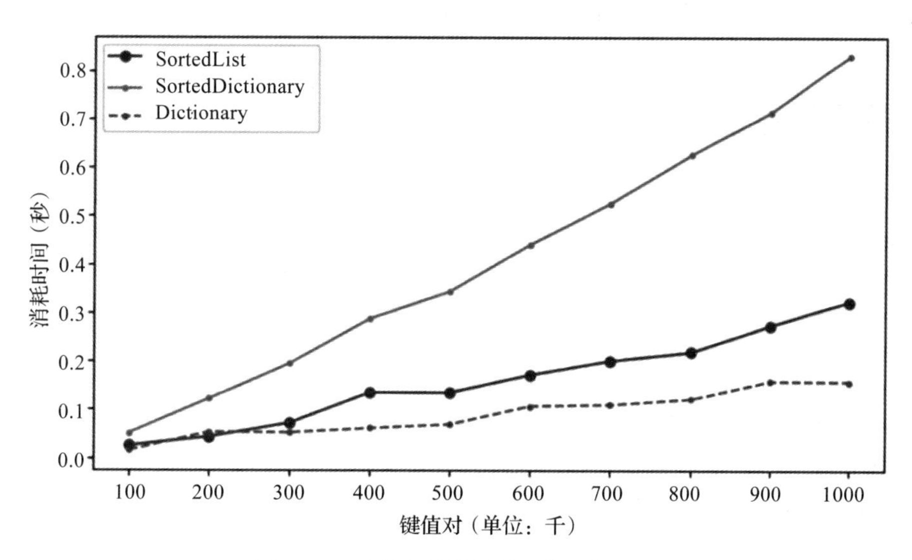

图 2-43　几种字典结构的查询性能对比

第 3 章

网络资源下载

网络爬虫工作的第一步是下载网络资源。网页是万维网最基本的资源形式，也是网络爬虫最重要的数据来源。本章将从网页下载入手，介绍 3 类 Web 访问对象以及 2 种下载方式（同步和异步），进而扩展到其他资源类型，最终构建通用资源下载器。

3.1 同步下载

.NET Framework 提供了多种 Web 资源访问机制，相关功能类（WebRequest、WebClient、HttpClient 等）主要包含在 System.Net 和 System.Net.Http 命名空间中。数据下载方式分为同步和异步，本节先介绍同步方式，异步方式将在下一节中介绍。

3.1.1 网页下载

1. 使用 WebRequest 对象

WebRequest 对象通常与 WebResponse 对象搭配使用，分别表示“请求”与“响应”，使用它们需要添加对 System.Net 命名空间的引用。下面的示例代码将借助上述对象下载网页数据并输出 HTML 文本。

```
/// <summary>使用WebRequest和WebResponse对象实现网页下载</summary>
/// <param name="url">网页URL</param>
public static void Download_V1(string url)
{
    HttpWebRequest request = (HttpWebRequest)WebRequest.Create(url); //创建请求
    WebResponse response = request.GetResponse();              //获取响应
    Stream stream = response.GetResponseStream();              //获取数据流
    StreamReader reader = new StreamReader(stream);            //创建StreamReader对象
    string html = reader.ReadToEnd();                          //读取所有字符
    Console.Write(html);                                       //打印网页
}
```

上述代码通过调用 WebRequest.Create 方法创建一个 WebRequest 对象（WebRequest 是

抽象类，不能直接使用 new 关键字创建实例），此方法会根据不同的 URI 类型返回相应的 WebRequest 子类对象。由于本例中请求的资源类型为网页，因此返回一个 HttpWebRequest 对象。相应地，我们使用 WebResponse 对象描述响应信息，进而将响应数据流转化为字符串并打印。处理数据流时用到了 Stream 和 StreamReader 对象，这就需要额外引用 System.IO 命名空间。在主线程中调用 Download_V1 方法的示例代码如下：

```
Download_V1("http://www.baidu.com");
```

上述代码将百度首页地址（http://www.baidu.com）作为参数，运行结果如图 3-1 所示。

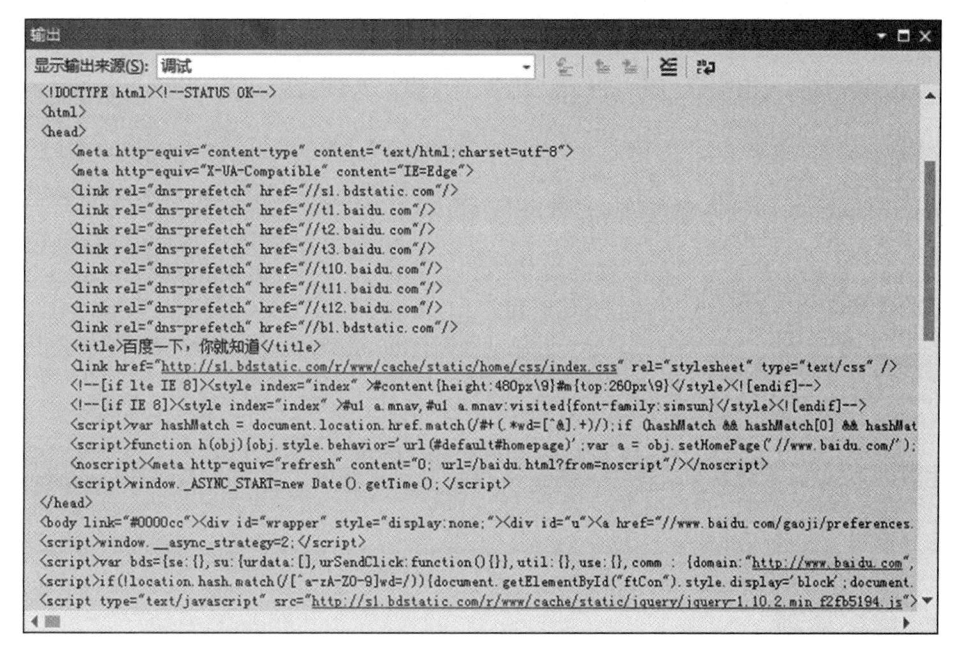

图 3-1　程序输出结果

说明： 为了便于描述，我们通常会把功能相对独立的代码封装成一个方法（如 Download_V1）。本章将介绍多种网页下载机制，而对于同一功能的多种实现，会在方法名后添加不同的后缀（如 V1、V2 等）进行区分。由于篇幅所限，我们不能列出所有代码，读者在调试程序时需要将代码补充完整（如引用类库、添加事件、调用方法等）。

2. 使用 WebClient 对象

Web 客户端（client）的主要功能就是发送请求（request）并接收响应（response）。因此，WebClient 对象可以看作对 HttpWebRequest 和 WebResponse 两个对象的封装。使用 WebClient 对象下载网页的示例代码如下：

```
/// <summary>使用WebClient对象（DownloadData方法）实现网页下载</summary>
/// <param name="url">网页URL</param>
```

```
public static void Download_V2(string url)
{
    WebClient client = new WebClient();                    //创建WebClient对象
    byte[] data = client.DownloadData(url);                //下载网页数据
    string html = Encoding.UTF8.GetString(data);           //转化为字符串（按指定编码）
    Console.Write(html);                                   //输出网页
}
```

相对于使用HttpWebRequest和WebResponse对象，上述代码更加简明，只需创建一个WebClient对象，调用DownloadData方法即可下载得到网页数据（不必处理数据流）。最后，将数据解码成字符串并输出。

此外，WebClient对象还提供了DownloadString方法，可用来直接下载字符串。此方法在下载数据的同时，使用指定编码将其转化为字符串。实现代码如下：

```
/// <summary>使用WebClient对象（DownloadString方法）实现网页下载</summary>
/// <param name="url">网页URL</param>
public static void Download_V3(string url)
{
    WebClient client = new WebClient();                    //创建WebClient对象
    client.Encoding = Encoding.UTF8;                       //指定编码
    string html = client.DownloadString(url);              //下载字符串
    Console.Write(html);
}
```

注意：WebClient对象可通过Encoding属性指定网页编码，但需要在调用DownloadString方法之前设置，否则无效。

3.1.2 编码检测

1. 网页编码

网页本质上是可读的文本数据（由字符组成），但所有网络资源都是以二进制数据传输和存储的，从网页文本到二进制数据的编码方式称为网页的“字符编码”（简称“编码”）。在上一小节的示例代码中，虽然也涉及编码，但全部采用固定格式，这未必符合网页的实际情况。

每个网页都有其特定的编码方式，目前大多数网站（包括中、英文网站）都采用UTF-8编码，也有少数中文网站采用GB2312或其他编码方式。网页的编码方式通常会在HTTP响应头中指定，但也有一些不规范的网站并没有提供此信息（如图3-2所示）。

注意：字符集和字符编码是两个不同的概念，大部分时候它们的名字相同，因此很容易混淆。顾名思义，字符集就是“字符的集合”，它描述了这个集合中包含哪些字符；字符编码是为了方便存储、传输而将字符转化为二进制形式，通俗地说，就是给每个字符“编号”。常见字符集的包含关系如图 3-3 所示：ASCII 是一种英文字符集（共包含 127 个英文字母和常用符号）；GB2312 是一种汉字字符集（共包含 6763 个汉字，682 个字母、数字和符号）；GBK 可以看作 GB2312 的扩展；Unicode 表示一个更大规模的字符集，几乎涵盖了世界上所有的语言文字，它有 UTF-8、UTF-16 等不同的编码方式。

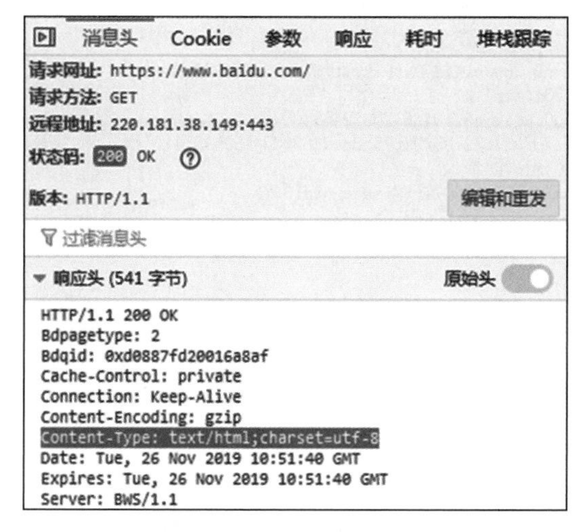

a）包含编码信息

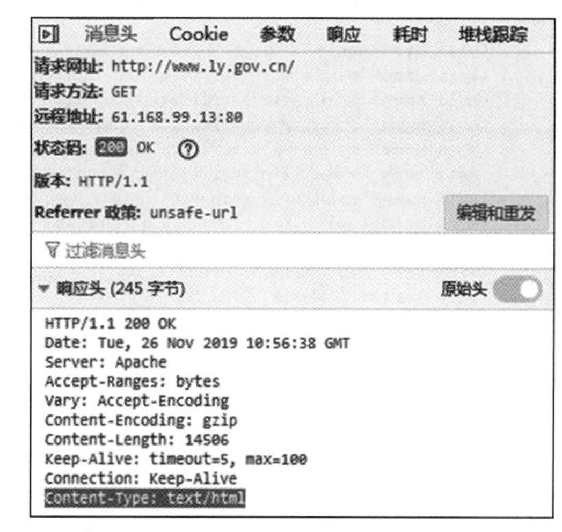

b）缺失编码信息

图 3-2　HTTP 响应头中的网页编码信息

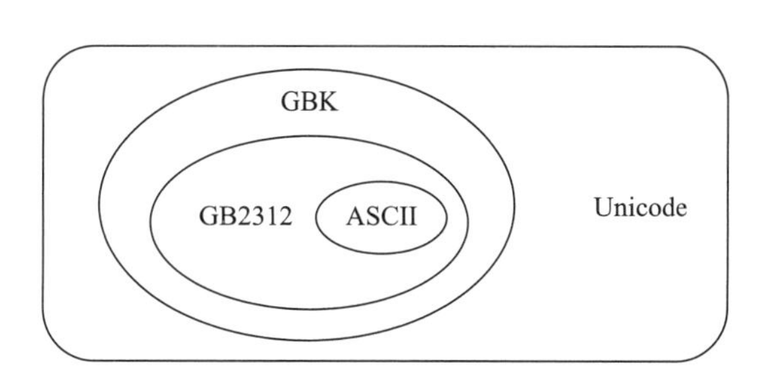

图 3-3　常见字符集的包含关系

除了响应头字段，网页编码方式还被描述在 HTML 文档的 <meta> 标签中（通过 charset 字段指定），我们可以在“网页源码”中查看此信息（如图 3-4 所示）。

网页 <meta> 标签中的 charset 字段虽然从字面上可以翻译为“字符集”，但更确切的含义应为“字符编码方式”。若未指定正确的编码方式，则会出现网页“乱码”（如图 3-5 所示）。在下载网页时，我们可以手动指定编码，但更希望能够实现自动检测。

2. 自动编码检测

在收到网页响应后，我们首先检测 HTTP 响应头中的编码信息，若信息缺失则继续尝试从网页原始数据中获取。从响应头中获取网页编码的主要代码如下：

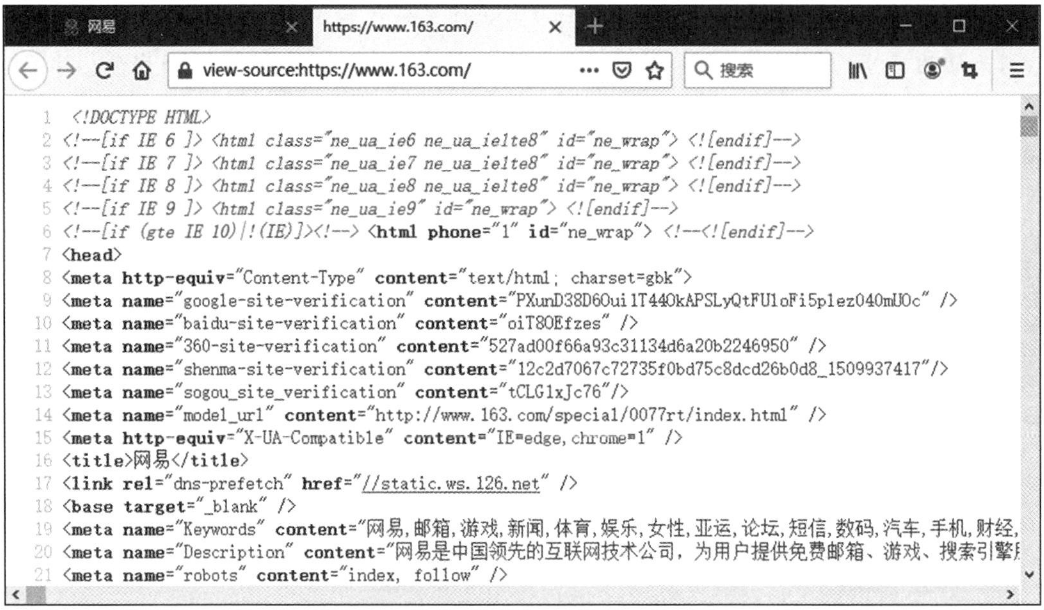

```
网易 ×    https://www.163.com/ ×
view-source:https://www.163.com/

1  <!DOCTYPE HTML>
2  <!--[if IE 6 ]> <html class="ne_ua_ie6 ne_ua_ielte8" id="ne_wrap"> <![endif]-->
3  <!--[if IE 7 ]> <html class="ne_ua_ie7 ne_ua_ielte8" id="ne_wrap"> <![endif]-->
4  <!--[if IE 8 ]> <html class="ne_ua_ie8 ne_ua_ielte8" id="ne_wrap"> <![endif]-->
5  <!--[if IE 9 ]> <html class="ne_ua_ie9" id="ne_wrap"> <![endif]-->
6  <!--[if (gte IE 10)|!(IE)]><!--> <html phone="1" id="ne_wrap"> <!--<![endif]-->
7  <head>
8  <meta http-equiv="Content-Type" content="text/html; charset=gbk">
9  <meta name="google-site-verification" content="PXunD38D60ui1T440kAPSLyQtFU1oFi5plez040mU0c" />
10 <meta name="baidu-site-verification" content="oiT80Efzes" />
11 <meta name="360-site-verification" content="527ad00f66a93c31134d6a20b2246950" />
12 <meta name="shenma-site-verification" content="12c2d7067c72735f0bd75c8dcd26b0d8_1509937417"/>
13 <meta name="sogou_site_verification" content="tCLG1xJc76"/>
14 <meta name="model_url" content="http://www.163.com/special/0077rt/index.html" />
15 <meta http-equiv="X-UA-Compatible" content="IE=edge,chrome=1" />
16 <title>网易</title>
17 <link rel="dns-prefetch" href="//static.ws.126.net" />
18 <base target="_blank" />
19 <meta name="Keywords" content="网易,邮箱,游戏,新闻,体育,娱乐,女性,亚运,论坛,短信,数码,汽车,手机,财经,
20 <meta name="Description" content="网易是中国领先的互联网技术公司，为用户提供免费邮箱、游戏、搜索引擎
21 <meta name="robots" content="index, follow" />
```

图 3-4　在“网页源码”中查看编码方式

```
输出
显示输出来源(S): 调试
<!DOCTYPE HTML>
<!--[if IE 6 ]> <html class="ne_ua_ie6 ne_ua_ielte8" id="ne_wrap"> <![endif]-->
<!--[if IE 7 ]> <html class="ne_ua_ie7 ne_ua_ielte8" id="ne_wrap"> <![endif]-->
<!--[if IE 8 ]> <html class="ne_ua_ie8 ne_ua_ielte8" id="ne_wrap"> <![endif]-->
<!--[if IE 9 ]> <html class="ne_ua_ie9" id="ne_wrap"> <![endif]-->
<!--[if (gte IE 10)|!(IE)]><!--> <html phone="1" id="ne_wrap"> <!--<![endif]-->
<head>
<meta http-equiv="Content-Type" content="text/html; charset=gbk">
<meta name="google-site-verification" content="PXunD38D60ui1T440kAPSLyQtFU1oFi5plez040mU0c" />
<meta name="baidu-site-verification" content="oiT80Efzes" />
<meta name="360-site-verification" content="527ad00f66a93c31134d6a20b2246950" />
<meta name="shenma-site-verification" content="12c2d7067c72735f0bd75c8dcd26b0d8_1509937417"/>
<meta name="sogou_site_verification" content="tCLG1xJc76"/>
<meta name="model_url" content="http://www.163.com/special/0077rt/index.html" />
<title>????</title>
<link rel="dns-prefetch" href="//static.ws.126.net" />
<base target="_blank" />
<meta name="Keywords" content="????,????,???,????,????,????,???,????,???,????,????,????,???,???,???,???" />
<meta name="Description" content="???????????????????????????????????????????????????????????????????????????????30?
<meta name="robots" content="index, follow" />
<meta name="googlebot" content="index, follow" />
<link rel="apple-touch-icon-precomposed" href="//static.ws.126.net/www/logo/logo-ipad-icon.png" >
```

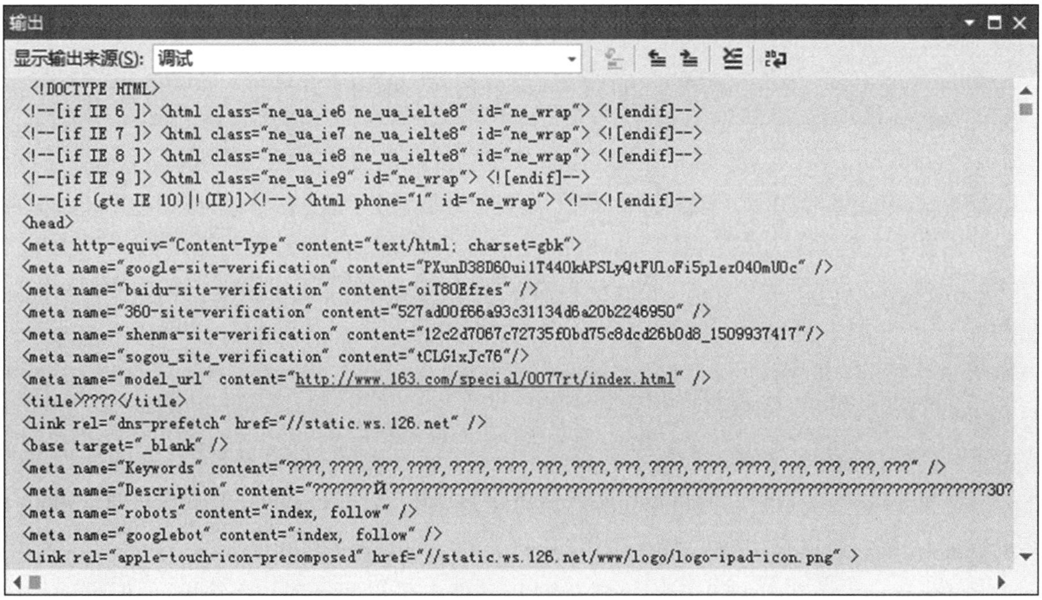

图 3-5　解码错误的网页

```
/// <summary>从网页响应头中检测编码</summary>
/// <param name="headers">响应头</param>
public static string DetectCharset(WebHeaderCollection headers)
{
    string charset = "";                           //网页编码
    string value = headers["Content-Type "];      //获取Content-Type属性值
```

```
    int index = value.IndexOf("charset:");        //查找"charset:"字符串
    if (index >= 0)                                //若包括"charset:"字符串
    {
        charset = value.Substring(index + 8);     //获取编码信息
    }
    return charset;                                //返回编码信息
}
```

上述代码将“从响应头中检测编码”的功能封装成一个方法，若检测成功则返回编码名称，否则返回空字符串。相比之下，从网页原始数据进行编码检测就显得更复杂。网页编码一般在 <meta> 标签中通过“charset=×××”来指定，不同网页的描述方式又不尽相同。表 3-1 列出了一些网页地址及编码描述格式。

表 3-1　网页地址及编码描述格式举例

编　号	网　址	编码描述格式	语　种
1	www.163.com	<meta http-equiv="Content-Type" content="text/html; charset=gbk">	中文
2	www.world68.com	<meta http-equiv="Content-Type" content="text/html; charset=gb2312" />	中文
3	www.baidu.com	<meta http-equiv="content-type" content="text/html; charset=utf-8">	中文
4	www.blog.csdn.net	<meta charset="utf-8">	中文
5	www.w3school.com.cn	<meta charset="gbk" />	中文
6	www.naver.com	<meta charset="utf-8">	韩文
7	www.amazon.com	<meta charset="utf-8">	英文
8	www.rikai.com/library/kanjitables/kanji_codes.sjis.shtml	<meta http-equiv='Content-Type' content ='text/html; charset=Shift-JIS'>	日文
9	www.asahi.com	<meta http-equiv="content-type" content="text/html; charset=UTF-8" />	日文
10	www.sohu.com	<meta charset="utf-8"/>	中文

由于大部分编码在低区位与 ASCII 码重合，而 <meta> 标签仅由 ASCII 字符组成，因此我们提出以下自动检测方法：首先采用 ASCII 编码方式解码网页数据；然后查找关键词“charset=”并获取实际编码类型；最后使用实际编码重新解码得到网页文本。通过对描述格式的分析，检测时还需要考虑以下细节：

- 描述格式有长有短，如表 3-1 中编号 1 为长格式，编号 4 为短格式。
- 引号使用有单有双，如表 3-1 中编号 2 为双引号，编号 8 为单引号。
- 字母书写有大有小，如表 3-1 中编号 3 为小写，编号 9 为大写。

综合考虑以上因素，下面给出自动编码检测的主要代码：

```
/// <summary>从网页原始数据中检测编码</summary>
/// <param name="data">网页数据</param>
```

```
public static string DetectCharset(byte[] data)
{
    string html = Encoding.ASCII.GetString(data);                //采用ASCII解码
    string tag = "charset=";
    int index = html.IndexOf(tag);                               //查找上边界
    if (index < 0) return "utf-8";                           //检测不到，默认返回UTF-8
    int start = index + tag.Length;
    //同时考虑到单引号和双引号
    int end = html.IndexOfAny(new char[] { '"', '\'' }, start + 1);    //查找下边界
    if (end < 0) return "utf-8";                             //检测不到，默认返回UTF-8
    string charset = html.Substring(start, end - start);
    charset = charset.Replace("\"", "").Replace("'", "");        //删除多余的引号
    charset = charset.ToLower().Trim();                          //统一转化为小写
    return charset;                                              //返回编码格式
}
```

上述代码将编码检测功能封装成一个方法，参数 data 表示网页（原始）数据，返回值为编码检测结果（编码名称）。若检测失败，则默认返回常见的 UTF-8 格式。若在 Download_V2 方法的基础上加入编码检测机制，可得到如下代码：

```
/// <summary>使用WebClient对象实现网页下载（加入编码检测机制）</summary>
/// <param name="url">网页url</param>
public static void Download_V4(string url)
{
    WebClient client = new WebClient();
    byte[] data = client.DownloadData(url);
    string charset = DetectCharset(client.ResponseHeaders);  //从响应头中检测编码
    if (charset == "")                                       //若检测失败
    {
        charset = DetectCharset(data);                       //从网页数据中检测编码
    }
    string html = Encoding.GetEncoding(charset).GetString(data);//获取网页文本
    Console.Write(html);
}
```

使用改进后的方法再次下载网页，即可得到正确结果（如图 3-6 所示）。

说明：虽然此方法的适用性很高，但也不能确保检测到所有网页的编码格式。有些编码在低区位与 ASCII 编码并不重合（如 ECU-JIS 编码），还有些网页的编码格式未在考虑之中。对前者需要通过参数指定编码，对后者则需进一步修改程序、完善识别规则。

3.1.3 参数设置

1. User-Agent 参数

User-Agent 是一个重要的 HTTP 请求参数，包含在请求头中，用于描述浏览器环境（包括浏览器类型、引擎内核、操作系统版本、CPU 型号等）。服务器会检测 User-Agent 信

息，并根据浏览器的不同而返回不同的网页内容（样式），以提供更好的用户体验。部分服务器会强制要求 User-Agent 参数，否则不提供正常的浏览服务。在访问某些网页时，若缺失 User-Agent 参数，则会得到提示有错误信息的页面（如图 3-7 所示）。

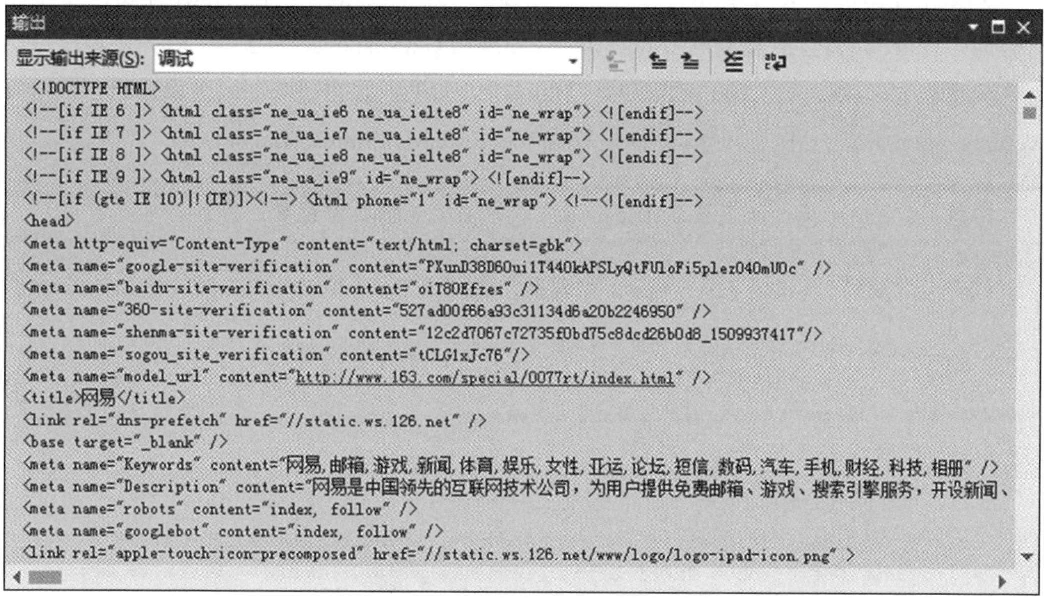

```
输出
显示输出来源(S): 调试
 <!DOCTYPE HTML>
<!--[if IE 6 ]> <html class="ne_ua_ie6 ne_ua_ielte8" id="ne_wrap"> <![endif]-->
<!--[if IE 7 ]> <html class="ne_ua_ie7 ne_ua_ielte8" id="ne_wrap"> <![endif]-->
<!--[if IE 8 ]> <html class="ne_ua_ie8 ne_ua_ielte8" id="ne_wrap"> <![endif]-->
<!--[if IE 9 ]> <html class="ne_ua_ie9" id="ne_wrap"> <![endif]-->
<!--[if (gte IE 10)|!(IE)]><!--> <html phone="1" id="ne_wrap"> <!--<![endif]-->
<head>
<meta http-equiv="Content-Type" content="text/html; charset=gbk">
<meta name="google-site-verification" content="PXunD38D60ui1T440kAPSLyQtFUloFi5plez040mU0c" />
<meta name="baidu-site-verification" content="oiT80Efzes" />
<meta name="360-site-verification" content="527ad00f66a93c31134d6a20b2246950" />
<meta name="shenma-site-verification" content="12c2d7067c72735f0bd75c8dcd26b0d8_1509937417"/>
<meta name="sogou_site_verification" content="tCLG1xJc76"/>
<meta name="model_url" content="http://www.163.com/special/0077rt/index.html" />
<title>网易</title>
<link rel="dns-prefetch" href="//static.ws.126.net" />
<base target="_blank" />
<meta name="Keywords" content="网易,邮箱,游戏,新闻,体育,娱乐,女性,亚运,论坛,短信,数码,汽车,手机,财经,科技,相册" />
<meta name="Description" content="网易是中国领先的互联网技术公司，为用户提供免费邮箱、游戏、搜索引擎服务，开设新闻、
<meta name="robots" content="index, follow" />
<meta name="googlebot" content="index, follow" />
<link rel="apple-touch-icon-precomposed" href="//static.ws.126.net/www/logo/logo-ipad-icon.png" >
```

图 3-6　解码正确的网页

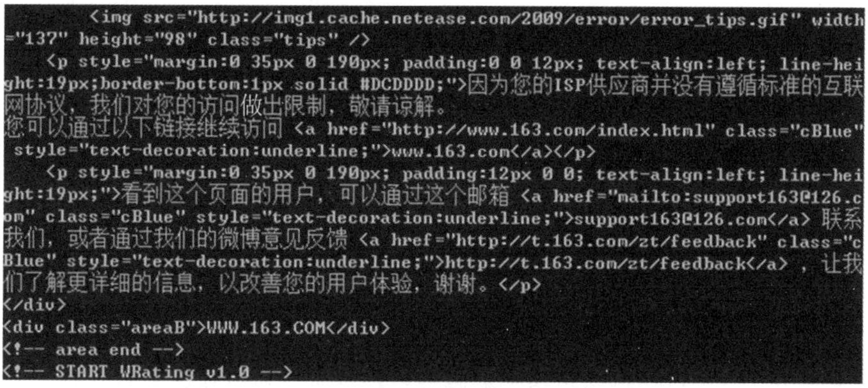

```
        <img src="http://img1.cache.netease.com/2009/error/error_tips.gif" width
="137" height="98" class="tips" />
     <p style="margin:0 35px 0 190px; padding:0 0 12px; text-align:left; line-hei
ght:19px;border-bottom:1px solid #DCDDDD;">因为您的ISP供应商并没有遵循标准的互联
网协议，我们对您的访问做出限制，敬请谅解。
您可以通过以下链接继续访问 <a href="http://www.163.com/index.html" class="cBlue"
 style="text-decoration:underline;">www.163.com</a></p>
     <p style="margin:0 35px 0 190px; padding:12px 0 0; text-align:left; line-hei
ght:19px;">看到这个页面的用户，可以通过这个邮箱 <a href="mailto:support163@126.c
om" class="cBlue" style="text-decoration:underline;">support163@126.com</a> 联系
我们，或者通过我们的微博意见反馈 <a href="http://t.163.com/zt/feedback" class="c
Blue" style="text-decoration:underline;">http://t.163.com/zt/feedback</a> ，让我
们了解更详细的信息，以改善您的用户体验，谢谢。</p>
</div>
<div class="areaB">WWW.163.COM</div>
<!-- area end -->
<!-- START WRating v1.0 -->
```

图 3-7　返回提示有错误信息的页面

对于 WebRequest 对象，可通过以下代码设置 User-Agent 参数：

```
HttpWebRequest request = (HttpWebRequest)WebRequest.Create(url);
request.UserAgent = "Mozilla/5.0 (Windows NT 6.1) Gecko Firefox/66.0";
```

对于 WebClient 对象，可通过以下代码设置 User-Agent 参数：

```
WebClient client = new WebClient(); //创建WebClient对象
client.Headers["User-Agent"] = "Mozilla/5.0 (Windows NT 6.1) Gecko Firefox/66.0";
```

上述 User-Agent 参数表示请求来自运行在 Windows 操作系统上的 Firefox 浏览器。添加 User-Agent 参数后，再次访问上述网页，即可得到正确响应。

2. 超时参数

为保证数据的下载效率和可靠性，可以通过 HttpWebRequest 的 Timeout 属性设置超时时间。Timeout 属性值表示发出同步请求（如调用 GetResponse 方法等）后等待响应流所允许的毫秒数，默认值是 100 000 毫秒（100 秒）。如果资源在超时期限内未返回，将引发 WebException 异常，并将 Status 属性设置为 WebExceptionStatus.Timeout。

注意： Timeout 属性必须在 GetResponse 等方法被调用之前设置，否则将不起作用。

综合考虑编码、超时、User-Agent 等因素，我们将 Download_V1 方法改造如下：

```
/// <summary>使用WebRequest实现网页下载（增加参数设置）</summary>
/// <param name="url">网页url</param>
/// <param name=" encoding ">编码方式</param>
/// <param name="timeout">超时参数</param>
public static void Download_V5(string url, Encoding encoding, int timeout = 5000)
{
    HttpWebRequest request = (HttpWebRequest)WebRequest.Create(url);
    request.UserAgent = "Mozilla/5.0 (Windows NT 6.1) Gecko Firefox/66.0";
    request.Timeout = timeout;                                  //设置超时（默认为5秒）
    try
    {
        WebResponse response = request.GetResponse();           //获取响应
        Stream stream = response.GetResponseStream();           //获取响应流
        StreamReader reader = new StreamReader(stream, encoding);//指定编码方式
        string html = reader.ReadToEnd();                       //读取所有字符
        Console.Write(html);
    }
    catch (Exception ex)                                        //若超时，则产生异常
    {
        Console.WriteLine("异常：" + ex.ToString());
    }
}
```

调用上述方法时，可通过参数指定编码方式和超时参数，默认超时时间为 5000 毫秒（5 秒）。HttpWebRequest 对象的 UserAgent 属性则直接在代码中指定，将其伪装成 Firefox 浏览器发送请求。此外，代码中还增加了异常处理，若请求错误或超时则会输出异常信息。

WebClient 并未提供直接设置超时参数的方法或属性，可以通过定义其派生类并重写（override）基类方法来实现此功能。主要代码如下：

```
public class NewWebClient : WebClient
{
    public int Timeout { get; set; }                        //超时时间(毫秒)
    public NewWebClient(int timeout = 5000)                 //默认5000毫秒（5秒）
```

```
        {
            this.Timeout = timeout;                                     //传入超时参数
        }
        protected override WebRequest GetWebRequest(Uri address)    //重写基类方法
        {
            var request = base.GetWebRequest(address);              //创建WebRequest对象
            request.Timeout = this.Timeout;                         //设置超时
            return request;
        }
    }
```

上述代码定义了一个 NewWebClient 类——继承自 WebClient 类。WebClient 对象（包括其子类对象）每次下载数据时，要先通过 GetWebRequest 方法创建一个 WebRequest 对象，在子类中重写此方法可以设置超时参数。此外，还可以通过 Timeout 属性随时修改超时参数。综合考虑超时、编码以及 User-Agent 等因素，将 Download_V2 方法改造如下：

```
/// <summary> 使用WebClient对象实现网页下载</summary>
/// <param name="url">网页url</param>
/// <param name="charset">编码方式</param>
/// <param name="timeout">超时参数</param>
public static void Download_V6(string url, string charset = "auto", int timeout = 5000)
{
    NewWebClient client = new NewWebClient(timeout);
    //设置User-Agent参数
    client.Headers["User-Agent"] = "Mozilla/5.0 (Windows NT 6.1) Gecko Firefox/66.0";
    byte[] data = client.DownloadData(url);
    if (charset == "auto")
    {
        charset = DetectCharset(data);   //自动检测字符编码
    }
    string html = Encoding.GetEncoding(charset).GetString(data);
    Console.Write(html);
}
```

说明：上述代码中的编码参数为 string 类型，且当其取默认值（auto）时进行自动检测，这与 Download_V5 的参数形式不同。本例仅从原始数据中检测编码，而且省略了异常处理机制。为了突出重点，书中的示例代码只包含核心功能而省略了其他细节。在实际应用中，则必须充分考虑这些细节，注重代码的完整性和健壮性。

3. 压缩传输

当客户端允许时，服务器可以将响应内容进行压缩传输，以减少网络传输量。客户端通过请求头中的 Accept-Encoding 字段声明自己能接受哪些压缩格式；服务器通过响应头中的 Content-Encoding 字段说明响应体的具体压缩格式（注意：响应头部分不压缩）；客户端接收到响应后，需要先将响应体解压还原为原始数据，再做后续处理。HTTP 压缩传输过程如图 3-8 所示。

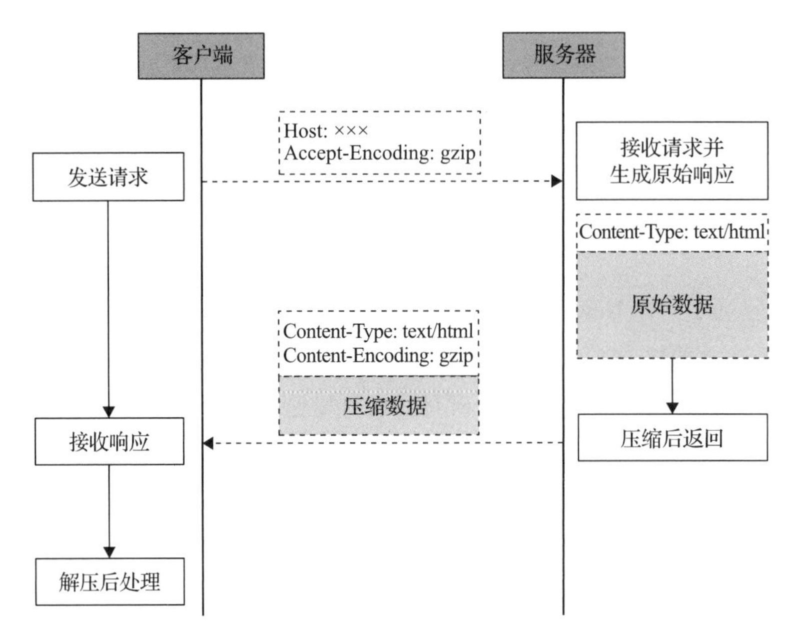

图 3-8　HTTP 压缩传输过程

拓展：客户端可接受的压缩方式通常为 gzip 和 deflate，而服务器多采用 gzip 压缩方式。deflate 是一种使用 Lempel-Ziv 压缩算法（LZ77）和哈夫曼编码的数据压缩格式；gzip 在 LZ77 编码的基础上增加了 32 位循环冗余检查（CRC），是一种更可靠的数据压缩方式。

HTTP 压缩传输适用于 HTML 等纯文本数据，数据量可减少至原来的 30% 左右；对于已经压缩的多媒体数据（JPEG、MP3 等），HTTP 几乎没有压缩效果，反而会增加 CPU 消耗，服务器通常不会对它们进行压缩。

从理论上讲，只有当客户端允许接受压缩数据时，服务器才能进行压缩传输。但是，也有一些服务器并不考虑客户端的意见，而直接返回压缩数据。以下载搜狐首页（https://www.sohu.com）为例（调用前述 Download_V2 方法），当程序执行到如图 3-9 所示的断点处时，我们可以清晰地看到各变量的取值。

虽然客户端并未设置 Accept-Encoding 字段（client.Headers["Accetp-Encoding"] 取值为 null），明确表示不接受压缩格式，但服务器无视客户端的声明，仍然返回了压缩数据（client.ResponseHeaders["Content-Encoding"] 取值为“gzip”），从而导致网页文本解析错误（html 取值为乱码）。

为了避免这一问题，我们必须主动判断服务器是否采用了压缩格式。于是，我们将 Download_V6 方法进一步改造如下：

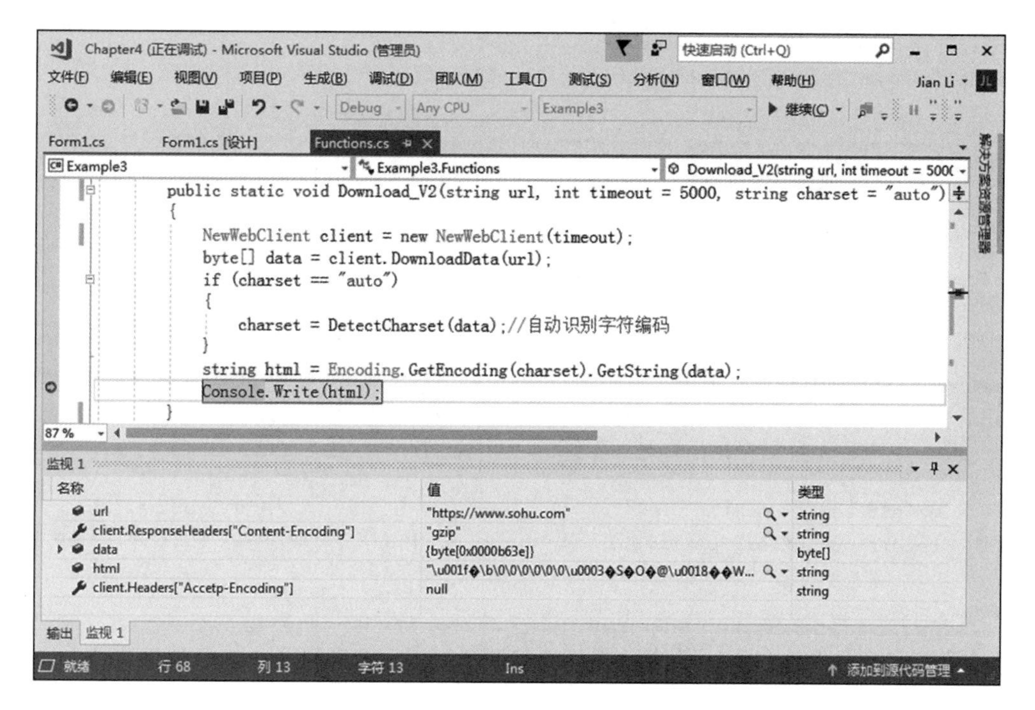

图 3-9　程序调试结果（变量监视）

```
/// <summary> 使用WebClient对象实现网页下载（支持压缩编码）</summary>
/// <param name="url">网页url</param>
/// <param name="charset">编码方式</param>
/// <param name="timeout">超时参数</param>
public static void Download_V7(string url, int timeout = 5000, string charset = "auto")
{
    NewWebClient client = new NewWebClient(timeout);
    byte[] data = client.DownloadData(url);
    if (client.ResponseHeaders["Content-Encoding"] == "gzip") //如果服务器采用了压缩格式
    {
        data = Decompress(data);                          //解压为原始数据
    }
    if (charset == "auto")
    {
        charset = DetectCharset(data);    //自动识别字符编码
    }
    string html = Encoding.GetEncoding(charset).GetString(data);
    Console.Write(html);
}
```

相比之下，上述代码增加了压缩检测和解压的功能，若响应数据采用了压缩格式，则将其解压后再做后续处理。数据解压调用了 Decompress 方法，该方法用于将 gzip 格式的压缩数据解压为原始数据，其主要代码如下：

```
/// <summary>解压gzip数据</summary>
/// <param name="zippedData">gzip压缩数据</param>
```

```
/// <returns>原始数据</returns>
public static byte[] Decompress(byte[] zippedData)
{
    MemoryStream ms = new MemoryStream(zippedData);     //内存流（输入）
    GZipStream gzipStream= new GZipStream(ms, CompressionMode.Decompress);
                                                        //创建GZipStream流
    MemoryStream outBuffer = new MemoryStream();        //内存流（输出）
    byte[] block = new byte[1024];                      //分块处理（每块1024字节）
    while (true)
    {
        int bytesRead = gzipStream.Read(block, 0, block.Length); //读取解压后的数据流
        if (bytesRead <= 0) { break;}
        else { outBuffer.Write(block, 0, bytesRead);}   //写入输出流
    }
    gzipStream.Close();                                 //关闭GZipStream流
    return outBuffer.ToArray();                         //返回（解压后的）原始数据
}
```

注意：这里我们仅对 gzip 格式的数据进行解压，实际开发中要支持各种压缩格式。

使用改进后的方法再次下载搜狐首页（https://www.sohu.com），即可获得正确的网页文本（如图 3-10 所示）。以本次下载为例，压缩后的数据量为 45KB，而原始数据量则为 202KB，压缩率约为 78%。

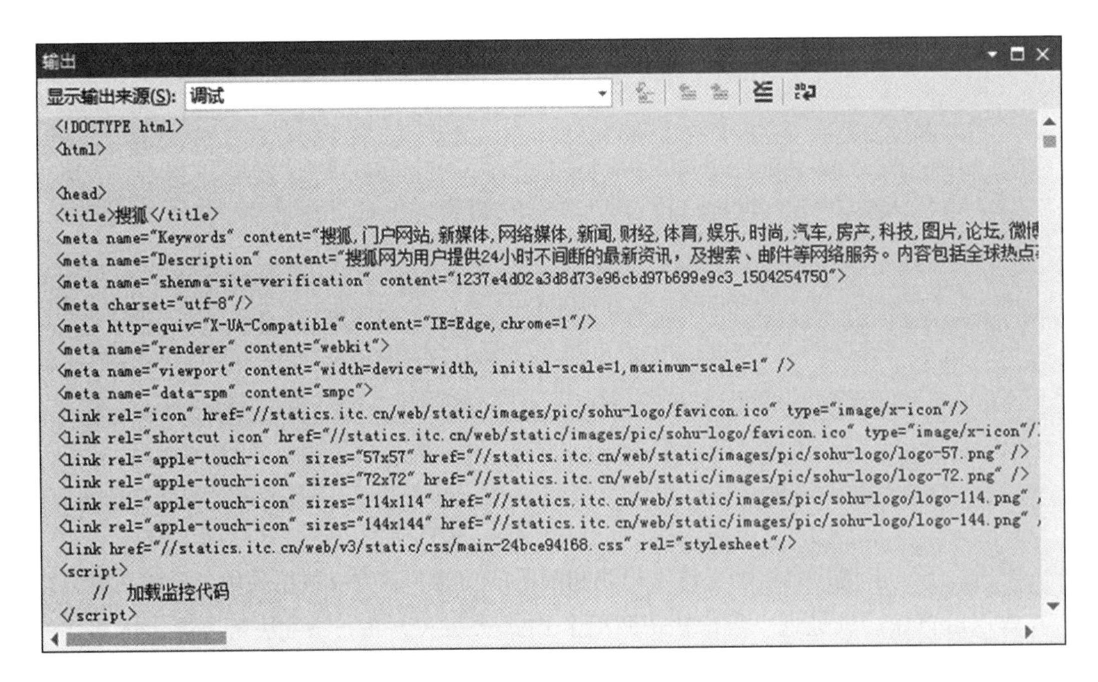

图 3-10 程序运行结果（数据解压还原）

3.2　异步下载

此前介绍的下载方法都是同步的，本节将介绍异步下载。“同步”和“异步”是指两种不同的函数调用方式，区别在于调用者是否需要等待结果。具体而言，同步调用需要一直等到结果返回后才能继续执行程序；异步调用则不会等待结果就立刻返回，结果产生后被调用者将通知调用者进行处理。下面通过一个生活中“顾客点餐”的例子来解释“同步”和“异步”的区别（如图 3-11 所示）。

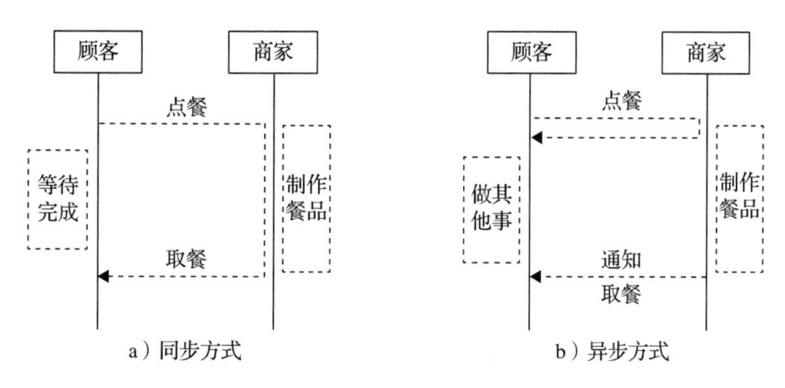

图 3-11　同步调用和异步调用

上例的同步方式中，顾客点餐（调用）后会一直等待餐品制作完成（结果）；而在异步方式下，顾客（调用者）点餐后不必一直等待，可以处理其他事务，商家（被调用者）制作完成后会通知顾客取餐。由此可见，异步方式特别适用于耗时的 I/O 操作，网页下载就属于此类操作，合理采用异步下载能够有效地提高爬虫效率。WebClient 和 HttpWebRequest 对象均支持异步下载，下面将分别介绍。

3.2.1　实现方式

1. WebClient 对象

WebClient 对象支持两种异步下载方式，分别为“事件回调”方式和“任务等待”方式。其中，“事件回调”方式的实现代码如下：

```
/// <summary>使用WebClient对象异步下载网页（事件回调）</summary>
/// <param name="url">网络资源地址</param>
public static void DownloadAsync_V1(string url)
{
    NewWebClient client = new NewWebClient();
    client.DownloadDataCompleted += Client_DownloadDataCompleted; //添加事件
    client.DownloadDataAsync(new Uri(url));                        //异步下载
}
/// <summary>回调方法</summary>
static void Client_DownloadDataCompleted(object sender, DownloadDataCompleted
    EventArgs e)
```

```
{
    byte[] data = e.Result;                                         //获取数据
    string charset = DetectCharset(data);                           //自动识别字符编码
    string html = Encoding.GetEncoding(charset).GetString(data);
    Console.WriteLine(html);
}
```

上述代码将异步下载功能封装成DownloadAsync_V1方法，其中的关键语句是为WebClient对象添加DownloadDataCompleted事件，然后调用DownloadDataAsync方法开启异步下载。下载完成后，程序会自动回调Client_DownloadDataCompleted方法，并将下载数据作为参数传入，在此方法中可对数据做进一步处理。

相比之下，"任务等待"方式的代码就简洁很多：

```
/// <summary>使用WebClient对象异步下载网页（任务等待）</summary>
public async void DownloadAsync_V2(string url)                      //异步方法
{
    NewWebClient client = new NewWebClient();
    byte[] data = await client.DownloadDataTaskAsync(new Uri(url)); //等待任务
    string charset = DetectCharset(data);                           //自动识别字符编码
    string html = Encoding.GetEncoding(charset).GetString(data);
    Console.WriteLine(html);
}
```

在上述代码中，DownloadAsync_V2方法被声明为异步的（async），并在调用Download-DataTaskAsync方法时使用了await关键字，这就是async/await机制的基本用法。虽然这种方式和事件回调在本质上是一致的，却极大简化了代码形式。

拓展：从.NET Framework 4.5开始支持async/await编程机制，这种机制允许采用同步编程方式实现异步功能。await语句所等待的任务一般比较耗时（如文件读写或网络访问），当程序执行到await语句时，不必等待任务完成而直接返回调用点，并将await语句之后的代码封装为一个回调（callback），待任务完成后自动调用。

2. HttpWebRequest对象

HttpWebRequest对象同样提供了异步下载功能，依次调用GetResponseAsync和ReadToEnd-Async方法能够实现异步下载，主要代码如下：

```
/// <summary> 使用HttpWebRequest对象异步下载网页</summary>
/// <param name="encoding">编码方式</param>
/// <param name="timeout">超时参数</param>
public static async void DownloadAsync_V3(string url, Encoding encoding, int timeout = 5000)
{
    HttpWebRequest request = (HttpWebRequest)WebRequest.Create(url); //创建请求
    request.UserAgent = "Mozilla/5.0 (Windows NT 6.1) Gecko Firefox/66.0";
    WebResponse response = await request.GetResponseAsync();    //等待响应
    Stream stream = response.GetResponseStream();
```

```
    StreamReader reader = new StreamReader(stream, encoding);
    string html = await reader.ReadToEndAsync();                //等待读取完毕
    Console.Write(html);
}
```

上述代码之所以稍显复杂，是因为需要进行两次异步调用并进行数据流处理。本例中的异步操作同样使用了 async/await 机制，这是 .NET 框架新的主流异步编程模式，我们应当深入理解这一模式并能够灵活使用。

3. HttpClient 对象

除了 HttpWebRequest 和 WebClient 对象，.NET 框架还提供了一种特殊的 Web 访问对象——HttpClient 对象，它仅支持异步下载。使用 HttpClient 对象实现异步下载的代码如下：

```
/// <summary>使用HttpClient对象异步下载网页</summary>
public static async void DownloadAsync_V4(string url)
{
    HttpClient client = new HttpClient();                  //创建HttpClient对象
    var headers = client.DefaultRequestHeaders;            //获取请求头
    headers.Add("User-Agent", "Mozilla/5.0 (Windows NT 6.1) Gecko Firefox/66.0");
                                                           //设置参数
    byte[] data = await client.GetByteArrayAsync(url);    //异步下载数据
    string charset = DetectCharset(data);                  //自动识别字符编码
    string html = Encoding.GetEncoding(charset).GetString(data);
    Console.Write(html.Substring(0, 2000));
    Console.ReadLine();
}
```

说明：HttpClient 是 .NET Framework 4.5 中新增的一个类，本质上是对 HttpWebRequst 的高层封装，但又具有一些高级特性。HttpClient 的优势在于：使用一个对象可以创建多个请求，能够跟踪“长时间运行请求”的进度，适用于大规模并发环境。

3.2.2 性能分析

前面介绍了 3 种可用于 Web 访问的对象：HttpWebRequest、WebClient 和 HttpClient，表 3-2 从应用角度对它们进行了对比。我们可以根据需要加以选用：如果希望全程控制细节，那么优先选择 HttpWebRequest 对象；如果希望简化实现过程，WebClient 对象则是首选；如果希望提高并发效率，不妨尝试一下 HttpClient 对象。

表 3-2 3 种 Web 访问对象的对比

使用对象	代码形式	同步下载	异步下载	应用场景
HttpWebRequest	比较复杂	支持	支持	原理型
WebClient	简洁	支持	支持	实用型
HttpClient	简洁	不支持	支持	效率型

同步下载方式需要等待结果，会引起线程的阻塞；而异步下载方式不需要等待，不会引起线程的阻塞（异步下载本质上采用多线程机制实现）。从理论上讲，当下载多个任务时，异步方式的时间效率优于同步方式。这里我们分别对 2 种同步方式和 2 种异步方式进行性能测试（由于篇幅所限，测试代码不再列出），测试结果如图 3-12 所示。

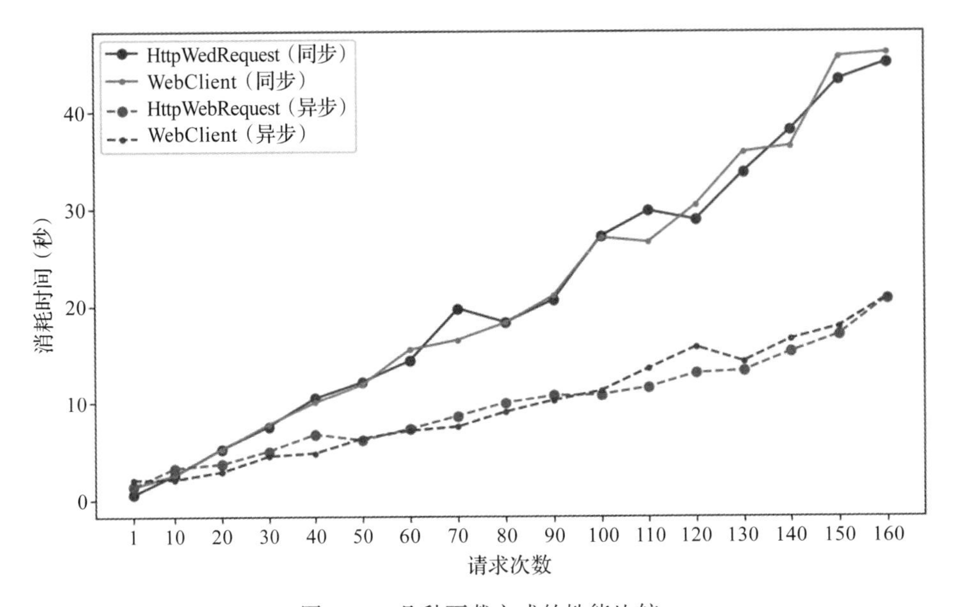

图 3-12　几种下载方式的性能比较

图 3-12 中，横轴表示下载网页的次数（任务数），纵轴表示所需时间（同步方式依次发出请求，取末次请求返回的时间；异步方式一次性发出所有请求，取全部请求返回的时间）。通过分析，我们初步得到以下结论：

- 两种同步方式的时间性能大致相当，两种异步方式的时间性能也大致相当，这也验证了 WebClient 类是对 HttpWebRequest 类的高层封装。
- 在测试范围内（1～160 次），异步方式的性能表现总体上优于同步方式；但对于任务量很小的情况（10 次以下），异步方式反而比同步方式耗时更多。这说明异步方式更复杂，不适合任务量太小的情况。
- 异步方式的曲线在后期有抬头趋势（斜率变大，表示平均耗时增加），这说明并发异步数量并非越多越好，应当控制在一定范围内（具体与硬件、网络条件有关）。
- 异步方式的内存消耗明显高于同步方式，且与并发数量正相关。

3.3 通用资源下载器

3.3.1 下载器的设计

由于网页是 Web 基础资源，此前主要以“网页数据下载”为例进行介绍。其实与网页相关的资源还有很多，图 3-13 展示了访问某个网页时所发出的 Web 请求。

图 3-13　Firefox 下访问某个网页时发出的 Web 请求

与网页相关的资源有 JS 文件、CSS 文件、图像文件、字体文件、JSON 文件、XML 文件、音视频文件、WS 文件等。除了几类专门用于描述样式的资源（如 CSS 和字体），大部分资源对于爬虫来说都是有价值的：图像、音视频本身就是要爬取的目标；JSON 和 XML 文件专门用来传输业务数据，很多时候 JSON 数据也会包含在 JS 文件中一并返回。因此，这些文件都是我们下载、分析和抽取的对象。

由此可见，网络爬虫需要下载的资源多种多样。为便于各类资源下载，有必要设计、开发一个通用资源下载器，并满足以下需求：

- 能够下载各类资源的原始数据，并可保存为文件。
- 能够下载网页及其他文本类型数据，并支持网页编码检测。
- 支持数据压缩传输，并能够解压还原。
- 支持同步和异步下载方式。
- 支持 GET 和 POST 请求方法。
- 能够设置超时、代理、Cookie 等参数。

本章曾经介绍过 3 类 Web 访问对象，其中 WebClient 对象的功能最为齐全，代码也比较简洁。因此，我们选择 WebClient 类进行二次封装和功能扩展——定义 Downloader 类。Downloader 类的对外接口包括 10 个方法和 3 个属性（如表 3-3 所示）。

表 3-3　Downloader 类的对外接口

方法或属性	功能描述	返回值
DownLoadData(string url)	从指定 URL 下载数据	byte[]
DownLoadDataAsync(string url)	从指定 URL 异步下载数据	byte[]
DownLoadString(string url, string charset)	从指定 URL 下载文本	string
DownLoadStringAsync(string url, string charset)	从指定 URL 异步下载文本	string
DownLoadHtml(string url)	从指定 URL 下载网页	string
DownLoadHtmlAsync(string url)	从指定 URL 异步下载网页	string
DownLoadFile(string url)	从指定 URL 下载文件	bool
DownLoadFileAsync(string url)	从指定 URL 异步下载文件	bool
PostForm(string url, string datas)	向指定 URL 提交表单	string
PostFormAsync(string url, string datas)	向指定 URL 异步提交表单	string
Cookie 属性	获取或设置 Cookie	string
Timeout 属性	获取或设置超时时间（毫秒）	int
Proxy 属性	获取或设置代理资源	WebProxy

3.3.2　下载器的实现

通用下载器的实现主要包括 MyWebClient 和 Downloader 两个类。MyWebClient 类继承自 WebClient 类，并进行功能扩展；Downloader 类是对 MyWebClient 类的二次封装，并对外提供接口。下面将介绍主要功能模块的实现方式。

1. MyWebClient 类

由于 WebClient 并未直接提供设置超时参数的接口，因此我们需要定义其派生类，并重写方法 GetWebRequest。派生类 MyWebClient 的主要代码如下：

```
public class MyWebClient : WebClient
{
    public int Timeout { get; set; }                          //超时时间（毫秒）
    /// <summary>构造方法</summary>
    public MyWebClient(int timeout)
    {
        this.Timeout = timeout;
    }
    /// <summary>重写基类GetWebRequest方法</summary>
    protected override WebRequest GetWebRequest(Uri address)
    {
        var request = base.GetWebRequest(address);
        request.Timeout = this.Timeout;                       //设置超时参数
        return request;
    }
}
```

在上述代码中，MyWebClient 类的构造方法需要 timeout 参数，同时提供了 Timeout 属性。这样，超时参数既可以在创建对象时指定，也可以通过 Timeout 属性随时修改。

2. Downloader 类

作为通用资源下载器的核心功能类，Downloader 包含一系列方法和属性，其主要代码结构如下：

```
public class Downloader
{
    /// <summary>构造方法</summary>
    /// <param name="timeout">超时参数</param>
    public Downloader(int timeout = 5000)
    {
        Timeout = timeout;
    }
    /***********************公开属性************************/
    public string Cookie { get; set; }                          //Cookie属性
    public int Timeout { get; set; }                            //超时属性
    public WebProxy Proxy { get; set; } = null;                 //代理属性
    /**********************对外接口************************/
    public byte[] DownLoadData(string url);                     //下载原始数据
    public async Task<byte[]> DownLoadDataAsync(string url);    //下载原始数据(异步)
    public string DownLoadHtml(string url);                     //下载网页
    public async Task<string> DownloadHtmlAsync(string url);    //下载网页(异步)
    ......
    /**********************内部接口************************/
    private MyWebClient GetWebClient();                 //获取MyWebClient对象
    private byte[] Decompress(byte[] data, string encoding = "gzip"); //解压数据
    private string DetectCharset(WebHeaderCollection headers, byte[] data);
                                                                //编码检测
    private string DetectCharset(WebHeaderCollection headers); //编码检测(从响应头)
    private string DetectCharset(byte[] data);          //编码检测(从原始数据)
}
```

Downloader 类主要由构造方法、公开属性、对外接口和内部接口组成。构造方法提供一个超时参数（默认值为 5000 毫秒），可在创建对象时指定；类中还提供了 3 个属性，分别用于设置超时、Cookie 和代理。这些属性将在 GetWebClient 方法中使用：

```
/// <summary>创建WebClient对象</summary>
private MyWebClient GetWebClient()
{
    var client = new MyWebClient(Timeout);              //创建对象(传入超时参数)
    client.Proxy = Proxy;                               //设置代理
    client.Headers["cookie"] = Cookie;                  //设置Cookie
    client.Headers["User-Agent"] = "Mozilla/5.0 (Windows NT 6.1) Gecko/Firefox/66.0";
    client.Headers["Accept-Encoding"] = "gzip,deflate";
    return client;
}
```

上述代码用于返回一个参数化的 MyWebClient 对象，前面提到的 3 个属性分别作为 MyWebClient 对象的属性或请求头参数。此外，这里直接设置了请求头的 User-Agent 参数

和 Accept-Encoding 参数，表示以 Firefox 浏览器身份访问并接受压缩数据格式。

3. 下载原始数据

原始数据的下载属于基础性工作，虽然我们通常不直接使用它，但任何格式的目标数据都是在原始数据的基础上转化而来的。

```
/// <summary> 下载指定网络资源的原始数据 </summary>
/// <param name="url">网络资源地址</param>
public byte[] DownloadData(string url)
{
    try
    {
        using (MyWebClient client = GetWebClient())     //创建MyWebClient对象
        {
            byte[] data = client.DownloadData(url);     //下载数据
            if (data == null) return null;              //下载失败
            data = Decompress(data, client.ResponseHeaders["Content-Encoding"]);
                                                        //解压
            return data;                                //返回解压后的数据
        }
    }
    catch (Exception ex)
    {
        Console.Write("下载数据时出现异常。" + ex.ToString());
        return null;
    }
}
```

在上述代码中，所创建的 MyWebClient 对象被包含在 using 语句中，当程序要离开 using 代码段时就自动调用这个对象的 Dispose 方法，从而释放相关资源。若响应数据采用压缩编码，则调用 Decompress 方法进行解压。

```
/// <summary> 按照指定压缩格式对数据进行解压 </summary>
/// <param name=" data ">输入数据</param>
/// <param name=" contentEncoding ">压缩格式</param>
private byte[] Decompress(byte[] data, string contentEncoding = "gzip")
{
    MemoryStream ms = new MemoryStream(data);           //输入数据流
    Stream compressedStream = null;                     //解压缩数据流
    if (contentEncoding == "gzip")                      //gzip格式
    {
        compressedStream = new GZipStream(ms, CompressionMode.Decompress);
    }
    else if (contentEncoding == "deflate")              // deflate格式
    {
        compressedStream = new DeflateStream(ms, CompressionMode.Decompress);
    }
    else { return data; }                               //直接返回输入数据
    MemoryStream outBuffer = new MemoryStream();        //输出数据流
```

```
        byte[] block = new byte[1024];                           //定义一个数据块
        while (true)
        {
            int bytesRead = compressedStream.Read(block, 0, block.Length); //分块解压
            if (bytesRead <= 0) {break;}                         //解压完毕
            else {outBuffer.Write(block, 0, bytesRead);}        //写入输出流
        }
        compressedStream.Close();                                //关闭解压缩数据流
        return outBuffer.ToArray();                              //将输出流转化为字节数组并返回
    }
```

上述代码支持 gzip 和 deflate 两种压缩格式，对于其他压缩格式则不做解压处理，直接返回输入数据。除了同步数据下载（DownloadData），我们还提供了异步数据下载方法 DownloadDataAsync，其主要代码如下：

```
/// <summary> 异步下载指定网络资源的原始数据 </summary>
/// <param name="url">网络资源地址</param>
public async Task<byte[]> DownloadDataAsync(string url)
{
    using (var client = GetWebClient())
    {
        byte[] data = await client.DownloadDataTaskAsync(url); //异步下载
        if (data == null) return null;
        data = Decompress(data, client.ResponseHeaders["Content-Encoding"]);
        return data;
    }
}
```

说明：为提高程序的健壮性，DownloadDataAsync 方法（以及本小节后的下载方法）中的代码同样应当包含在 try-catch 语句中，这里由于篇幅所限将其略去。在实际应用中，请读者参照 DownloadData 方法自行添加。

4. 下载网页

网页是网络爬虫中最基本、最重要的数据，其最终形式为 HTML 字符串。网页下载分为两步：首先发送 HTTP 请求获得原始数据，然后根据网页编码转化为 HTML 字符串。其主要实现代码如下：

```
/// <summary>下载指定URL的网页文本</summary>
/// <param name="url">网页URL</param>
public string DownloadHtml(string url)
{
    using (var client = GetWebClient())
    {
        byte[] data = client.DownloadData(url);                            //下载原始数据
        if (data == null) return null;
        data = Decompress(data, client.ResponseHeaders["Content-Encoding"]);//数据解压
```

```
        string charset = DetectCharset(client.ResponseHeaders, data);      //编码检测
        string html = Encoding.GetEncoding(charset).GetString(data);       //转化为字符串
        return html;                                                       //返回网页文本
    }
}
```

上述代码没有直接调用 Downloader 类中的 DownloadData 方法获取数据，而是将下载原始数据的功能又实现了一遍（通过 MyWebClient 对象）。这是因为网页编码检测同时需要响应头和原始数据，如果直接调用 Downloader 类中的 DownloadData 方法，就会丢失响应头信息。编码检测调用了 DetectCharset 方法：

```
/// <summary>从网页响应头和原始数据中检测编码</summary>
/// <param name="headers">响应头</param>
/// <param name=" data ">原始数据</param>
private string DetectCharset(WebHeaderCollection headers, byte[] data)
{
    string charset = DetectCharset(headers);                    //从响应头中检测
    if (charset == "")
    {
        charset = DetectCharset(data);                          //从原始数据中检测
    }
    return charset;
}
```

上述代码首先在响应头中检测网页编码，若检测失败，就继续从原始数据中检测。两次检测所调用的方法都与 DetectCharset 方法重名，但三者的参数不同，属于重载方法。这里所调用的两个重载方法在 3.1.2 节中已有介绍，因此不再赘述。

此外，网页下载同样提供了异步方法（DownloadHtmlAsync），其实现方式与数据异步下载（DownloadDataAsync）类似，这里不再列出。

5. 下载文本

除了网页之外，爬虫还需要下载许多其他文本类型的资源，如 XML、JSON 等。它们大部分采用 UTF-8 编码，但也存在其他编码格式。因此，在下载文本资源时，我们允许用户指定编码，若不指定则默认采用 UTF-8 编码。文本下载的主要代码如下：

```
/// <summary>下载指定URL的文本内容</summary>
/// <param name="url">网络资源地址</param>
/// <param name=" charset ">编码名称</param>
public string DownloadString(string url, string charset = "utf-8")
{
    using (var client = GetWebClient())
    {
        byte[] data = DownloadData(url);                         //下载原始数据
        return Encoding.GetEncoding(charset).GetString(data);    //解码为字符串并返回
    }
}
```

网页下载本质上就是文本下载，针对网页编码的多样性，我们仅在 DownloadHtml 方法中增加了编码检测功能。但由于编码检测也不是万能的，因此在下载某些编码信息缺失的网页时，我们还可以调用 DownloadString 方法（手动指定编码格式）。此外，文本下载同样提供了异步方法（DownloadStringAsync），这里不再赘述。

6. 下载文件

下载文件分为两步：先下载指定 URL 的原始数据，然后保存为文件。代码如下：

```
/// <summary>下载指定URL的数据内容并保存为文件</summary>
/// <param name="url">网络资源地址</param>
/// <param name="filePath">本地文件路径</param>
public bool DownloadFile(string url, string filePath)
{
    using (var client = GetWebClient())
    {
        byte[] data = DownloadData(url);          //下载原始数据
        File.WriteAllBytes(filePath, data);       //另存为文件
    }
    return true;
}
```

WebClient 对象本身也提供了 DownloadFile 方法，但此方法没有考虑压缩传输的问题，保存到本地的文件仍是压缩格式的，并不能直接使用。下载器还提供了 DownloadFileAsync 方法用于异步下载文件，同样不再赘述。

7. 提交表单

HTTP 请求主要包括 GET 和 POST 两种方法，爬虫的目标是获取数据，因此在大多数情况下都使用 GET 方法。有时，为了获取某些深层数据，也需要使用 POST 方法提交表单。表单是指向服务器提交的数据，通常包含一些键值对，但本质上就是一个字符串。提交表单的主要代码如下：

```
/// <summary> 提交表单 </summary>
/// <param name="url">网络资源地址</param>
/// <param name="datas">表单数据（字符串）</param>
public string PostForm(string url, string datas, string charset="utf-8")
{
    using (var client = GetWebClient())
    {
        client.Headers[HttpRequestHeader.AcceptEncoding] = null; //不接受压缩数据
        client.Headers[HttpRequestHeader.ContentType] = "application/x-www-form-urlencoded";
        client.Encoding = Encoding.GetEncoding(charset);          //指定数据编码
        return client.UploadString(new Uri(url), datas);          //返回响应结果
    }
}
```

当采用 POST 方法提交表单时，服务器仍可能返回压缩数据，这会使 WebClient 对象

的 UploadString 方法产生字符串解码错误。因此，我们通过设置请求头参数使其不接受压缩数据，这样就能避免很多处理上的麻烦；但与此同时，这也可能降低数据的传输效率。好在 POST 方法在爬虫中不常使用，我们才能这样简化处理。若希望 POST 方法也支持压缩传输，那就需要重新设计实现方式，有兴趣的读者可以自行尝试。

拓展：上述代码中的 application/x-www-form-urlencoded 为 POST 方法的默认数据格式，采用 JavaScript 中的 URLencode 转码。具体规则包括：将键、值中的空格替换为加号；将非 ASCII 字符做百分号编码（比如“严”字将编码为 %E4%B8%A5）；每对键、值之间以“=”连接，不同键值对之间用“&”分隔。另一种表单格式为 multipart/form-data，它将每个键值对转为一个有边界分割的小单元，键、值自身并不需要转码，而是直接将 UTF-8 字节拼接生成提交数据，这样可以有效减少数据传输量。我们担心有些服务器不支持 multipart/form-data 格式，因此仍然采用 application/x-www-form-urlencoded 格式提交表单。

以上介绍了数据下载、文本下载、网页下载、文件下载和表单提交 5 类操作（共 10 个方法）。它们本质上都是原始数据下载（支持压缩传输），文本下载在数据下载的基础上进行解码处理，网页下载在文本下载的基础上增加了编码检测，文件下载则是将原始数据进一步保存为文件。前 4 类操作均采用 GET 方法，表单提交采用 POST 方法，它们的区别在于参数传递方式不同。之所以设计如此丰富的编程接口，就是为了方便用户使用。

第 4 章

网页数据抽取

直接从 Web 下载的数据称为原始数据（粗数据），其主要特点是：内容庞杂、半结构化、面向全体用户、难以直接使用。对原始数据进行加工处理后得到的才是目标数据（细数据），其特点是：内容精细、结构规整、面向特定用户、可以直接使用。

网页中不仅包含用户所需的目标数据，还有大量的超链接地址。通过这些链接又可以下载更多的 Web 资源、抽取更多目标数据，进而实现自动化爬虫。本章将介绍基于正则表达式和 XPath 的网页数据抽取方法。

4.1 正则表达式抽取

4.1.1 正则表达式简介

正则表达式（Regular Expression）也称为规则表达式，包含一组字符串模式（Pattern）匹配规则，通常用来查找或替换字符串中符合某种模式的子串。正则表达式的匹配能力十分强大，完整的语法规则也比较复杂，这里只介绍最基本、最常用的部分。

1. 转义字符

普通字符在正则表达式中按原样书写，例如，表达式 abc 可以匹配到字符串中所有的 abc 子串。对于某些非打印字符，可用转义字符表示，具体如表 4-1 所示。

表 4-1 正则表达式的转义字符

转义字符	含 义
\t	制表符
\v	纵向制表符
\n	换行符
\r	回车符
\f	换页符
\\	普通字符‘\’

例如，字符串“C:\inetpub\wwwroot”在正则表达式中表示为“C:\\inetpub\\wwwroot”。

2. 特殊字符

正则表达式中的特殊字符是指具有语法含义的字符，具体如表 4-2 所示。

表 4-2　正则表达式中的特殊字符

特殊字符	含　义	说　明
*	匹配前一个元素 0 次或多次	普通字符 ‘*’ 表示为 *
+	匹配前一个元素 1 次或多次	普通字符 ‘+’ 表示为 \+
?	匹配前一个元素 0 次或 1 次	普通字符 ‘?’ 表示为 \?
()	将小括号中的内容作为一个整体	普通字符 ‘(’、‘)’ 表示为 \(、\)
[]	匹配中括号中任意一个字符	普通字符 ‘[’、‘]’ 表示为 \[、\]
{}	指定匹配前一个元素的次数	普通字符 ‘{’、‘}’ 表示为 \{、\}
.	匹配任意单个字符（不包括 \n）	普通字符 ‘.’ 表示为 \.

1）对于 *，例如，a0*b 可以匹配到 ab、a0b、a00b、a000b、a0000b 等。

2）对于 +，例如，a0+b 可以匹配到 a0b、a00b、a000b、a0000b 等。

3）对于 ?，例如，a0?b 可以匹配到 ab、a0b。

4）对于 ()，例如，a(12)*b，可以匹配到 ab、a(12)b、a(1212)b、a(121212)b 等。

5）对于 []，例如，a[123]b 可以匹配到 a1b、a2b、a3b。

6）对于 {}，例如，a0{2}b 只能匹配到 a00b，a0{2,4}b 可以匹配到 a00b、a000b、a0000b，而 a0{2,}b 可以匹配到 a00b、a000b、a0000b、a00000b 等。

7）对于 .，例如，a..b 可以匹配到以 a 开头、以 b 结束、长度为 4 的任意子串。

3. 内置字符集

为了便于描述某一类字符，正则表达式内置了 6 个字符集（如表 4-3 所示）。

表 4-3　正则表达式的内置字符集

内置字符集	含　义
\d	匹配一个数字字符，包括 0～9
\D	匹配一个非数字字符，与 \d 互补
\s	匹配任何空白字符，包括空格、\t、\n、\r、\f、\v 等
\S	匹配一个非空白字符，与 \s 互补
\w	匹配一个单词字符，包括数字、字母、下划线
\W	匹配一个非单词字符，与 \w 互补

对于形如“0379-66668888”的电话号码，可使用正则表达式“\d{4}-\d{8}”来匹配；若考虑到区号可以是 3 位或 4 位，座机号可以是 7 位或 8 位，表达式则可修正为“\d{3,4}-\d{7,8}”；若考虑到区号首位必须为 0，座机号首位不能是 0，表达式则可进一步修正为“0\d{2,3}-[1-9]\d{6,7}”。由此可见，正则表达式包含的规则越多，往往其形式越复杂。

4. 匹配边界

正则表达式允许匹配目标的边界，包含 4 个特殊标志（如表 4-4 所示）。

表 4-4　正则表达式内置的字符集

边界标志	含　义
^	匹配任意一行的开头
$	匹配任意一行的结尾
\A	匹配整个字符串的开头
\Z	匹配整个字符串的结尾

1）对于如下字符串：

```
http://kjt.henan.gov.cn/2019/10/22/1571745349033.html
```

例如，表达式 h\w* 可以匹配到 3 个结果，分别为 http、henan、html。

例如，表达式 ^h\w* 仅能匹配到 1 个结果（http）。

例如，表达式 h\w*$ 仅能匹配到 1 个结果（html）。

2）对于如下多行字符串：

```
http://kjt.henan.gov.cn/
http://kjt.henan.gov.cn/dfzc/
http://kjt.henan.gov.cn/2019/10/22/1571745349031.html
http://kjt.henan.gov.cn/2019/11/28/1574932681851.html
```

例如，表达式 http.* 可以匹配到 4 个结果（每行文本对应 1 个结果）。

例如，表达式 \Ahttp.* 仅能匹配到 1 个结果（第 1 行文本）。

例如，表达式 http.*\Z 仅能匹配到 1 个结果（第 4 行文本）。

虽然“.”可以匹配任意字符，但不包括换行符“\n”，因此每当匹配到行尾时就会自动断开。若要匹配包括换行符在内的所有字符，可使用 [\w\W]、[\d\D] 或 [\s\S]。

例如，表达式 http[\w\W]* 可以匹配到 1 个结果（包含全部 4 行文本）。

4.1.2　使用 Regex 类

.NET 框架内置了正则表达式处理类 Regex，它包含在 System.Text.RegularExpressions 命名空间中，我们可以通过创建 Regex 对象实现正则表达式匹配。表 4-5 列出了 Regex 类提供的 3 个构造方法。

表 4-5　Regex 类的构造方法

构造方法形式	参数说明
Regex(string pattern)	pattern：正则表达式
Regex(string pattern, RegexOptions options)	options：匹配选项
Regex(string pattern, RegexOptions options, TimeSpan matchTimeout)	matchTimeout：超时参数

在上述参数中，pattern 表示正则表达式字符串；matchTimeout 用于限定匹配时间，当在限定时间内没有找到匹配项时，则认为匹配失败；options 为 RegexOptions 枚举类型，表示一组匹配选项的组合，常用的匹配选项如表 4-6 所示。

表 4-6　RegexOptions 常用的枚举项

枚举项	取　值	含　义
None	0	不设置任何选项
IgnoreCase	1	匹配时忽略大小写字母
Multiline	2	使 ^ 和 & 会匹配每行的开头和结尾
Singleline	16	使 “.” 可以与每个字符匹配（包含 \n）
IgnorePatternWhitespace	32	消除模式中的非转义空格，并启用由 # 标记的注释
RightToLeft	64	搜索从右向左进行

对于下列网页文本（文件存放于“项目输出目录 \datas\productlist.html”），我们尝试使用 Regex 对象从中抽取一些信息（包括网页标题和产品名称列表）。

```
<html>
<head>
    <title>通达公司产品列表</title>
</head>
<body>
    <div id="header"><h1>产品列表</h1>  </div>
    <div id="content">
        <div><a class="new" href="wifi.html">Wifi设备</a></div>
        <div><a class="new" href="zigbee.html">Zigbee模块</a></div>
        <div><a href="gprs.html">GPRS模块</a></div>
        <div><a href="rs232.html">RS232串口</a> </div>
    </div>
    <div id="footer">
        <a href="page1.html">第1页</a>
        <a href="page2.html">第2页</a>
        <a href="page4.html">下一页</a>
    </div>
</body>
</html>
```

网页标题包含在 <title></title> 标签对中，主要抽取代码如下：

```
string html = File.ReadAllText("datas\\productlist.html"); //加载网页文本
Regex regex = new Regex("<title>.*</title>");              //创建Regex对象，用于抽取标题
Match match = regex.Match(html);                           //匹配网页文本
if (match != null)                                         //如果匹配成功
{
    string matchStr = match.ToString();                    //获得匹配项
    Console.WriteLine("match: " + matchStr);               //输出匹配项
    string title = matchStr.Substring(7, matchStr.Length - 15); //获得抽取项
    Console.WriteLine("title: " + title);                  //输出抽取项
}
```

上述代码的执行结果如图 4-1 所示。

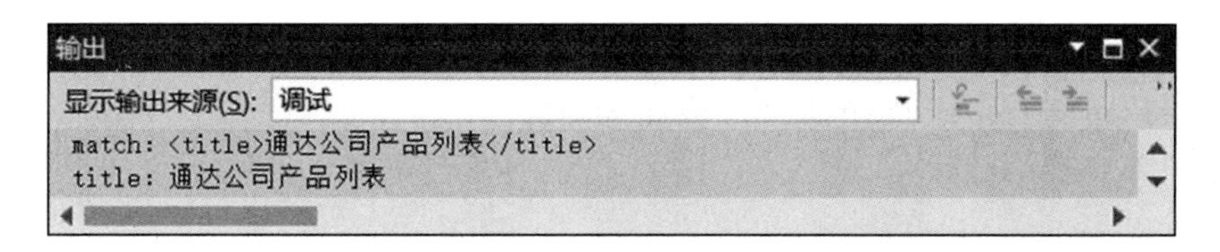

图 4-1　程序运行结果

由于标题所在的 <title> 标签在网页中只出现一次，因此可以比较容易地确定匹配边界。而对于产品列表，需要匹配到每一个列表项，由于列表项包含在 <a> 标签中，故可以继续编写以下代码抽取 <a> 标签：

```
string html = File.ReadAllText("datas\\productlist.html");      //加载网页文本
Regex regex = new Regex(">.*?</a>",RegexOptions.RightToLeft);   //创建Regex对象
MatchCollection matchs = regex.Matches(html);                   //匹配网页文本
foreach (Match m in matchs)                                     //对于每一个匹配项
{
    Console.WriteLine("match: " + m.ToString());
}
```

上述代码创建 Regex 对象时使用了 RegexOptions.RightToLeft，表示从右向左搜索；而正则表示式中的“？”表示非贪婪匹配，即从右向左匹配到第一个“＞”就停止搜索。其运行结果如图 4-2 所示。

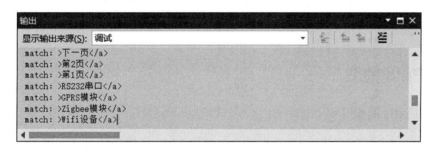

图 4-2　程序运行结果

显而易见，匹配结果并不理想——我们只需要产品列表中的 <a> 标签，结果却包含了网页中所有的 <a> 标签。若要达到理想结果，则需要先选定列表区域，再匹配 <a> 标签，改进后的代码如下：

```
string html = File.ReadAllText("datas\\productlist.html");        //加载网页文本
Regex regex = new Regex(" <div id=\"content\">[\\w\\W]* <div id=\"footer\">");
                                                                  //选定列表区域
string subHtml = regex.Match(html).ToString();                    //获取部分html文本
//抽取产品列表
regex = new Regex(">.*?</a>",RegexOptions.RightToLeft);
```

```
MatchCollection matchs = regex.Matches(subHtml);                    //匹配网页文本
foreach (Match m in matchs)                                         //对于每一个匹配项
{
    string matchStr = m.ToString();
    Console.WriteLine("match: " + matchStr);                        //匹配项
    Console.WriteLine("item: " + matchStr.Substring(1, matchStr.Length - 5));
                                                                    //产品名称
}
```

在上述代码中，我们根据列表区域的前后边界标志“<div id="content">”和“<div id="footer">”抽取出列表区域的网页文本（subHtml），进而抽取其中的 <a> 标签。运行结果如图 4-3 所示。

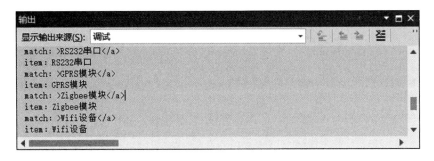

图 4-3　改进后程序的运行结果

正则表达式擅长线性文本的模式匹配，虽然也可用于网页内容抽取，但要求抽取目标有明显的边界。对于具有天然层次结构的网页元素抽取，使用正则表达式就显得比较笨拙。下一节将介绍一种能够轻松定位网页元素的机制——XPath。

4.2　XPath 抽取

4.2.1　XPath 简介

XPath 是一个 W3C 标准，其最初目标是定位 XML 文档中的元素，它通过一种路径（path）表示法在 XML 层次结构中进行导航，这也是 XPath 名称的由来。由于 HTML 的结构与 XML 具有很多相似之处：采用标签语言、具有层次结构、支持标签属性，因此 XPath 也被用于 HTML 文档的元素定位和数据抽取。

XPath 使用路径表达式来选取 XML 或 HTML 文档中的元素（集合），XPath 表达式与文件目录十分相似。对于上节中提到的 productlist.html 文档，采用 XPath 表达式“/html/body/div/div/a/text()”即可实现对“产品名称列表”的精准抽取。在具体介绍 XPath 语法之前，我们先来明确 XML 或 HTML 文档树的基本概念和约定名称。

如图 4-4 所示，XML 或 HTML 文档可以看作一棵树（也称为文档树），文档节点就是这棵树的根。树中每个节点可以包含 0 个或多个直接下级节点（称为子节点）；除根节点外，每个节点都有且仅有一个直接上级节点（称为父节点）。一个节点的直接下级节点和非直接下级节点统称为该节点的子孙节点，一个节点的直接上级节点和非直接上级节点统称为该节点的祖先节点。

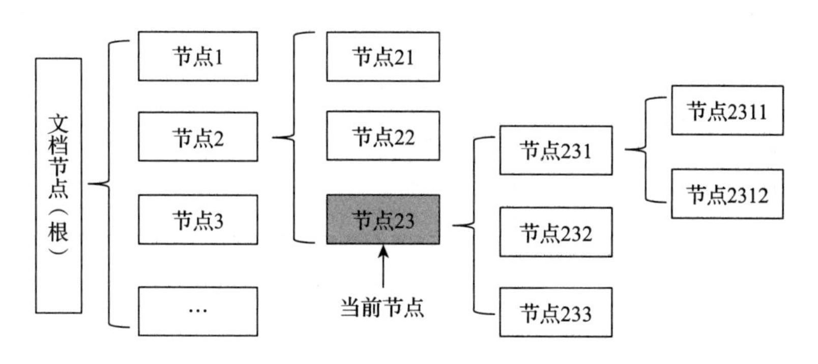

图 4-4　文档树结构示意图

明确了文档树的基本结构，我们就可以使用 XPath 表达式进行文档内容的抽取。但是由于 XPath 表达式的功能强大，语法规则也十分丰富，因此接下来仅介绍 XPath 的基本语法规则。

1. 选取内容

通常情况下，需要从文档树中选取的内容包括标签节点、节点属性和内部文本。表 4-7 列出了基本语法形式和示例说明。

表 4-7　XPath 语法——选取内容

形　式	意　义	示例与说明
tag	指定标签	示例：div 说明：选取当前节点的所有 div 子节点
*	通配标签	示例：div/* 说明：选取当前节点的所有 div 子节点的所有子节点
@	指定属性	示例：@name 说明：选取当前节点的 name 属性
@*	通配属性	示例：div/@* 说明：选取当前节点的所有 div 子节点的所有属性
text()	获取文本	示例：p/text() 说明：选取当前节点的内部文本

2. 选取路径

通常情况下，XPath 选择器将沿着路径顺序逐层选取节点或内容。XPath 路径可以是绝对路径，即从根节点开始选取；也可以是相对路径，即从某个当前节点开始选取。需要说明的是，当前节点可以是单一节点，也可以是节点集合。对于后者，将从集合中每一个节点进行选取。表 4-8 列出了与路径相关的语法形式和示例说明。

表 4-8 XPath 语法——选取路径

形 式	意 义	示例与说明
/（中间）	子节点	示例：div/a 说明：选择当前节点的所有 div 子节点的所有 a 子节点
/（起始）	从根选取子节点	示例：/html/body 说明：选取文档根节点的所有 html 子节点的所有 body 子节点
//（中间）	子孙节点	示例：div//a 说明：选取当前节点的所有 div 子节点的所有 a 子孙节点
//（起始）	从根选取子孙节点	示例：//div/a 说明：从文档根节点开始，选取所有 div 子孙节点的 a 子节点
.	当前节点	示例：.//a 说明：选取当前节点的所有 a 子孙节点
..	上级节点	示例：../.. 说明：选取当前节点的祖父节点（中间隔 1 层）
|	多条路径	示例：div|p/a 说明：选取当前节点的所有 div 或 p 子节点的所有 a 子节点

在 XPath 表达式中，“/”和“//”分别表示直接包含关系（父 - 子）和任意包含关系（祖先 - 子孙），也就是说“//”的匹配能力更强。当“/”或“//”出现在 XPath 表达式的起始位置时，表示这是一个绝对路径，从文档根节点开始匹配；当它们出现在表达式的中间位置时，表示从当前节点进行匹配（当前节点是指上一层路径的选取结果）。

3. 选取条件

我们还可以为 XPath 设置条件以实现更加精确的内容选取，常见的条件包括：下标条件、属性条件、路径条件等。表 4-9 列出了相关的语法形式和示例说明。

表 4-9 XPath 语法——选取条件

形 式	意 义	示例与说明
[i]	下标索引	示例：div[1] 说明：选择当前节点的第 1 个 div 子节点
last()	获取最后元素下标	示例：div[last()-1] 说明：选择当前节点的倒数第 2 个 div 子节点
position()	获取元素所在位置	示例：div[position()<3] 说明：选择当前节点的前 2 个 div 子节点
and	复合条件（逻辑与）	示例：div[@id and @type] 说明：选取当前节点的同时具有 id 和 type 属性的 div 子节点
or	复合条件（逻辑或）	示例：div[@type="x" or @type="y"] 说明：选取当前节点的 type 属性为 "x" 或者 "y" 的 div 子节点
[tag]	包含指定子节点	示例：div[p] 说明：选取当前节点的至少包含 1 个 p 孙子节点的 div 子节点

如果不设置条件，符合选取路径的所有节点将全部被选取。XPath 表达式中一般通过 [] 设置选取条件，条件形式也十分灵活。

1）下标条件：可以指定要选取节点的下标（从 1 开始编号），也可以通过 last() 函数反向选取节点，还可以使用 position() 函数指定选取范围（例如表 4-9 中的第 1～3 行）。

2）属性条件：可以判断候选节点是否包含某个属性，也可以判断某个属性的取值，还可以通过 and 和 or 设置复合条件（例如表 4-9 中的第 4～5 行）。

3）路径条件：可以判断候选节点是否包含某类孩子节点（例如表 4-9 中的第 6 行）。

注意： last() 函数返回候选列表中最后一个节点的编号，也就是列表的长度，从而实现反向索引；position() 函数则会返回每一个节点的编号进行条件判断，内部实现时需要遍历整个列表。and 和 or 只能在 [] 内使用，用于表示复合条件。除了表 4-9 中的示例，and 和 or 还可以连接两个或多个不同类型的条件，比如 div[@type="new" and position()<=5] 表示选取当前节点的 type 属性值为 "new" 且位于前 5 的 div 子节点。

4.2.2　使用 HtmlAgilityPack

HtmlAgilityPack 提供了一个便捷的 HTML 解析器，可用于读写 DOM 文档并且支持 XPath 和 XSLT。HtmlAgilityPack 是采用 C# 语言编写的 .NET 第三方程序包，可以使用 “NuGet 包管理器” 进行安装（安装过程不再详述）。下面将介绍 HtmlAgilityPack 程序包的基本用法，更多资料可以查看 HtmlAgilityPack 项目官网（https://html-agility-pack.net/）。

1. 加载文档

HtmlAgilityPack.HtmlDocument 是用于解析 HTML 文档的核心类，创建 HtmlDocument 对象后，可通过两种方式加载 HTML 文档。

第一种方式是从指定字符串进行加载，示例代码如下：

```
string file = "datas\\productlist.html";
string html = File.ReadAllText(file);
HtmlAgilityPack.HtmlDocument doc = new HtmlAgilityPack.HtmlDocument();
doc.LoadHtml(html);
```

第二种方式是从本地文件系统进行加载，示例代码如下：

```
string file = "datas\\productlist.html";
HtmlAgilityPack.HtmlDocument doc = new HtmlAgilityPack.HtmlDocument();
doc.Load(file);
```

说明： 除了以上两种加载方式，还可以通过 HtmlAgilityPack.HtmlWeb 对象直接从 Web 加载 HTML 文档，HtmlWeb 对象会根据指定 URL 下载网页数据。测试发现，HtmlWeb 对象对网页编码的识别并非十分准确，因此，我们仍采用第 3 章中的通用资源下载器（Downloader）进行网页下载。

---

2. 节点查询

文档树（HtmlDocument 对象）的基本构成单位是节点（HtmlNode 对象），通过节点可以实现对文档内容的各种操作（增、删、改、查）。网络爬虫的目标是数据抽取，因此很少涉及“增”“删”“改”，而重点关注“查”。HtmlNode 对象提供了丰富的查询方法和属性，表 4-10 列出了一些基本查询接口。

表 4-10　HtmlNode 对象的基本查询接口

属性（方法）	功能描述	返回值类型
InnerHtml	返回节点的内部 HTML 文本	String
OutHtml	返回节点的外部 HTML 文本	String
InnerText	返回节点的内部普通文本	String
ChildNodes	返回节点的子节点集合	HtmlNodeCollection
Attributes	返回节点的子属性集合	HtmlAttributeCollection
ParentNode	返回节点的父节点	HtmlNode
Element(string name) name：标签名称	返回指定标签名的首个子节点	HtmlNode
Elements(string name) name：标签名称	返回指定标签名的子节点集合	IEnumerable<HtmlNode>

HtmlNode 对象的 InnerHtml 属性是指包含在当前节点标签内的所有文本（包含子节点标签）；而 InnerText 属性仅指标签内的普通文本（不包含任何标签），若普通文本分散为多段，则按顺序进行拼接；OutHtml 属性可以看作在 InnerHtml 属性的基础上附加本节点标签文本（好比多穿了一层外衣）。HtmlNode 对象的 ParentNode 属性为单个节点，根节点的 ParentNode 属性为空（null）；ChildNodes 属性表示当前节点的子节点集合，可以通过下标或标签名进行索引。类似地，Attributes 表示当前节点的属性集合，也可以通过下标或属性名进行索引。Element 和 Elements 方法在应用效果上与 ChildNodes 属性类似，只是它们将标签名作为条件来筛选子节点。

HtmlDocument 对象包含一个 DocumentNode 属性（HtmlNode 类型），表示整个文档的根节点，查询操作通常从这个根节点发起。请看以下示例代码：

```
HtmlAgilityPack.HtmlDocument doc = new HtmlAgilityPack.HtmlDocument();
doc.Load("datas\\productlist.html", Encoding.UTF8);            //加载HTML文件
HtmlNode root = doc.DocumentNode;                               //获取文档根节点
HtmlNode htmlNode = root.ChildNodes["html"];                    //获取html节点
HtmlNode bodyNode = htmlNode.ChildNodes["body"];                //获取body节点
HtmlNode node = bodyNode.ChildNodes["div"];                     //获取div节点
Console.WriteLine("id属性:" + node.Attributes["id"].Value);     //获取当前节点的id属性值
Console.WriteLine("InnerText:" + node.InnerText);               //获取当前节点的InnerText
Console.WriteLine("InnerText:" + node.InnerHtml);               //获取当前节点的InnerHtml
Console.WriteLine("OuterHtml:" + node.OuterHtml);               //获取当前节点的OuterHtml
```

上述代码在加载文档后，从根节点开始反复使用 ChildNodes 属性找到目标节点，并输出目标节点的相关数据，程序运行结果如图 4-5 所示。

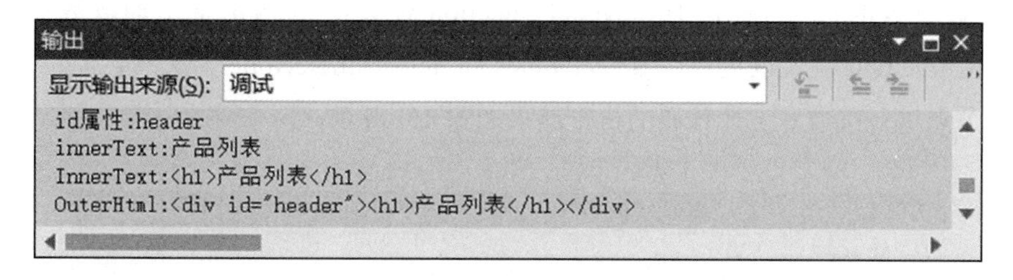

图 4-5　程序运行结果（网页信息抽取）

3. XPath 查询

使用 ChildNode 属性等基础查询接口只能逐层查找节点，操作效率低下，且难以实现批量选取。对此，我们可采用 HtmlNode 对象提供的高级查询接口（如表 4-11 所示）进行基于 XPath 的内容选取。

表 4-11　HtmlNode 对象的高级查询接口

方　法	功能描述	返回值类型
SelectNodes(string xpath) xpath：XPath 表达式	返回对指定 XPath 的查询结果	HtmlNodeCollection
SelectSingleNode (string xpath) xpath：XPath 表达式	返回对指定 XPath 的查询结果的首项	HtmlNode

SelectNodes 方法和 SelectSingleNode 方法的使用方式完全一样，只是返回值不同：前者返回所有匹配的节点集合（HtmlNodeCollection 类型），后者仅返回首个匹配节点（HtmlNode 类型）。下面给出一段示例代码：

```
HtmlAgilityPack.HtmlDocument doc = new HtmlAgilityPack.HtmlDocument();
doc.Load("datas\\productlist.html", Encoding.UTF8);
HtmlNode root = doc.DocumentNode;
HtmlNode node = root.SelectSingleNode("/html/body/div");          //XPath选取（1）
Console.WriteLine("id属性:" + node.Attributes["id"].Value);
Console.WriteLine("OuterHtml:" + node.OuterHtml);
Console.WriteLine("InnerHtml:" + node.InnerHtml);
Console.WriteLine("InnerText:" + node.InnerText);
HtmlNodeCollection nodes = root.SelectNodes("/html/body/div/div/a"); //XPath选取（2）
foreach (var n in nodes)
{
    Console.WriteLine("InnerText:" + n.InnerText);
}
nodes = root.SelectNodes("/html/body/div/a");                       //XPath选取（3）
foreach (var n in nodes)
{
    Console.WriteLine("href:"+ n.Attributes["href"].Value);
}
```

本例共包含3段数据抽取代码。其中第1段代码与上例功能完全相同，由于本例采用了XPath机制，因而大大简化了节点选取过程。第2段和第3段代码调用SelectNodes方法实现批量节点的选取（返回HtmlNodeCollection对象），并遍历输出抽取数据。此外，HtmlNodeCollection对象也提供了SelectNodes和SelectSingleNode方法，它们将从集合中的每一个节点进行选取。上述代码的执行结果如图4-6所示。

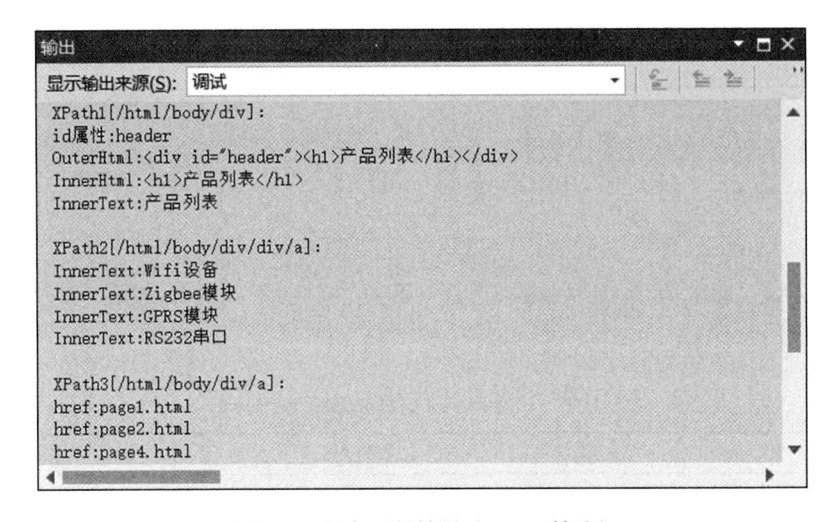

图4-6　程序运行结果（XPath抽取）

上例中的XPath表达式相对简单，通过灵活设置选取路径和选取条件，能够实现更加高效的数据抽取。下面给出一个示例代码：

```
HtmlAgilityPack.HtmlDocument doc = new HtmlAgilityPack.HtmlDocument();
doc.Load("datas\\productlist.html", Encoding.UTF8);
HtmlNode root = doc.DocumentNode;
var node = root.SelectSingleNode("//title");                    //XPath选取（1）
Console.WriteLine("InnerHtml:" + node.InnerHtml);
var nodes = root.SelectNodes("//a[@class='new' and @href]");     //XPath选取（2）
foreach (var n in nodes)
{
    Console.WriteLine("href:" + n.Attributes["href"].Value);
}
nodes = root.SelectNodes("//div[@id='footer']/a[position()<3]"); //XPath选取（3）
foreach (var n in nodes)
{
    Console.WriteLine("href:" + n.Attributes["href"].Value);
}
```

本例中同样包含3段基于XPath的抽取代码：第1段代码用于抽取网页的标题。由于网页通常只有一个标题（title标签），因此我们的XPath表达式不必从html标签开始写起，而是使用了间接包含符“//”。第2段代码用于抽取所有class属性值为“new”的超链接，同时要求这些链接具有href属性。第3段代码用于抽取分页链接的前2项，由于页码区域所在 div 的 id 属性值为“footer”，因此直接使用属性条件精确定位到该区域。上述代码的执行结果如图 4-7 所示。

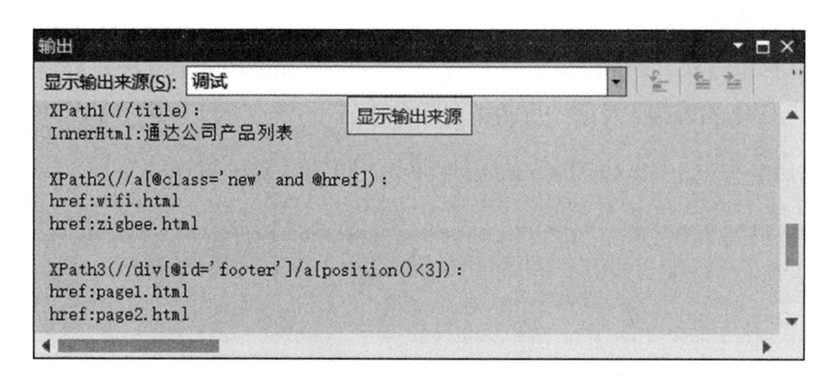

图 4-7　程序运行结果（XPath 条件抽取）

4.3　HTML 解析器

我们借助正则表达式和 XPath 的强大功能，能够很好地解析和抽取 HTML 数据。若能将其常用功能进一步封装为 HTML 解析器，则更便于用户使用。下面将分模块介绍 HTML 解析器的实现过程。

1. 定义 HtmlParser 类

HTML 解析器的所有功能都被封装在 HtmlParser 类中，其定义代码如下：

```
public class HtmlParser
{
    HtmlAgilityPack.HtmlDocument doc;                                   //私有成员
    string html;                                                        //私有成员
    /// <summary>构造方法</summary>
    /// <param name="html">网页文本</param>
    public HtmlParser(string html)
    {
        this.html = html;
        doc = new HtmlAgilityPack.HtmlDocument();
        doc.LoadHtml(html);
    }
    /************静态方法*************/
    public static HtmlParser FromUrl(string url, int timeout = 5000);//从URL创建Html-
                                                                Parser对象
    public static string GetAbsoluteUrl(string baseUrl, string url);//相对URL补全
    /************成员方法*************/
    public HtmlNodeCollection GetNodesByXpath(string xpath);           //根据XPath抽取
    public List<string> MatchByRegex(string re);                       //根据正则表达式抽取
    public string GetTitle();                                          //抽取网页标题
    public List<string> GetAllHrefs(string baseUrl = "");              //抽取所有链接
}
```

HtmlParser类的构造方法接收一个HTML字符串并解析为HtmlDocument对象，这些数据将作为类的私有成员。此外，HtmlParser类还提供了一系列静态和成员方法。

2. 静态方法实现

除了默认构造方法，HtmlParser类还提供了一个FromUrl静态方法，可以从指定URL下载网页并返回HtmlParser对象。其主要代码如下：

```
/// <summary>从URL加载并解析html</summary>
/// <param name="url">网页地址</param>
/// <param name="timeout">下载超时时间</param>
public static HtmlParser FromUrl(string url, int timeout = 5000)
{
    Downloader downloader = new SharpSpider.Downloader(timeout);
    string html = downloader.DownloadHtml(url);
    if (string.IsNullOrEmpty(html)) return null;        //如果下载失败，返回null
    return new HtmlParser(html);                        //返回HtmlParser对象
}
```

FromUrl方法实质上是把网页下载和解析的功能合并起来，在某些情况下直接调用此方法会使代码更加简洁。许多网页中的超链接采用相对地址，我们需要将地址补全再进行访问。为此，我们设计了静态方法GetAbsoluteUrl用于补全相对地址，其实现代码如下：

```
/// <summary>获取绝对地址</summary>
/// <param name="baseUrl">基地址</param>
/// <param name="url">相对地址</param>
public static string GetAbsoluteUrl(string baseUrl, string url)
{
    try
    {
        Uri baseUri = new Uri(baseUrl);                 //生成基地址URI
        Uri fullUri = new Uri(baseUri, url);            //生成全地址URI
        return fullUri.AbsoluteUri;                     //返回绝对地址
    }
    catch (Exception ex)                                //若有异常
    {
        return url;                                     //原样返回
    }
}
```

3. 成员方法实现

对网页内容的抽取可分为通用抽取和专项抽取。通用抽取主要包括基于XPath的节点抽取和基于正则表达式的文本抽取。主要代码如下：

```
/// <summary>根据XPath选取节点</summary>
public HtmlNodeCollection GetNodesByXpath(string xpath)
{
    HtmlNodeCollection nodes = doc.DocumentNode.SelectNodes(xpath);
    return nodes;
```

```
}
/// <summary>根据xpath选取节点，返回这些节点的内部文本</summary>
public string GetNodesText(string xpath)
{
    string text = "";
    HtmlNodeCollection nodes = doc.DocumentNode.SelectNodes(xpath);
    if (nodes == null) return null;
    foreach (var node in nodes)
    {
        text += node.InnerText + "\n";
    }
    return text;
}
/// <summary>通过正则表达式匹配网页内容</summary>
public List<string> MatchByRegex(string re)
{
    List<string> result = new List<string>();
    Regex regex = new Regex(re);                            //创建正则表达式对象
    Match match = regex.Match(html);                        //匹配网页文本
    MatchCollection matchs = regex.Matches(html);           //匹配网页文本
    foreach (Match m in matchs)                             //对于每一个匹配项
    {
        string matchStr = m.ToString();
        result.Add(matchStr);
    }
    return result;                                          //返回匹配结果
}
```

此外，我们还把一些常用的项目抽取（如网页标题、所有链接地址）直接封装为成员方法。主要代码如下：

```
/// <summary>抽取网页标题</summary>
public string GetTitle()
{
    HtmlNode node = doc.DocumentNode.SelectSingleNode("//title");
    if (node != null) return node.InnerText;
    return "";
}
/// <summary>抽取网页中所有超链接地址，并转化为绝对地址</summary>
/// <param name="baseUrl">基地址</param>
public List<string> GetAllHrefs(string baseUrl = "")
{
    List<string> hrefs = new List<string>();
    HtmlNodeCollection nodes = doc.DocumentNode.SelectNodes("//a");  //获取所有超链接
    if (nodes != null)
    {
        foreach (var node in nodes)
        {
            string href = node.Attributes["href"]?.Value;
            if (string.IsNullOrEmpty(href)) continue;               //忽略无效链接
```

```
            if (baseUrl != "") href = GetAbsoluteUrl(baseUrl, href);  //获得绝对地址
            hrefs.Add(href);
        }
    }
    return hrefs;
}
```

GetTitle 方法通过 <title> 标签获取网页标题；GetAllHrefs 方法通过 <a> 标签获取所有超链接地址，并在返回前将地址补全（通过 GetAbsoluteUrl 方法）。

4.4 综合实例：新闻资讯爬虫

4.4.1 爬虫设计

本节将以某网站“新闻资讯”板块（http://www.ly.gov.cn/html/1//2/4/3/index.html）中发布的文章为采集目标（如图 4-8 所示），充分利用此前介绍的“通用资源下载器”和“HTML 解析器”的功能，开发一个完整的网络爬虫实例。

图 4-8　某网站“新闻资讯”板块

“新闻资讯”板块的组织结构如下：图 4-8 左侧的导航目录用于展示具体的栏目分类（如“今日头条”“公告公示”等）；选择某个栏目后，页面右侧将列出该栏目下的文章链接，并提供“翻页”按钮；单击某个文章链接，可以进入该文章的详细页（如图 4-9 所示）。这是

一个典型的三级内容结构："导航目录→文章列表→内容页面"，很多网站或栏目都采用这种组织结构。

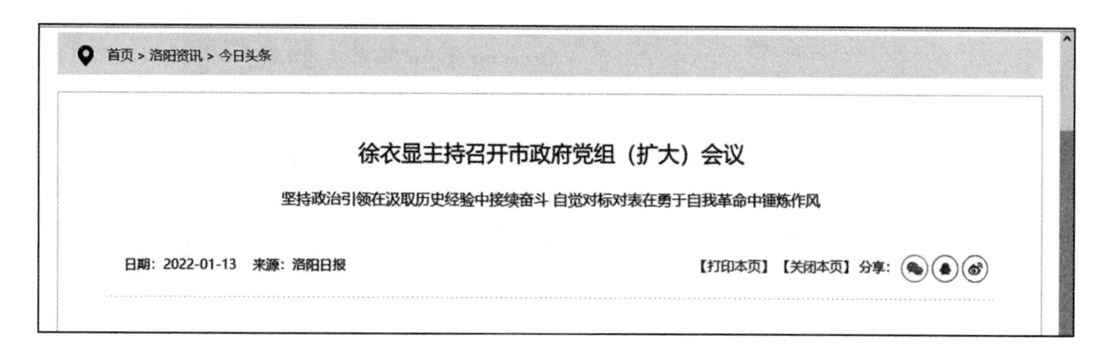

图 4-9　文章详细页

我们确定以下抽取目标：①从导航目录中抽取所有的栏目；②从文章列表中抽取每篇文章的"标题"和"详细页链接"；③从详细页中抽取文章的"来源""日期"和"正文"。整个抽取流程如图 4-10 所示。

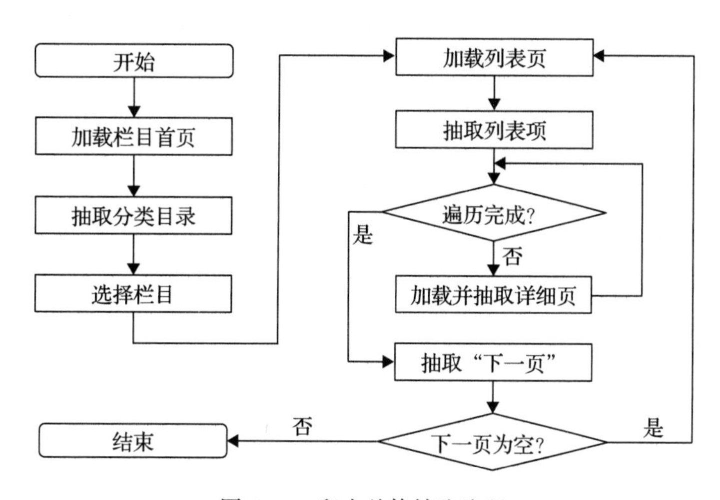

图 4-10　爬虫总体抽取流程

根据爬虫总体抽取流程，我们设计了简易的爬虫主界面（如图 4-11 所示）。

4.4.2　爬虫实现

根据爬虫的总体流程，我们将系统功能划分为以下模块：抽取分类目录、抽取文章列表、抽取文章详细页、执行爬虫任务、查看文章详情。如果希望将抽取结果以某种形式保存起来，可将此功能合并到"抽取文章详细页"模块中。

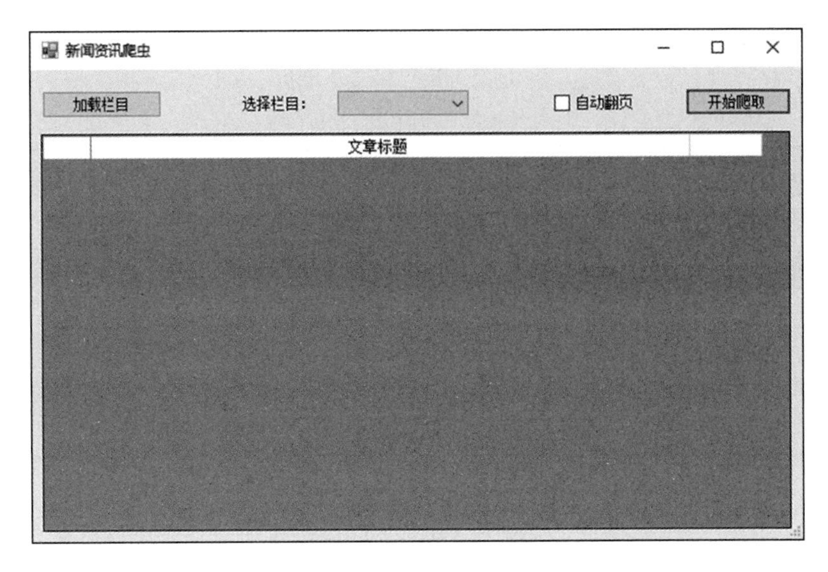

图 4-11　爬虫主界面

1. 抽取分类目录

对于分类目录，我们先分析获取目录项的 XPath，再借助 HtmlAgilityPack 进行元素抽取。通过 Firefox 浏览器的“开发者工具”可以查看网页元素的 XPath（如图 4-12 所示）。

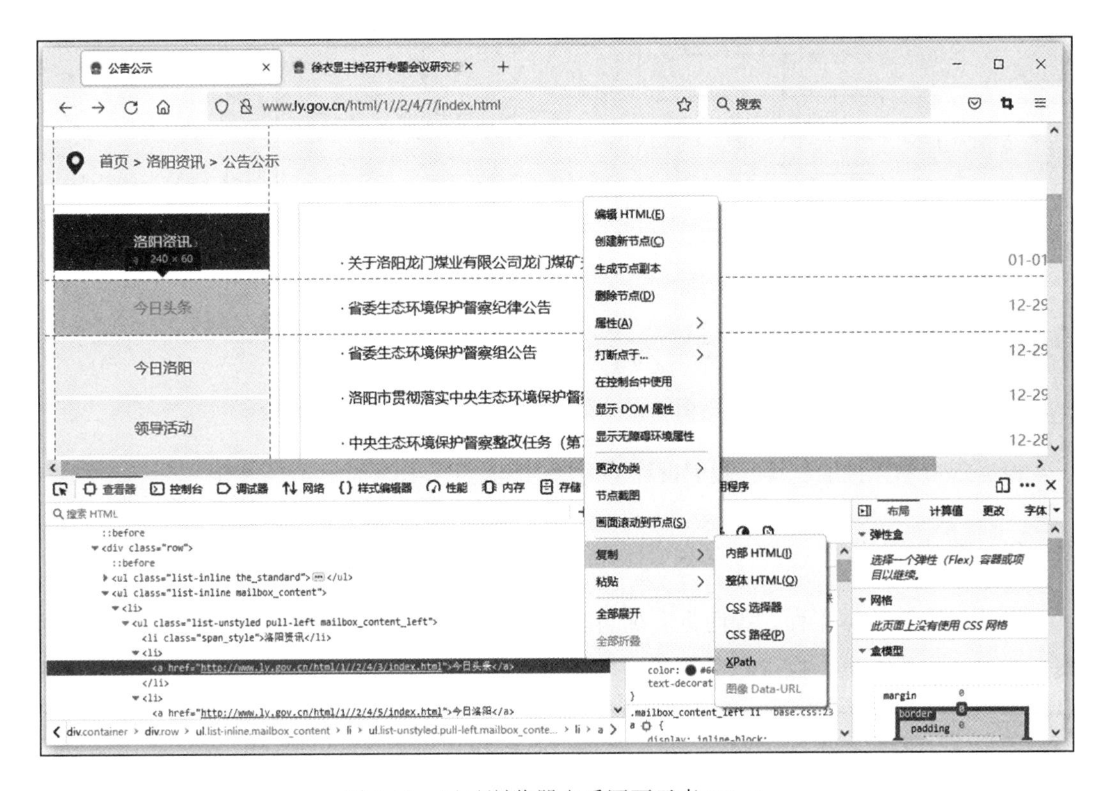

图 4-12　通过浏览器查看网页元素 XPath

以“今日头条”栏目为例，通过 Firefox 浏览器“开发者工具”所获取的 XPath 为

```
/html/body/div/div[2]/div/ul[2]/li[1]/ul/li[2]/a
```

上述 XPath 路径存在 2 个问题：首先，这是一个绝对路径，层次较多；其次，路径中指定了具体下标，只能抽取到一个目录项。我们需要对此做出相应的修改：①通过添加适当的选取条件简化路径长度；②扩展选取范围，实现批量选取。修改后的 XPath 为

```
//ul[@class='list-inline mailbox_content']/li[1]/ul/li/a
```

说明：对 XPath 的优化并没有标准答案，但可以遵循以下原则：在能够正确选取到目标元素的基础上，尽量简化路径形式。至于简化到什么程度，开发者可根据实际情况灵活掌握。因此，这里的 XPath 并不是唯一的，但必须是经过测试验证的。

我们将“抽取分类目录”的功能封装在 LoadCatalogue 方法中，代码如下：

```
//获取目录列表，返回字典结构（表示类别和对应的URL）
public Dictionary<string, string> LoadCatalogue()
{
    string url = "http://www.ly.gov.cn/html/1//2/4/3/index.html";       //栏目首页URL
    HtmlAgilityPack.HtmlDocument doc = DownloadHtml(url);               //加载网页
    Dictionary<string, string> dict = new Dictionary<string, string>();//存放抽取结果
    string xpath = "/html/body/div/div[2]/div/ul[2]/li[1]/ul/li/a";    //XPath
    HtmlNodeCollection nodes = doc.DocumentNode.SelectNodes(xpath);     //选择目录项
    foreach (HtmlNode node in nodes)                                    //对于每个目录项
    {
        string name = node.InnerText;                                   //类别名
        string href = node.Attributes["href"].Value;                    //超链接
        dict.Add(name, href);
    }
    return dict;
}
```

在上述代码中，首先加载目录页，通过此前修改后的 XPath 抽取目录项列表；然后，从每个目录项中获取类别名（name）和相应的超链接（href），将它们存放在字典结构（dict）中并返回。由于本例多处需要“加载网页”的功能，我们将其封装为 DownloadHtml 方法并直接返回 HtmlDocument 对象，实现代码如下：

```
public HtmlAgilityPack.HtmlDocument DownloadHtml(string url)
{
    Downloader downloader = new Downloader();
    string html = downloader.DownloadHtml(url);
    HtmlAgilityPack.HtmlDocument doc = new HtmlAgilityPack.HtmlDocument();
    doc.LoadHtml(html);
    return doc;
}
```

启动爬虫主界面后，当用户点击“加载栏目”按钮时会触发调用button1_Click方法，其主要代码如下：

```
Dictionary<string, string> cataList;            //成员变量，用于保存类别目录信息
private void button1_Click(object sender, EventArgs e)
{
    this.cataList = LoadCatalogue();
    comboBox1.Items.Clear();
    comboBox1.Items.AddRange(cataList.Keys.ToArray());
    if (comboBox1.Items.Count > 0)
    {
        comboBox1.SelectedIndex = 0;
    }
}
```

在上述代码中，首先调用LoadCatalogue方法获取，将结果存放在成员变量cataList中，同时显示在下拉列表中（如图4-13所示）。

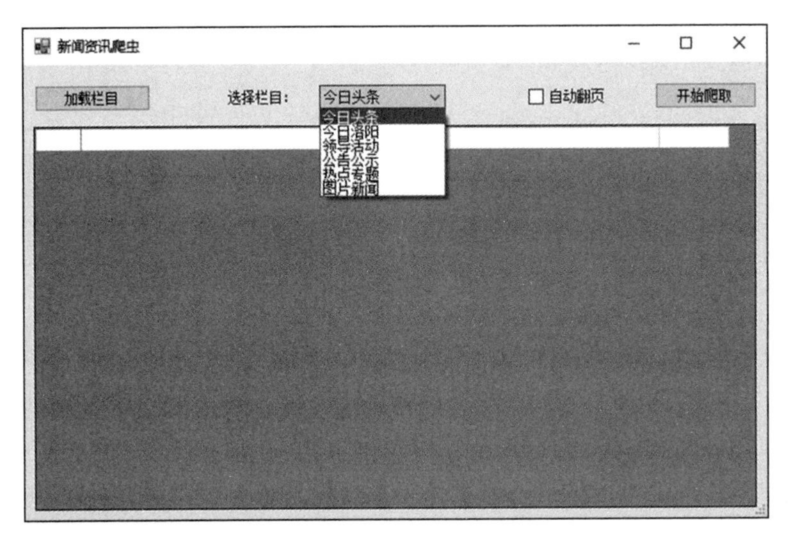

图4-13　程序运行结果（加载分类目录）

2. 抽取文章列表

根据需求分析，文章的相关数据主要来自两个层面：一是在列表页抽取的信息（如文章标题、详细页URL等），二是在详细页抽取的信息（如日期、来源、正文等）。为便于描述文章信息，我们专门定义了一个ArticleInfo类：

```
public class ArticleInfo
{
    public string title = "";                              //标题
    public string date = "";                               //日期
    public string origin = "";                             //来源
    public string url = "";                                //详细页URL
```

```
    public string content = "";                                  //正文
}
```

虽然“导航目录”与“文章列表”存在于同一页面（如图 4-8 所示），为使程序结构清晰，我们将“抽取文章列表”的功能单独封装为 ExtractListItems 方法：

```
/// <summary>抽取文章列表</summary>
public void ExtractListItems(HtmlAgilityPack.HtmlDocument doc)
{
    string xpath = "//ul[@class='list-unstyled headlines_today_list']/li/p/a";
                                                                    //列表项XPath
    HtmlNodeCollection nodes = doc.DocumentNode.SelectNodes(xpath); //抽取列表项
    foreach (HtmlNode node in nodes)
    {
        ArticleInfo info = new ArticleInfo();
        info.title = node.InnerText;                                //标题
        info.url = node.Attributes["href"].Value;                   //详细页URL
        LoadDetailPage(info);
    }
}
```

上述代码先通过 XPath 抽取文章列表（nodes），再从每个列表项节点（node）中抽取文章标题和详细页 URL，并存放到一个 ArticleInfo 对象中。文章标题为超链接的内部文本，详细页 URL 为其 href 属性值。获取详细页 URL 后，我们将调用 LoadDetailPage 方法进一步抽取文章详情。

3. 抽取文章详细页

抽取文章详细页的功能被封装在 LoadDetailPage 方法中，并将 ArticleInfo 对象直接作为参数传入，其实现代码如下：

```
/// <summary>加载详细页，并抽取数据</summary>
public void LoadDetailPage(ArticleInfo info)
{
    HtmlAgilityPack.HtmlDocument doc = DownloadHtml(info.url);
    string content = "";
    var nodes = doc.DocumentNode.SelectNodes("//li[@class='wzxqnr']/p");    //正文
    foreach (var node in nodes)
    {
        content += node.InnerText.Trim() + "\r\n";
    }
    info.content = content;
    var rqlyNode = doc.DocumentNode.SelectSingleNode("//li[@id='rqLy']");   //日期和来源
    string text = rqlyNode?.InnerText;
    if (!string.IsNullOrEmpty(text))
    {
        string[] items = text.Split(new string[] { "来源: " }, StringSplitOptions.
            RemoveEmptyEntries);
        info.origin = items[1];
```

```
        info.date = items[0].Replace("日期: ", "");
    }
    ShowItem(info);                                         //显示文章
}
```

在抽取文章的“日期”和“来源”时，首先将它们作为一个整体进行抽取（例如：“日期：2022-01-01 来源：市应急管理局”），再通过字符串操作进一步提取两部分的信息。

说明：表达式“rqlyNode?.InnerText”的意义是，先判断 rqlyNode 对象是否为 null，若不为 null 则返回其 InnerText 属性值，否则直接返回 null。由于网页结构的变化，任何抽取项都存在缺失的可能，在实际开发中，这样的判空操作十分必要。书中很多代码之所以省略了此类判断，一是为了逻辑简明，二是为了节约篇幅。也就是说，书中示例代码与实际开发尚有差距，这一点读者应务必理解。

在上述代码中，ShowItem 方法用于将某篇文章信息显示在 DataGridView 控件中。主要实现代码如下：

```
/// <summary>将下载结果显示在界面上</summary>
public void ShowItem(ArticleInfo info)
{
    int rowIndex = dataGridView1.Rows.Add();
    DataGridViewRow row = dataGridView1.Rows[rowIndex];
    row.Cells[0].Value = dataGridView1.Rows.Count;
    row.Cells[1].Value = info.title;
    row.Tag = info;        //将文章信息关联到控件的数据行上
}
```

4. 执行爬虫任务

选择栏目后，点击“开始爬取”按钮会执行 button2_Click 方法，代码如下：

```
private void button2_Click(object sender, EventArgs e)
{
    string path = @"D:\SharpSpider\Chapter4\bin\Debug\download";
    if (comboBox1.SelectedIndex == -1)
    {
        MessageBox.Show("请选择栏目！", "提示");
        return;
    }
    string listUrl = cataList[comboBox1.Text];
    do
    {
        HtmlAgilityPack.HtmlDocument doc = DownloadHtml(listUrl);
        ExtractListItems(doc);
        listUrl = ExtractNextPage(doc,listUrl);
    } while (!string.IsNullOrEmpty(listUrl) && checkBox1.Checked);
}
```

上述代码用于控制爬虫任务的执行：①获取某栏目的列表首页地址；②加载文章列表，抽取并处理每个列表项（包括详细页）；③抽取列表“下一页”链接，若存在“下一页”则继续翻页抽取。抽取下一页的功能被封装在 ExtractNextPage 方法中：

```
/// <summary>抽取下一页，返回下一页链接</summary>
public string ExtractNextPage(HtmlAgilityPack.HtmlDocument doc, string listUrl)
{
    string xpath = "//li[@class='next_page']/a";
    var nextNode = doc.DocumentNode.SelectSingleNode(xpath);    //抽取下一页链接
    if (nextNode == null || !nextNode.Attributes.Contains("href"))
    {
        return null;
    }
    string nextHref = nextNode.Attributes["href"].Value;        //下一页href属性
    nextHref = nextHref.Split(new string[] { "//" }, StringSplitOptions.RemoveEmpty-
        Entries)[2];
    nextHref = HtmlParser.GetAbsoluteUrl(listUrl, nextHref);    //构造完整的URL
    return nextHref;
}
```

待任务执行完毕，抽取结果会显示在 DataGridView 控件中（如图 4-14 所示）。

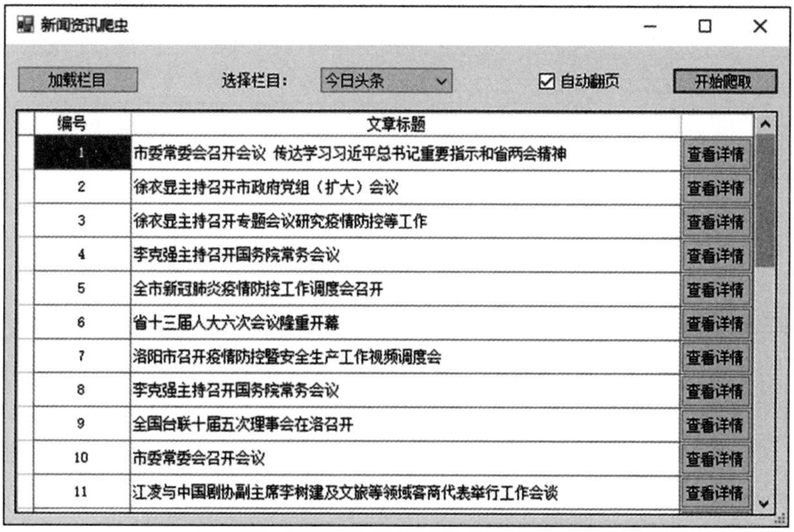

图 4-14　程序运行结果（得到文章列表）

5. 查看文章详情

单击某行的“查看详情”按钮可查看文章详情，这将触发 DataGridView 控件的 CellContentClick 事件，事件方法如下：

```
private void dataGridView1_CellContentClick(object sender, DataGridViewCellEventArgs e)
{
```

```
    if (e.RowIndex >= 0 && e.ColumnIndex == 2)          //第二列
    {
        ArticleInfo info = dataGridView1.Rows[e.RowIndex].Tag as ArticleInfo;
        ArticleDetails form = new ArticleDetails(info);
        form.ShowDialog();
    }
}
```

文章详情将显示在另一个窗体（ArticleDetails）中，其结构方法如下：

```
public ArticleDetails(ArticleInfo info)
{
    InitializeComponent();
    textBox1.Text = info.title;
    textBox2.Text = info.date;
    textBox3.Text = info.origin;
    textBox4.Text = info.url;
    textBox5.Text = info.content;
}
```

文章详情的显示效果如图 4-15 所示。

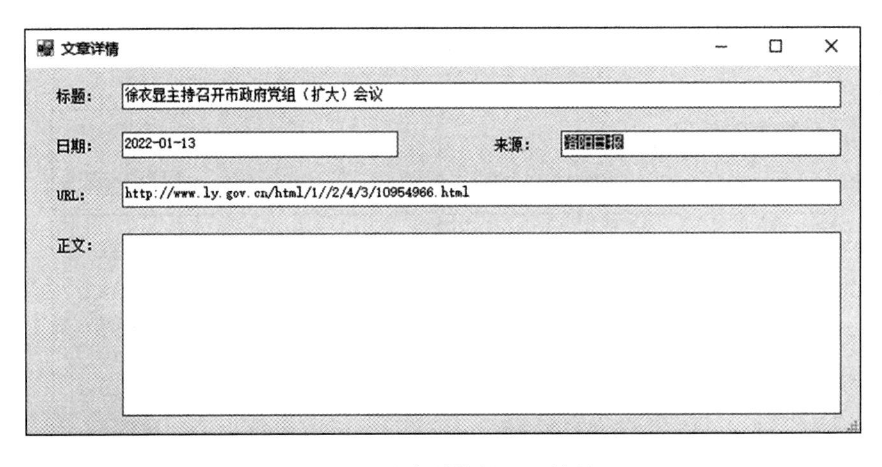

图 4-15　文章详情的显示效果

第 5 章 其他数据抽取

随着 AJAX 和 Web Service 等技术的发展，越来越多的 Web 应用采用 XML 和 JSON 文件传输业务数据，这些数据也是网络爬虫的重要抽取对象。本章将介绍 XML 和 JSON 数据的抽取方法。

5.1 XML 数据抽取

5.1.1 XML 简介

XML（eXtensible Markup Language，可扩展标记语言）可用于描述、存储和传输数据。XML 数据以纯文本格式进行存储，提供一种独立于软硬件的数据存储方法。XML 是互联网数据交换的标准格式，它使得不同操作系统、不同应用程序、不同浏览器之间的数据共享变得更加容易。

XML 旨在描述数据内容，而非显示外观（这是 HTML 的任务）。在 Web 开发中，我们可以将数据直接包含在 HTML 中，但这种方式会给更新维护带来不便。另一种方式是使用 XML 将数据从 HTML 中分离出来，这有利于功能分层和任务分工：前端开发人员可以专注于页面的显示和布局，后端开发人员则专注于业务逻辑和数据。在网页中，可以通过执行一段 JavaScript 代码加载 XML 数据并更新网页内容，从而将前后端连接起来。

乍看之下，XML 与 HTML 文档有很多相似之处，仔细分析又会发现它们有明显的区别。请看下列 XML 文档示例（文件位置：当前项目 \bin\Debug\book.xml）。

```
<?xml version="1.0" encoding="utf-8"?>
<!--这是一个表示图书的xml文档-->
<book_list>
    <book category="C#" lang="cn">
        <title>C#程序设计基础</title>
        <author>张子虚</author>
        <year>2015</year>
```

```
        <price>30.0</price>
    </book>
    <book category="Kids" lang="en">
        <title>Harry Potter</title>
        <author>J K. Rowling</author>
        <year>2005</year>
        <price>29.5</price>
    </book>
    <book category="Networks" lang="cn">
        <title>计算机网络原理</title>
        <author>李上林</author>
        <year>2013</year>
        <price>39.9</price>
    </book>
</book_list>
```

上述XML文档用于描述一个图书列表（book_list），共包含3本图书信息（book）。每本书有两个属性：分类（category）和语言（lang），其中又包含3个子项：书名（title）、作者（author）和年份（year）。结合上述示例，对XML文档结构做以下说明：

- 文档第1行为XML声明，说明版本号和编码，此声明不是必需的。
- 每个XML文档必须有且仅有一个根元素（如：<book_list>）。
- 每个元素都可以拥有属性、文本内容以及子元素。
- 每个元素必须包含一对闭合的标签（如：<book>…</book>）。
- XML没有预定义标签，所有标签和属性都需要自行定义。
- XML标签名区分大小写，<book> 和 <Book> 被认为是两个不同的标签。
- XML标签必须正确匹配，如“<book><item>…</book></item>”是错误形式。
- XML文档的注释文本包含在 <!-- --> 中，与HTML的注释方式相同。

注意：XML与HTML的主要区别有：

1）XML中没有预定义标签，标签名由设计者指定，具有自描述性；而HTML中的标签都是预先定义的，否则浏览器无法解析显示。

2）XML要求所有标签必须闭合，HTML中却包含一些可省略后标签的元素（如：
）。

3）XML标签的属性值必须包含在“引号”中，这一点在HTML中并不严格执行。

4）XML的标签名区分大小写，在HTML中一般不区分；无论“<a>”还是“<A>”，浏览器都会识别为超链接。

XML与HTML的本质区别在于XML用来存储数据，HTML用来显示数据。

5.1.2　使用System.Xml

.NET Framework提供了对XML的良好支持，相关功能主要包含在System.Xml命名空间中。常用的功能类包括：XmlDocument（文档）、XmlElement（元素）、XmlNode（节点）、XmlAttribute（属性）等。下面将介绍对 XML 文档的常用操作。

1. 加载文档

XmlDocument 是操作 XML 文档的核心功能类，可使用此类对象加载、验证、搜索、编辑和保存 XML 文档。如表 5-1 所示，XmlDocumemt 对象提供了 3 种文档加载方法，分别从字符串、指定 URL（包括本地文件和网络资源）以及数据流中加载。

表 5-1　XmlDocumemt 对象支持的文档加载方法

方法名	功能描述	参　数	返回值
LoadXml(string text)	从字符串加载 XML 文档	text：xml 字符串	void
Load(string url)	从指定 URL 加载 XML 文档	url：资源定位符	void
Load(Stream inStream)	从数据流中加载文档	inStream：数据流	void

以下代码分别采用三种方式加载 XML 数据：

```
XmlDocument xmlDoc = new XmlDocument();
//第一种方式：从字符串加载
string xml = "<p><s>我有一布袋</s><s>虚空无挂碍</s><s>展开遍十方</s><s>入时观自在</s></p>";
xmlDoc.LoadXml(xml);
MessageBox.Show(xmlDoc.InnerXml,"从字符串加载");
//第二种方式：从文件加载
xmlDoc.Load("book.xml");
MessageBox.Show(xmlDoc.InnerXml, "从文件加载XML");
//第三种方式：从指定URL加载
string url = "http://www.webxml.com.cn/WebServices/WeatherWS.asmx/getRegionCountry";
xmlDoc.Load(url);
MessageBox.Show(xmlDoc.InnerXml, "从远程url加载XML");
```

其中，从本地文件加载 XML 文档后的输出结果如图 5-1 所示。

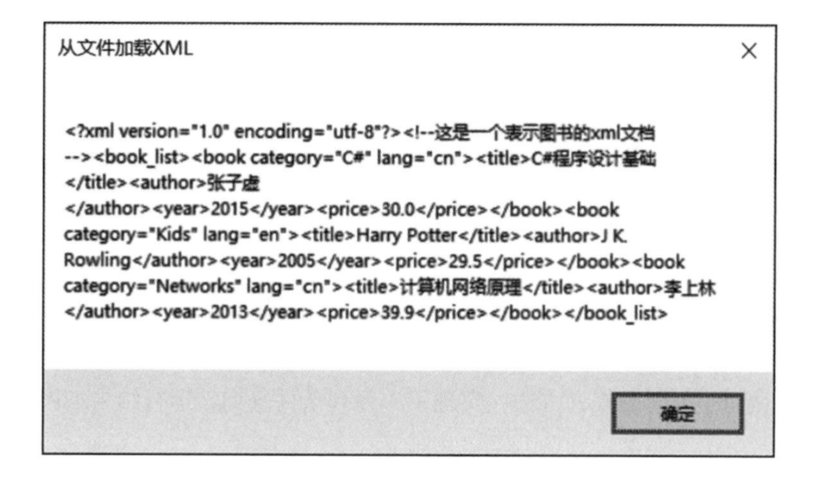

图 5-1　程序运行结果（加载 XML 文档）

2. 查询数据

加载 XML 文档后，可以通过表 5-2 所示的方法查询元素。

表 5-2　常用的 XML 文档查询方法

方　法	功能描述	参　数	返回值
GetElementById(string id)	通过 id 查找元素	id：ID 属性值	XmlElement
GetElementsByTagName(string tagName)	通过标签名查找元素	tagName：标签名	XmlNodeList
SelectNodes(string xpath)	通过 XPath 获取节点	xpath：XPath 表达式	XmlNodeList
SelectSingleNode(string xpath)	通过 XPath 获取单个节点	xpath：XPath 表达式	XmlNode

下面以 book.xml 文件为操作对象，给出几种 XML 文档查询示例。

```
XmlDocument xmlDoc = new XmlDocument();
xmlDoc.Load(Application.StartupPath + "\\data\\book.xml");
Console.WriteLine("查询每本图书的"分类"信息：");
XmlNodeList nodes = xmlDoc.GetElementsByTagName("book");        //获取所有图书
foreach (XmlNode node in nodes)
{
    Console.WriteLine(node.Attributes["category"].Value);       //获取"分类"属性
}
Console.WriteLine("查询所有"中文"图书名称：");
nodes = xmlDoc.SelectNodes("//book[@lang='cn']/title");
foreach (XmlNode node in nodes)
{
    Console.WriteLine(node.InnerText);
}
Console.WriteLine("查询所有不属于"Networks"分类的图书名称：");
nodes = xmlDoc.SelectNodes("//book[@category!='Networks']/title");
foreach (XmlNode node in nodes)
{
    Console.WriteLine(node.InnerText);
}
Console.WriteLine("查询价格低于35元的图书名称：");
nodes = xmlDoc.SelectNodes("//book[price<35]/title");
foreach (XmlNode node in nodes)
{
    Console.WriteLine(node.InnerText);
}
Console.WriteLine("查询第一本作者为"李上林"的图书价格：");
XmlNode singleNode = xmlDoc.SelectSingleNode("//book[author='李上林']/price");
Console.WriteLine(singleNode.InnerText);
```

上述代码调用了不同的查询方法，实现了一系列条件查询，运行结果如图 5-2 所示。

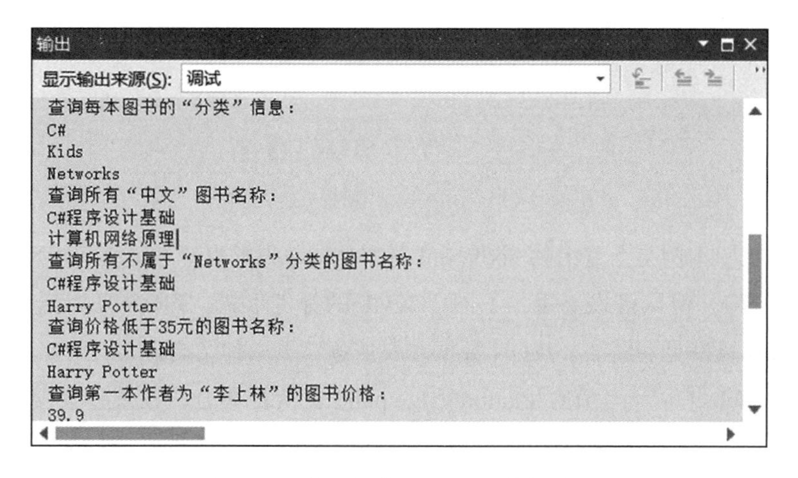

图 5-2　程序运行结果（XML 数据抽取）

5.2　JSON 数据抽取

5.2.1　JSON 简介

JSON（JavaScript Object Notation）是一种轻量级的数据交换格式，它采用完全独立于编程语言的文本格式来存储和表示数据。JSON 数据不仅易于阅读和编写，而且便于机器解析和生成。简洁的风格和清晰的层次结构使 JSON 成为理想的数据交换语言。JSON 是继 XML 之后的又一 Web 数据标准，并具有更高的网络传输效率。

为了更好地理解 JSON 数据的结构特点，并对比 JSON 与 XML 的异同，请看下面的示例文档（文件位置：当前项目 \bin\Debug\book.json）。

```
{"books": [
        {"category": "Computer",
            "lang": "cn",
            "title": "C#程序设计基础",
            "author": [ "张子虚", "赵盼盼" ],
            "onSale": true,
            "price": 30.0
        },
        {"category": "Kids",
            "lang": "en",
            "title": "Harry Potter",
            "author": [ "J K. Rowling" ],
            " onSale": false,
            "price": 29.5
        },
        {"category": "Networks",
            "lang": "cn",
            "title": "计算机网络原理",
```

```
            "author": [ "李上林", "张小千", "刘大朋" ],
            " onSale": true,
            "price": 39.9
        }
    ]
}
```

从内容上看，本例与上节中的book.xml基本相同（为了更好地体现JSON数据的特点，修改了部分字段）。但从格式上看，不同于XML的标签形式，JSON采用括号嵌套的形式组织数据，整体风格更加简洁。JSON数据主要依赖以下两种结构：

- 对象（object）：名/值对（name/value pair）的无序集合，在某些编程语言中也称为字典、哈希表或关联数组。JSON对象包含在一对大括号（{}）内，名、值之间以冒号（：）相连，名/值对之间以逗号（,）分隔。
- 数组（array）：值（value）的有序集合，在某些编程语言中也称为列表。JSON数组包含在一对中括号（[]）内，值之间以逗号（,）分隔。

数组值和“名/值对”中的值可以是简单数据类型（字符串、数值、逻辑值和空值），也可以是对象或数组。这意味着JSON数据是可以嵌套的，因而具有很强的表达能力。简单数据类型的格式要求如下：字符串需要包含在引号中，数值以十进制形式表示，逻辑值直接写作true或false（不加引号），空值直接写作null（不加引号）。

说明：我们可以把“名/值对”看成对象的属性（包括属性名和属性值）。对象各属性之间是无序的，不能通过下标索引，只能通过属性名查询相关的属性值。因此，对象中不能有重复属性，而且属性名必须是字符串类型。比如，在上例中，虽然每本图书可能有多个作者，但每个book对象只能有一个author属性。对此，我们把多个作者存放在数组中，整体作为author的属性值。

XML和JSON都是常见的Web数据格式，其主要特性对比如表5-3所示。

表5-3 XML与JSON数据对比

特　性	XML	JSON
组织形式	标签嵌套	括号嵌套
编码效率	较低	较高
可读性	略好	略差
数据描述能力	较强	较弱
数据交互性能	略差	略好
流行度	主流	主流（上升）

XML和JSON均采用层次嵌套结构，都具有良好的数据表达和扩展能力；与XML的标签形式相比，同样的信息采用JSON编码后，数据量会更小，更有利于网络传输；借助

DTD 和 RDF，XML 具有更强的语法和语义描述能力；在可读性方面 XML 略胜一筹，这是因为 XML 数据中成对的标签更容易被识别，而 JSON 数据中层层嵌套的括号往往使人眼花缭乱；在数据交互方面，二者都有丰富的解码工具，但 JSON 数据更容易转化为程序对象；虽然 XML 已经深入人心，但现在越来越多的 Web 数据采用 JSON 格式。

5.2.2　使用 Newtonsoft.Json

在编程中，与 JSON 相关的操作主要有数据转换和数据查询。从程序对象到 JSON 字符串的转换被称为序列化（Serialize），从 JSON 字符串到程序对象的转换被称为反序列化（Deserialize）。序列化和反序列化常用于数据的保存和加载，是内存和外存之间的数据交换的重要方式。数据查询是指从 JSON 数据中进一步抽取信息，其过程类似于 XML 数据抽取。目前，越来越多的 Web 应用采用 JSON 数据，使其成为网络爬虫的重要抽取来源。

1. 安装 Newtonsoft.Json

Newtonsoft.Json（也称 Json.NET）是一个非常流行且功能强大的第三方 JSON 框架。它不仅支持 .NET 对象和 JSON 数据之间的灵活转换，而且提供了丰富的 JSON 数据查询接口，甚至能够实现 XML 数据与 JSON 数据的相互转换。我们可以借助 NuGet 包管理器直接安装 Newtonsoft.Json（如图 5-3 所示）。

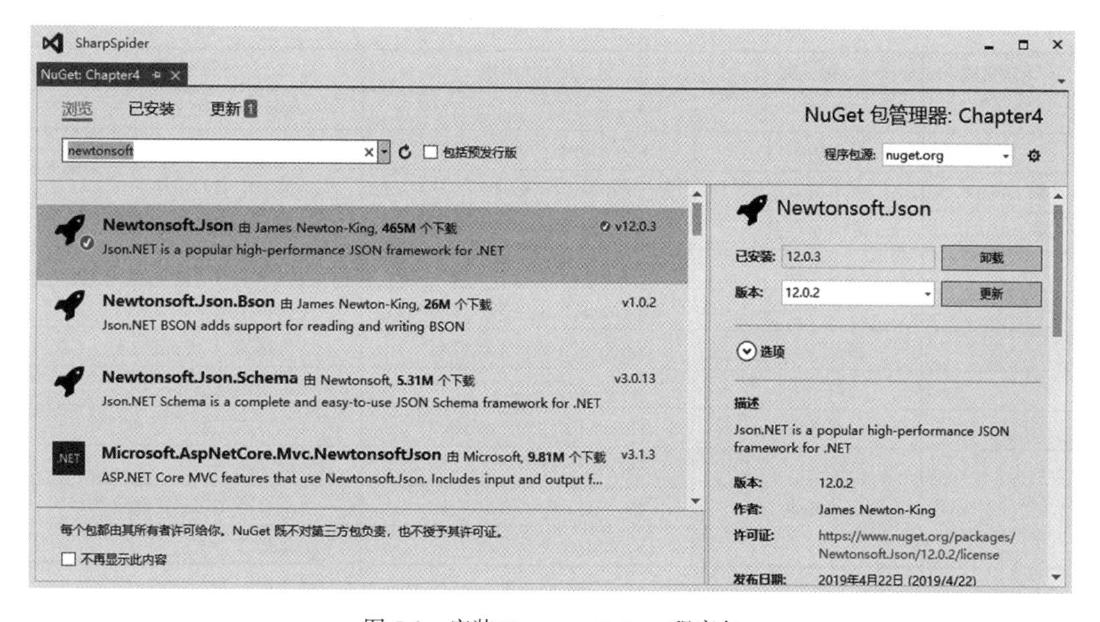

图 5-3　安装 Newtonsoft.Json 程序包

虽然 .Net Framework 内置了一些 JSON 功能类，如 DataContractJsonSerializer（位于 System.Runtime.Serialization.Json）和 JavaScriptSerializer（位于 System.Web.Extensions），但它们仅提供序列化功能，且不支持数据查询。仅就序列化功能而言，它们与 Newtonsoft.Json 相比还存在一定的差距（如图 5-4 所示）。

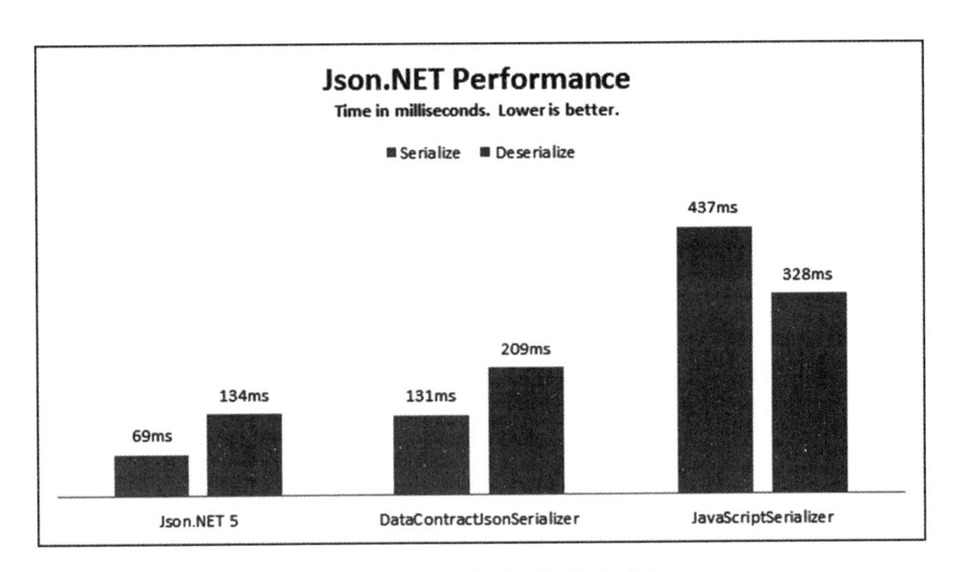

图 5-4　JSON 数据序列化性能对比

2. JSONPath

JSONPath（简称 JPath）可用于定位 JSON 中的数据元素，JPath 之于 JSON 如同 XPath 之于 XML。表 5-4 列出了 JPath 的基本语法形式和示例说明。

表 5-4　JPath 语法与示例说明

语法形式	意　义	JPath 示例	选取结果
$	根节点	/books	整个图书列表
[i]	索引数组值	$books[0]	第 1 本书
['name']	索引对象值	$books[0]['price']	第 1 本书的价格
.	索引对象值	$books[0].price	第 1 本书的价格
..	任意子孙	$..author[0]	所有书的第一作者
?()	过滤条件	$.books[?(@.onSale==true)]	在售图书
@	当前节点	$.books[?(@.price>30)]	价格高于 30 元的书
*	选取所有内容	$books[0].*	第 1 本书的所有内容
[,]	组合选取	$books[0,1]['price','title']	前 2 本书的价格和名称
[:]	切片操作	$books[0:3]	前 3 本书
		$books[2:]	前 2 本书之外的所有书
		$books[-2:]	最后 2 本书

JPath 语法主要是针对数组和对象结构而设计的，使用时需要注意以下几点：

- JSON 数据的根节点（$）可能是对象，也可能是数组。
- 数组值只能通过下标索引，对象值只能通过名称索引。
- (.) 用于当前对象值的选取，(..) 可以跨越任意多层的对象和数组进行选取。
- 过滤条件（?()）中，小括号内的表达式必须为逻辑值。
- @ 表示当前节点，只能用在过滤条件表达式中。

- * 可以选取数组和对象的所有值。
- 组合选取（[,]）既能用于数组值，也能用于对象值。
- 切片操作（[:]）只能用于数组，支持正向和反向索引。

说明：虽然 XPath 和 JPath 有许多相似之处，但在语法形式和功能上还有很大区别。JPath 使用点号（. 或 ..）和中括号（[]）访问下层数据，而 XPath 则使用斜杠（/ 或 //）访问数据；XPath 支持基于属性的条件查询，而 JPath 不支持，因为 JSON 数据中根本不存在属性；JPath 对数组元素能够进行灵活切片，而 XPath 则不支持此类操作。

---

3. 数据加载与查询

Newtonsoft.Json 中用于 JSON 数据查询的类主要有 JToken、JArray、JObject、JValue，它们都包含在 Newtonsoft.Json.Linq 命名空间中。其中，JArray 表示 JSON 数组，JObject 表示 JSON 对象，JValue 表示 JSON 值，而 JToken 则是以上 3 个类的抽象（abstract）基类。我们可以使用这些类及其方法实现对 JSON 数据的加载和抽取。

Newtonsoft.Json 提供了多种 JSON 数据加载方式，这里仅介绍基本的加载方式——从 JSON 字符串中解析加载。执行下列示例代码，输出结果如图 5-5 所示。

```
string json = File.ReadAllText(Application.StartupPath + "\\data\\book.json");
JToken token = JToken.Parse(json);                    //解析JSON字符串，创建JToken对象
Console.WriteLine("token的类型: " + token.Type);      //输出根元素的类型
JObject ob = token as JObject;                        //转换为JObject对象
JToken books = ob["books"];                           //获取books属性值
Console.WriteLine("books的类型: " + books.Type);
JValue value = books[1]["price"] as JValue;           //获取第2本书的价格
Console.WriteLine(string.Format("value的类型: {0}, 其值为: {1}", value.Type, value));
```

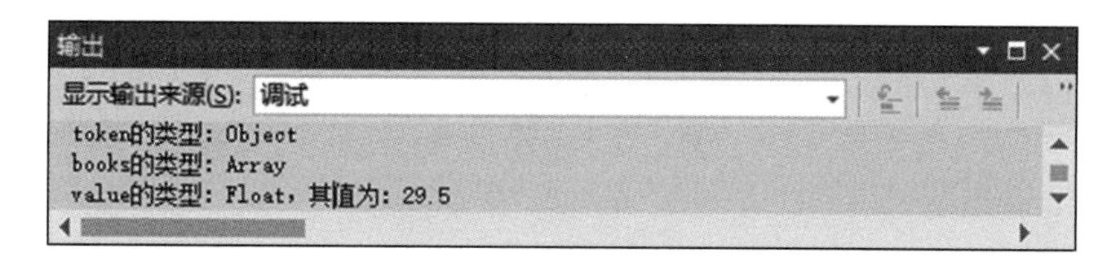

图 5-5　程序输出结果（JSON 数据加载）

加载 JSON 数据后，借助 JToken 类的 SelectTokens 方法可以实现基于 JPath 的查询。执行下列 JPath 查询示例代码，运行结果如图 5-6 所示。

```
string json = File.ReadAllText(Application.StartupPath + "\\data\\book.json");
JToken jo = JToken.Parse(json);
Console.WriteLine("查询所有中文图书: ");
string jPath = "$.books[?(@.lang=='cn')]";
var tokens = jo.SelectTokens(jPath);
foreach (var token in tokens)
```

```
{
    Console.WriteLine(token["title"]);
}
Console.WriteLine("查询最后一本图书的所有值：");
jPath = "$.books[-1:].*";
tokens = jo.SelectTokens(jPath);
foreach (var token in tokens)
{
    Console.WriteLine(token.ToString());
}
Console.WriteLine("查询价格高于30元的图书的名称和价格：");
jPath = "$.books[?(@.price>30)]['title','price']";
tokens = jo.SelectTokens(jPath);
foreach (var token in tokens)
{
    Console.WriteLine(token.ToString());
}
Console.WriteLine("查询所有图书的第一作者：");
jPath = "$..author[0]";
tokens = jo.SelectTokens(jPath);
foreach (var token in tokens)
{
    Console.WriteLine(token.ToString());
}
```

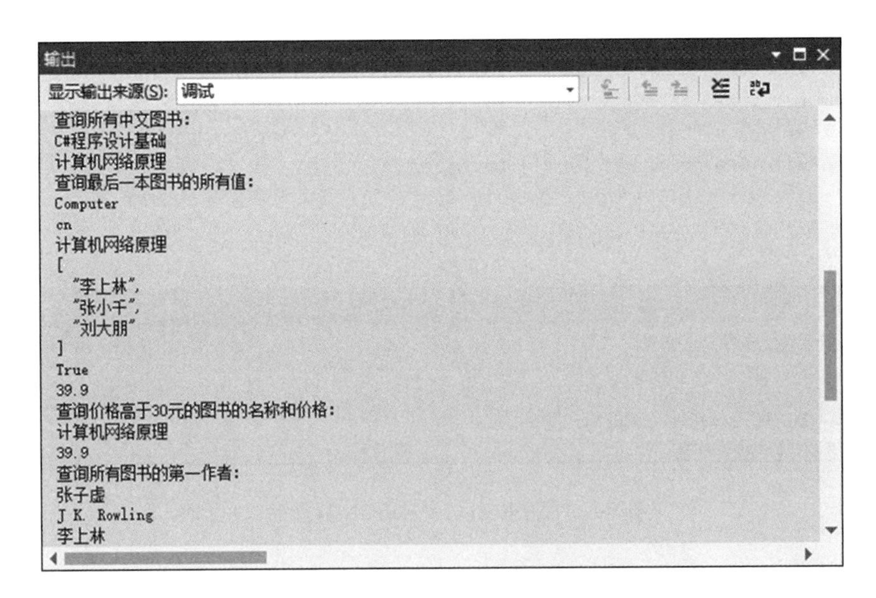

图 5-6　程序输出结果（JSON 数据查询）

5.3　综合实例 1：天气爬虫

5.3.1　问题描述与分析

某信息服务网站（www.webxml.com.cn）通过 Web Service 发布免费天气服务，包括 340 多个国内主要城市和 60 多个国外主要城市未来 3 日的天气预报数据，每 2.5 小时左右动态更新一次。天气服务地址为 http://www.webxml.com.cn/WebServices/WeatherWebService.asmx，在浏览器中的访问效果如图 5-7 所示。

图 5-7 天气服务接口

扩展：Web Service 是一种面向服务的应用程序，它不依赖于语言，也不依赖于平台，可以通过因特网进行基于 HTTP 的网络应用间的交互。为实现跨平台操作，Web Service 完全采用 XML、XSD 等独立于平台和软件供应商的数据标准，并采用 SOAP（简单对象访问协议）进行 XML 数据交换。

Web Service 采用的 SOAP 通常运行在 HTTP 之上，我们可以通过 POST 或 GET 方法进行远程访问。WebXml 提供的天气服务包括若干访问接口（如表 5-5 所示），返回数据均为 XML 格式，通过获取和解析这些数据，即可获取城市和天气信息。

表 5-5 天气预报服务接口

名　称	功能描述	参　数	返回值
getSupportProvince	获取支持的省份列表	无	省份列表
getSupportCity	获取支持的城市列表	byProvinceName：省份名称	城市列表
getWeatherbyCityName	获取城市天气信息	theCityName：城市名称	天气信息

通过 getSupportProvince 接口可获取服务器所支持的省份列表（如图 5-8 所示），通过 getSupportCity 接口可获取某省份的城市列表（如图 5-9 所示）。这些 XML 数据格式都比较简单，本质上是字符串数组。

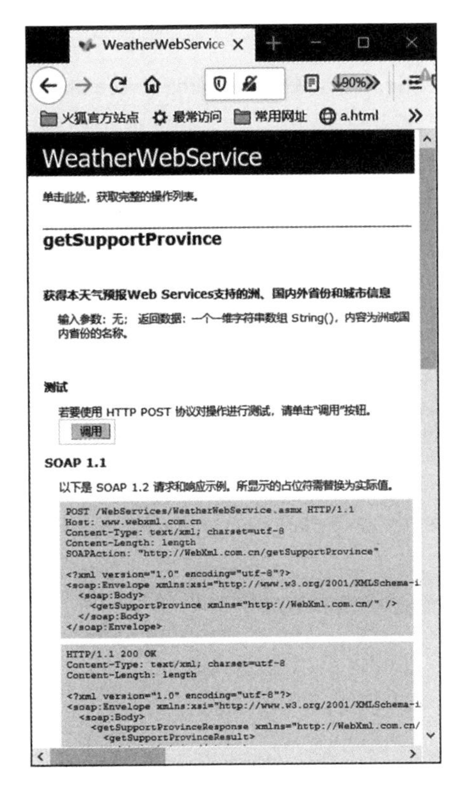

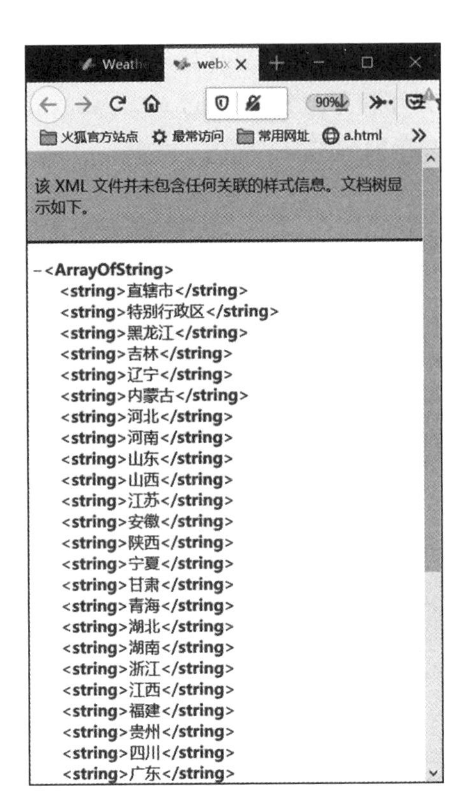

图 5-8　请求省份列表（getSupportProvince 接口）

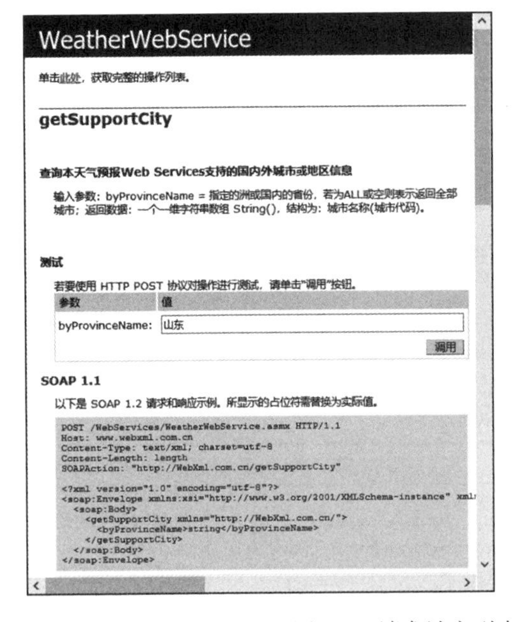

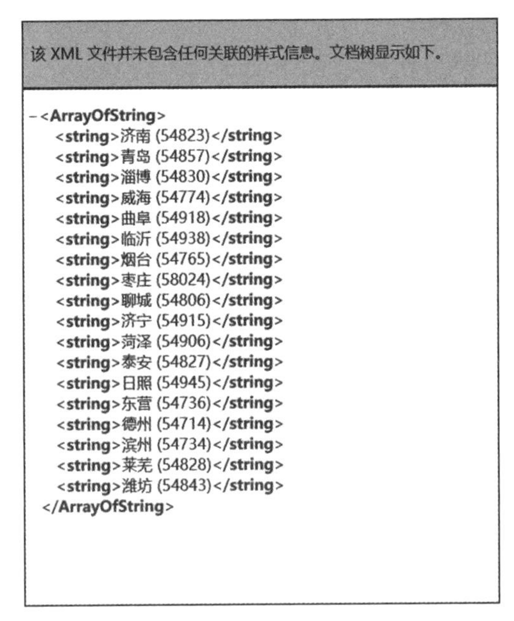

图 5-9　请求城市列表（getSupportCity 接口）

通过 getSupportCity 得到的某城市天气数据格式也是一维数组，但内容比较丰富，包含未来 3 天的天气信息以及当前天气实况（如图 5-10 所示）。

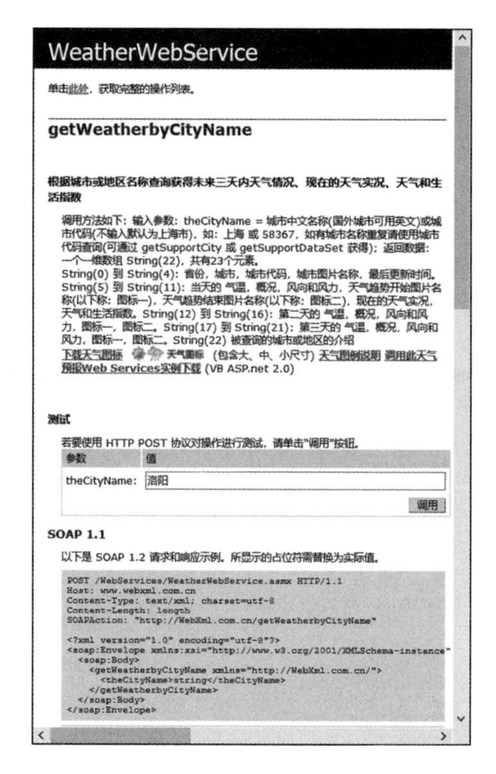

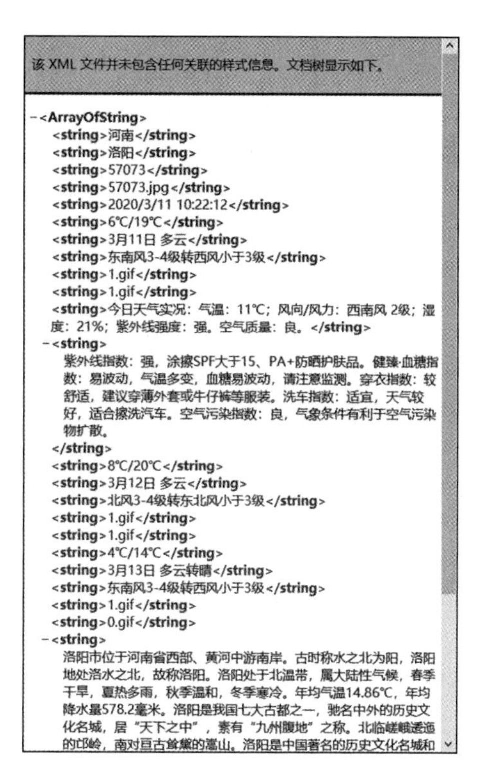

图 5-10　请求天气信息（getSupportCity 接口）

图 5-10 中的响应数据可看作长度为 23 的一维数组，元素 0 到 4 分别表示省份、城市、城市代码、城市图片名称、最后更新时间；元素 5 到 11 分别表示当天的气温、概况、风向和风力、天气趋势开始图片名称（以下简称图标一）、天气趋势结束图片名称（以下简称图标二）、现在的天气实况、天气和生活指数。元素 12 到 16 分别表示第二天的气温、概况、风向和风力、图标一、图标二。元素 17 到 21 分别表示第三天的气温、概况、风向和风力、图标一、图标二；元素 22 表示被查询的城市或地区的介绍。

5.3.2　爬虫设计

天气查询的主要流程如图 5-11 所示，整个过程需要先后请求 3 项内容：省份列表、城市列表以及城市天气信息。请求省份列表不需要任何参数，可使用 GET 方法实现；请求城市列表和天气信息分别需要“省份”和“城市”作为参数，可使用 POST 方法实现。

根据爬虫的功能和流程，我们设计了简易的程序界面（如图 5-12 所示）。

5.3.3　爬虫实现

1. 加载省份列表

为减少用户操作，天气爬虫程序启动时会自动加载并显示省份列表（通过窗体加载事件的响应方法 WeatherForm_Load），加载省份列表的代码封装在 LoadProvices 方法中。主要实现代码如下：

```
string baseUrl = "http://www.webxml.com.cn/WebServices/WeatherWebService.asmx";
///<summary> 窗体加载事件</summary>
```

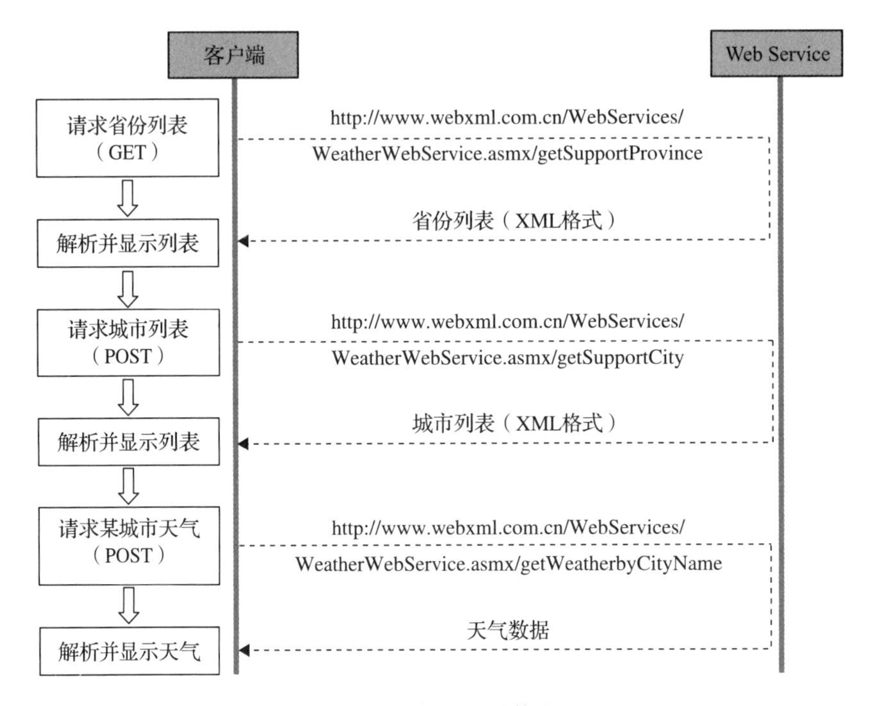

图 5-11　天气爬虫总体流程

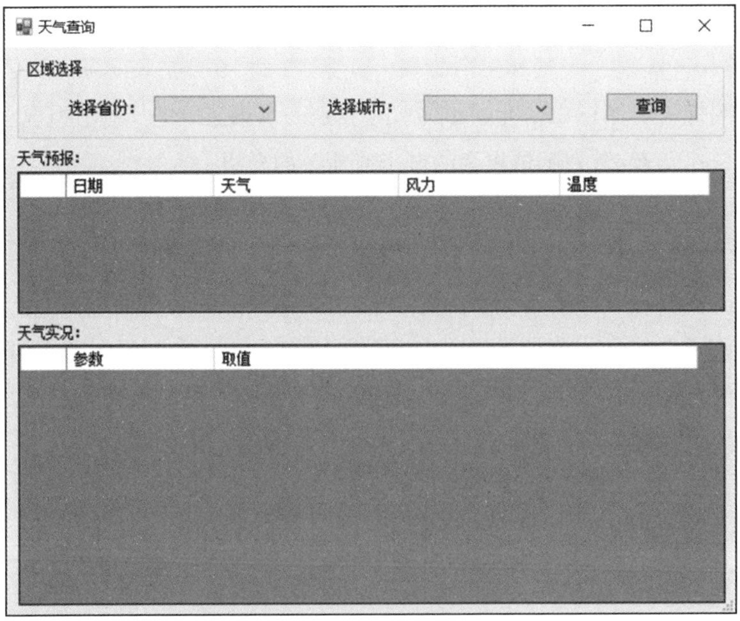

图 5-12　天气查询界面

```
private void WeatherForm_Load(object sender, EventArgs e)
{
    List<string> provices = LoadProvices();                    //获取支持的省份
    comboBox1.Items.AddRange(provices.ToArray());              //显示到列表控件
}
///<summary> 加载省份列表</summary>
private List<string> LoadProvices()
{
    List<string> provices = new List<string>();
    string url = baseUrl + "/getSupportProvince";              //构造访问地址
    Downloader downloader = new Downloader();                  //下载器
    string xml = downloader.DownloadString(url);               //发送请求
    XmlDocument doc = new XmlDocument();                       //XmlDocument对象
    doc.LoadXml(xml);                                          //加载XML数据
    XmlNamespaceManager nsmgr = new XmlNamespaceManager(doc.NameTable); //xmlns管理器
    nsmgr.AddNamespace("ns", "http://WebXml.com.cn/");         //增加命名空间（前缀为ns）
    var nodes = doc.SelectNodes("//ns:string", nsmgr);         //抽取省份信息（添加前缀）
    foreach (XmlNode node in nodes)
    {
        provices.Add(node.InnerText);
    }
    return provices;                                           //返回省份列表
}
```

上述代码中的 XmlNamespaceManager 对象（nsmgr）用于管理 XML 命名空间。不同来源的 XML 文档可能具有相同的标签名，为它们设置不同的 XML 命名空间就能够加以区分，从而避免误操作。本例中返回的 XML 数据就自带 XML 命名空间，通过根节点 xmlns 属性指定（如图 5-13 所示），取值为“http://WebXml.com.cn/”。

图 5-13　XML 数据中的命名空间

使用 XmlNamespaceManager 对象管理命名空间，需要为每个命名空间选取一个不同的前缀名（本例为 ns）。在编写程序时，如果 XML 文档包含默认命名空间，则必须通过 XmlNamespaceManager 对象添加命名空间，并在 XPath 中添加相应前缀，否则不会选取任何节点。

2. 加载城市列表

当用户选择某一省份后，会通过 getSupportCity 接口加载该省份所支持的城市列表。此过程与加载省份列表类似，只是采用了 POST 请求方式。主要实现代码如下：

```
///<summary>选择省份</summary>
private void comboBox1_SelectedIndexChanged(object sender, EventArgs e)
{
    string provice = comboBox1.Text;
    List<string> cities = LoadCities(provice);                    //加载城市列表
    comboBox2.Items.Clear();
    comboBox2.Items.AddRange(cities.ToArray());                   //显示到列表控件
}
/// <summary>加载城市列表</summary>
/// <param name="provice">省份名称</param>
private List<string> LoadCities(string provice)
{
    List<string> cities = new List<string>();
    Downloader downloader = new Downloader();
    string url = baseUrl + "/getSupportCity";                     //构造访问地址
    string param = "byProvinceName=" + provice;                   //请求参数
    string responseXml = downloader.PostForm(url, param);         //发送POST请求
    XmlDocument xmlDoc = new XmlDocument();
    xmlDoc.LoadXml(responseXml);
    XmlNamespaceManager nsmgr = new XmlNamespaceManager(xmlDoc.NameTable);
    nsmgr.AddNamespace("ns", "http://WebXml.com.cn/");
    var nodes = xmlDoc.SelectNodes("//ns:string", nsmgr);
    foreach (XmlNode node in nodes)
    {
        string city = node.InnerText;
        city = city.Substring(0, city.IndexOf("("));
        cities.Add(city);
    }
    return cities;
}
```

3. 查询天气信息

当用户选择某一城市并按下“查询”按钮后，爬虫继续采用 POST 方式加载该城市天气信息。加载天气时需要提供城市名称或代码作为参数（如：上海的对应代码为 58367），若有城市重名，则应使用代码进行查询（可通过 getSupportCity 接口获得）。

```
///<summary>按下查询按钮</summary>
private void button1_Click(object sender, EventArgs e)
{
    string city = comboBox2.Text;
    List<string> messList = QueryWeather(city);
    //未来3天预报（DisplayWeacher的3个参数分别为天气、风力、气温信息）
    DisplayWeacher(messList[6], messList[7], messList[5]);       //当天
    DisplayWeacher(messList[13], messList[14], messList[12]);    //第二天
```

```
        DisplayWeacher(messList[18], messList[19], messList[17]);  //第三天
        //天气实况:
        string time = messList[4];                                 //发布时间
        string details = messList[10];                             //天气实况
        string lifeIndex = messList[11];                           //生活指数
        DisplayDetails(time, details, lifeIndex);
    }
    /// <summary>获取某城市的天气情况</summary>
    /// <param name="city">城市名称或代码</param>
    private List<string> QueryWeather(string city)
    {
        List<string> messList = new List<string>();
        Downloader downloader = new Downloader();
        string url = baseUrl + "/getWeatherbyCityName";
        string param = "theCityName=" + city;
        string responseXml = downloader.PostForm(url, param);
        XmlDocument xmlDoc = new XmlDocument();
        xmlDoc.LoadXml(responseXml);
        XmlNamespaceManager nsmgr = new XmlNamespaceManager(xmlDoc.NameTable);
        nsmgr.AddNamespace("ns", "http://WebXml.com.cn/");
        XmlNodeList nodes = xmlDoc.SelectNodes("//ns:string", nsmgr);
        foreach (XmlNode node in nodes)
        {
            string mess = node.InnerText;
            messList.Add(mess);
        }
        return messList;
    }
```

在上述 button1_Click 方法中，分别调用 DisplayWeacher 和 DisplayDetails 方法用于显示天气预报和天气详情。由于 DisplayWeacher 方法每次只显示 1 天的天气预报（对应 GataGridView 的一行），因此共调用了 3 次。主要实现代码如下：

```
    /// <summary>显示单日天气预报</summary>
    /// <param name=" weather ">天气</param>
    /// <param name=" wind ">风力</param>
    /// <param name=" temp ">温度</param>
    void DisplayWeacher(string weather,string wind,string temp)
    {
        string [] items = weather.Split();
        int index = dataGridView1.Rows.Add();
        dataGridView1.Rows[index].Cells[0].Value = items[0];      //日期
        dataGridView1.Rows[index].Cells[1].Value = items[1];      //天气
        dataGridView1.Rows[index].Cells[2].Value = wind;          //风力
        dataGridView1.Rows[index].Cells[3].Value = temp;          //温度
    }
    /// <summary>显示天气详情</summary>
    /// <param name=" time ">发布时间</param>
    /// <param name=" details ">天气实况</param>
    /// <param name=" lifeIndex ">生活指数</param>
```

```
void DisplayDetails(string time,string details,string lifeIndex)
{
    dataGridView2.Rows.Add(new string[] { "发布时间",time});    //发布时间
    details = details.Replace("今日天气实况：","");             //删除多余文字
    //天气实况部分
    string[] items = details.Split(new string[] { "；","。"},StringSplitOptions.
        RemoveEmptyEntries);
    foreach(string item in items)
    {
        dataGridView2.Rows.Add(item.Split('：'));
    }
    //生活指数部分
    items = lifeIndex.Split('\n');
    foreach (string item in items)
    {
        dataGridView2.Rows.Add(item.Split('：'));
    }
}
```

DisplayDetails 方法中的天气详情又包括“天气实况”和“生活指数”两部分，爬虫运行结果如图 5-14 所示。

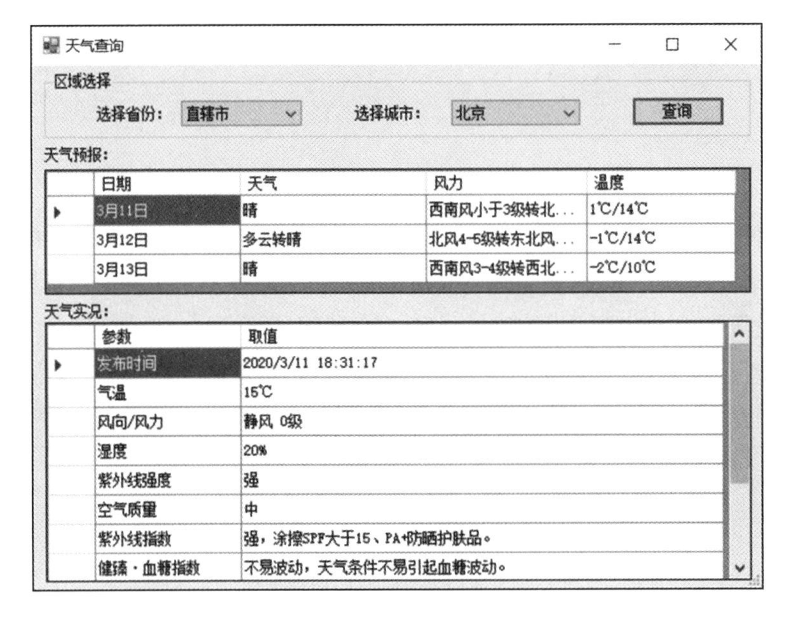

图 5-14　天气爬虫运行结果

5.4　综合实例 2：音乐爬虫

5.4.1　问题描述

目前，市面上有很多音乐媒体平台，我们可以安装 PC 客户端、手机 APP 获得相关媒

体服务，也可以直接在网页上搜索歌曲、在线听歌。以某音乐网站为例，搜索关键词“大海”，会得到歌曲列表，如图 5-15 所示。

大海

▷ 播放全部　添加到　下载　批量操作

歌曲	歌手	专辑	时长
大海 独家 MV VIP	张雨生	大海	
大海 (Live)	张杰		
大海 (Live)	张雨生	精彩音乐汇	03:09
大海 (Live) 独家 VIP	小沈阳	跨界歌王第四季 第9期	04:38
大海	石头		03:08
大海 (DJ版)	张雨生		06:43

图 5-15　音乐搜索页面

若点击“播放”按钮，会在一个新的页面播放这首歌曲（如图 5-16 所示）。

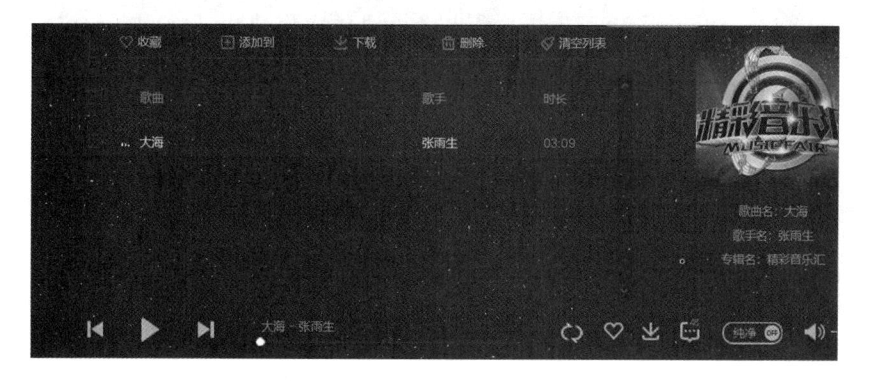

图 5-16　音乐播放页面

若尝试下载歌曲，则系统会提示需要安装客户端才能下载（如图 5-17 所示）。

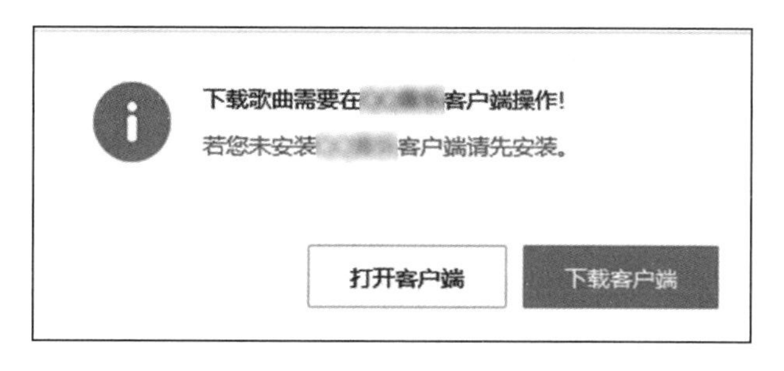

图 5-17　提示信息

我们猜想：既然歌曲可以在线播放，那么音乐资源很可能已经下载到（本地）浏览器，只是用户无法直接访问。下面就以某音乐网站为例，采用逆向工程的方法分析网页加载过程中的数据请求，找出音乐搜索和播放的关键步骤，最终实现音乐爬虫。

5.4.2 逆向分析

逆向分析是指从最终结果反向推理某个事物的组成原理、发展过程或体系结构的过程，在计算机领域常用于网络分析、程序破解等安全目的。下面就采用逆向方法分析某音乐网站的 Web 访问流程、梳理数据关联关系，为爬虫设计提供思路和方案。

首先，我们从播放页面开始分析。打开 Firefox 开发者工具箱，刷新页面后查看网络监视器。在网络请求中有一个大小为 2.20MB 的 mp4 文件（如图 5-18 所示），经测试，该文件就是最终的音乐资源。

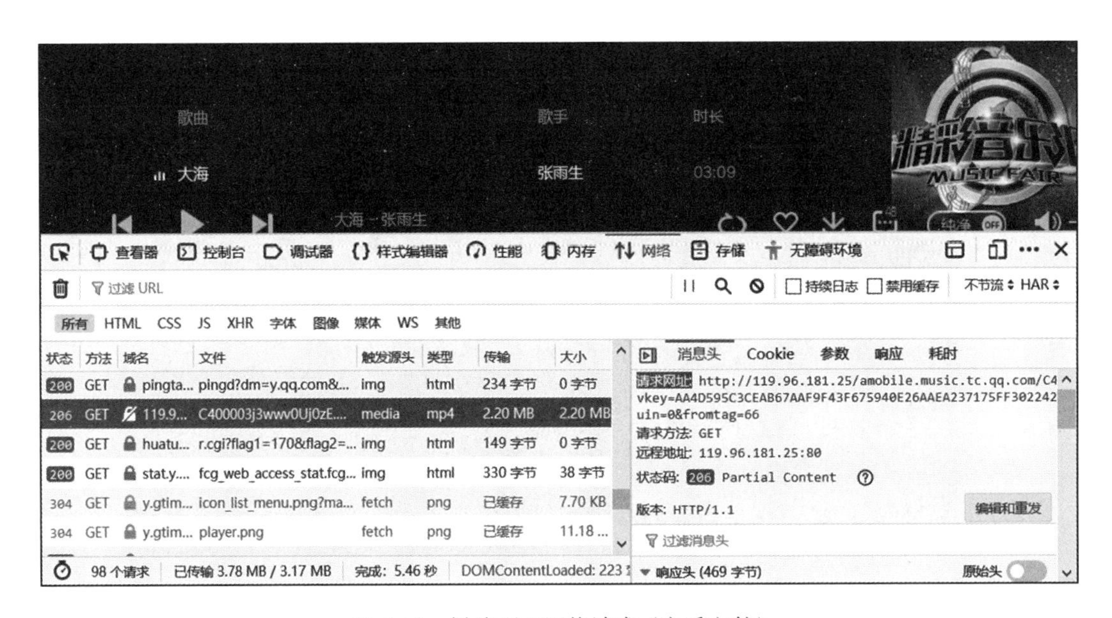

图 5-18　播放页面网络请求（音乐文件）

该 mp4 文件的请求地址如下：

```
http://119.96.181.25/amobile.music.tc.qq.com/C400003j3wwv0Uj0zE.m4a?guid=5416744
    593&vkey=AA4D595C3CEAB67AAF9F43F675940E26AAEA237175FF302242D2F7BBB6131274517
    3FCC7E5510966CD8CE7C615EC42675B6DA3E567D15333&uin=0&fromtag=66
```

此时，问题就转化为如何得到上述 URL。我们希望找到包含这个网址的链接，或者能够通过其他信息构造出该网址。于是，我们继续查找与上述网址相关的请求，最终在较早的请求中找到一个大小为 1.36KB 的 fcg 文件（如图 5-19 所示）。

这个 fcg 文件是一个纯文本文件，其内容如图 5-20 所示。它类似于一段 JS 代码，但整段代码仅包含一条函数调用语句，其参数为 JSON 格式的字符串。在 JSON 数据中有一个名为“purl”的字段，其值与歌曲资源网址相同（仅缺少主机部分）。

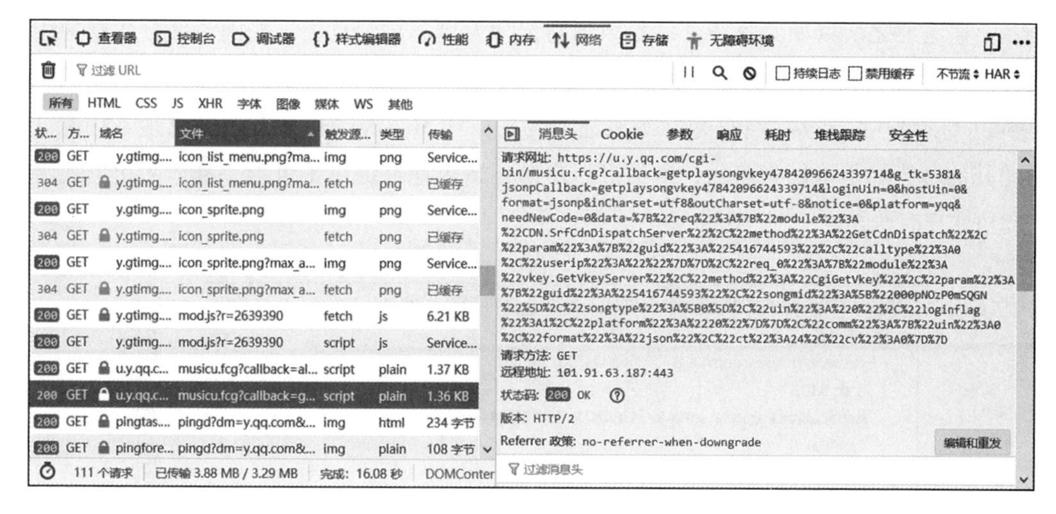

图 5-19　播放页面网络请求（fcg 文件）

图 5-20　HTTP 响应内容（fcg 文件）

为了获得配置文件的响应数据，我们需要进一步分析它的请求信息。从图 5-20 中可以获得该网络请求的 URL 地址如下：

```
https://u.y.qq.com/cgi-bin/musicu.fcg?callback=getplaysongvkey47842096624339714&g_tk=5381&jsonpCallback=getplaysongvkey47842096624339714&loginUin=0&hostUin=0&format=jsonp&inCharset=utf8&outCharset=utf-8&notice=0&platform=yqq&needNewCode=0&data=%7B%22req%22%3A%7B%22module%22%3A%22CDN.SrfCdnDispatchServer%22%2C%22method%22%3A%22GetCdnDispatch%22%2C%22param%22%3A%7B%22guid%22%3A%225416744593%22%2C%22calltype%22%3A0%2C%22userip%22%3A%22%22%7D%7D%2C%22req_0%22%3A%7B%22module%22%3A%22vkey.GetVkeyServer%22%2C%22method%22%3A%22CgiGetVkey%22%2C%22param%22%3A%7B%22guid%22%3A%225416744593%22%2C%22songmid%22%3A%5B%22000pNOzP0mSQGN%22%5D%2C%22songtype%22%3A%5B0%5D%2C%22uin%22%3A%220%22%2C%22loginflag%22%3A1%2C%22platform%22%3A%2220%22%7D%7D%2C%22comm%22%3A%7B%22uin%22%3A0%2C%22format%22%3A%22json%22%2C%22ct%22%3A24%2C%22cv%22%3A0%7D%7D
```

上述地址之所以如此复杂，一是因为它包含大量参数信息，二是因为部分数据采用了“百分号”编码（增加了字符串长度）。我们可以借助 Firefox 浏览器的参数查看工具（如图 5-21 所示），它会将“百分号”编码还原为正常字符。经测试发现，请求地址中除 data 外的其他参数都是可以省略的，这为进一步简化请求地址提供了可能，具体简化形式将会在爬虫实现时给出。

图 5-21　HTTP 请求参数（配置文件）

经分析发现，上述 data 参数的取值为一段 JSON 数据，其中关键的信息是 songmid 字段（此处取值为“000pNOzP0mSQGN”），表示当前歌曲的 ID。

至此，问题再次转化为如何查找歌曲的 songmid 值。我们猜想：歌曲对应的 songmid 值可能包含在音乐搜索结果中。于是，我们在“搜索页面”中打开 Firefox 开发者工具箱，观察音乐搜索后的网络请求状态（如图 5-22 所示）。

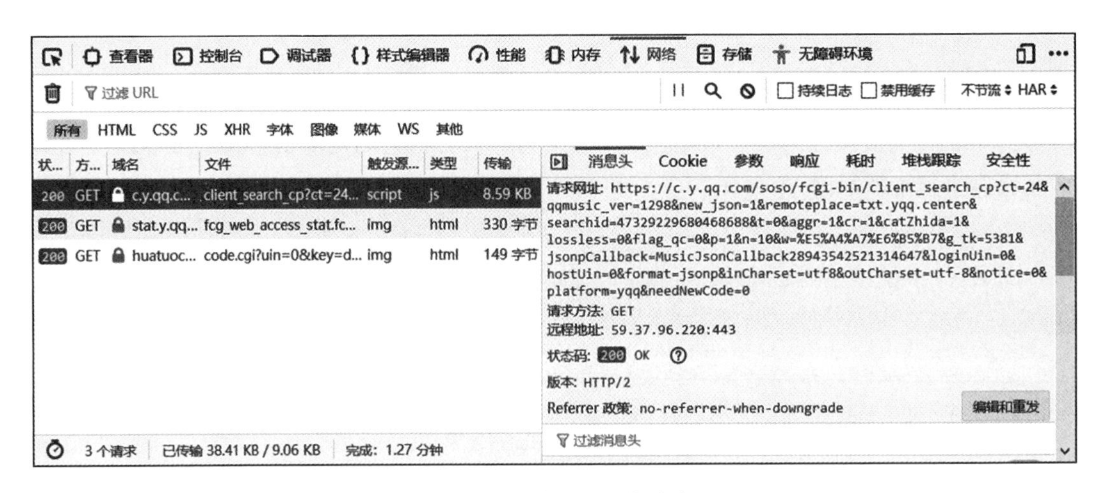

图 5-22　搜索页面网络请求

搜索歌曲时仅产生 3 个网络请求，其中的 JS 文件只有一条函数调用语句，参数为包含歌曲列表的 JSON 字符串。在该 JS 文件中搜索"000pNOzP0mSQGN"，匹配到一个名为 mid 的字段值，所对应的歌曲正是张雨生演唱的"大海"（如图 5-23 所示）。这说明此处的 mid 字段与前述 songmid 字段是一致的，同时也验证了我们的猜想。

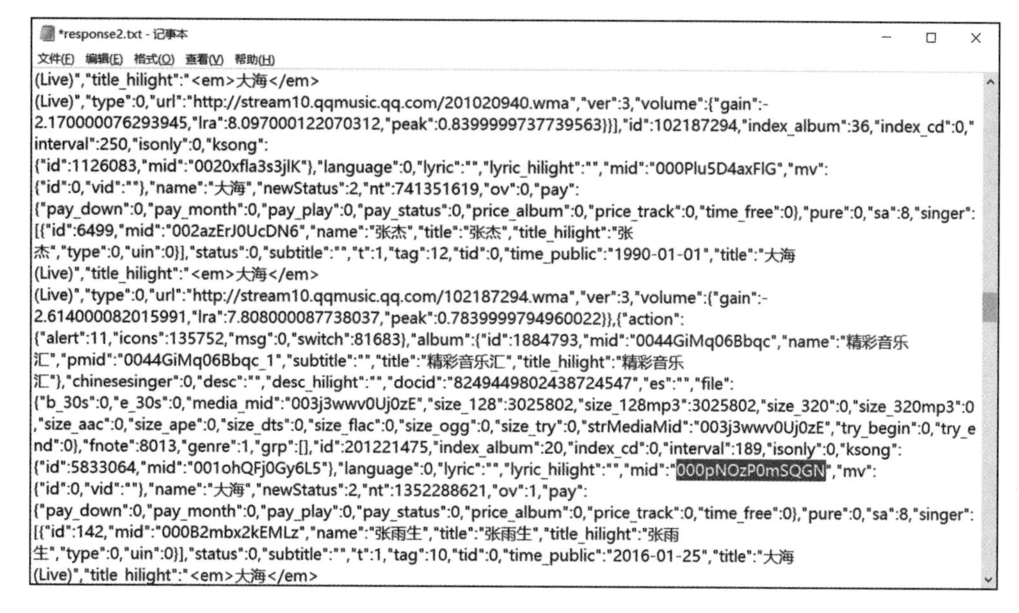

图 5-23　响应数据分析（音乐搜索）

音乐搜索的请求地址同样很长（如图 5-22 所示），测试发现该地址可简化为

```
https://c.y.qq.com/soso/fcgi-bin/client_search_cp?w=大海
```

显而易见，上述网址可以通过搜索关键词构造。至此，我们就找出了一条从"音乐资源"到"搜索关键词"的逆向路径，整个分析过程完成。而音乐爬虫的任务就是把这个路径再正向地（从"搜索关键词"到"音乐资源"）走一遍。

5.4.3　爬虫设计

通过之前的逆向分析，我们已经找到了一条从"搜索关键词"到"音乐资源 URL"的路径。整个路径包含 3 次关键的 Web 请求，音乐爬虫的总体流程如图 5-24 所示。

上述流程环环相扣，每步请求都依赖上一步的返回结果。发送搜索请求时，需要搜索关键词（由用户输入）构造网址；请求歌曲信息时，需要歌曲的 mid 值（包含在搜索结果中）构造网址；发送播放请求时，需要歌曲对应的 purl 值（包含在歌曲信息中）构造网址。根据总体流程，我们可以为音乐爬虫设计一个简易的窗体界面（如图 5-25 所示），主要包括以下 3 个功能区：

- 音乐搜索区：在此输入关键词搜索相关歌曲，用户可选择搜索条件。
- 歌曲列表区：显示搜索到的歌曲信息（歌名、歌手、专辑），以供用户浏览选择。
- 下载保存区：下载并保存选定的歌曲，用户可更改保存路径。

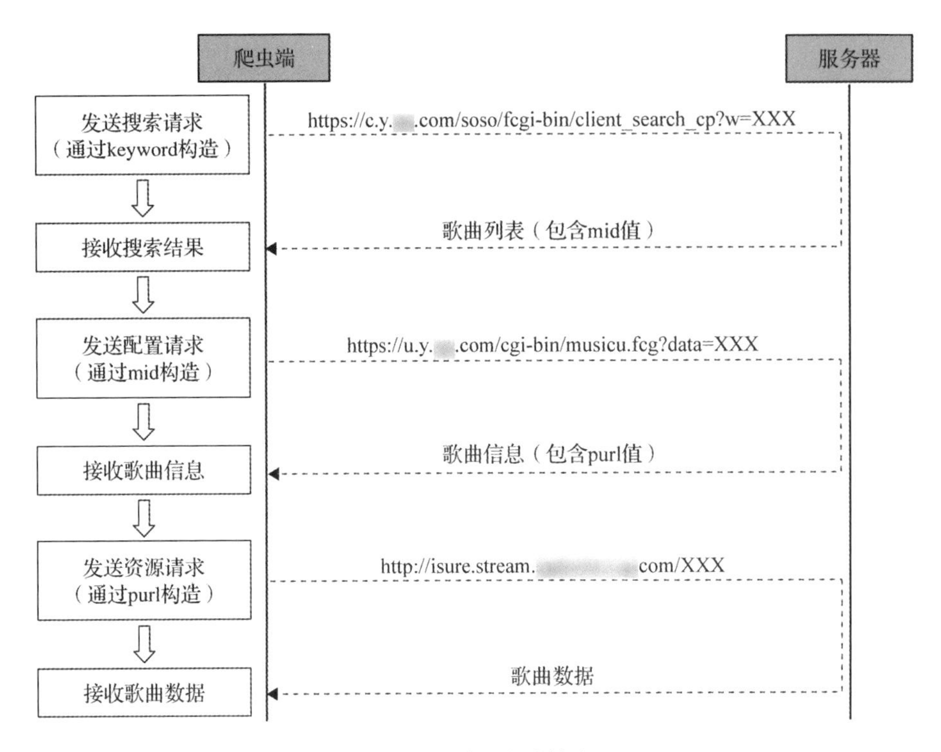

图 5-24　音乐爬虫总体流程

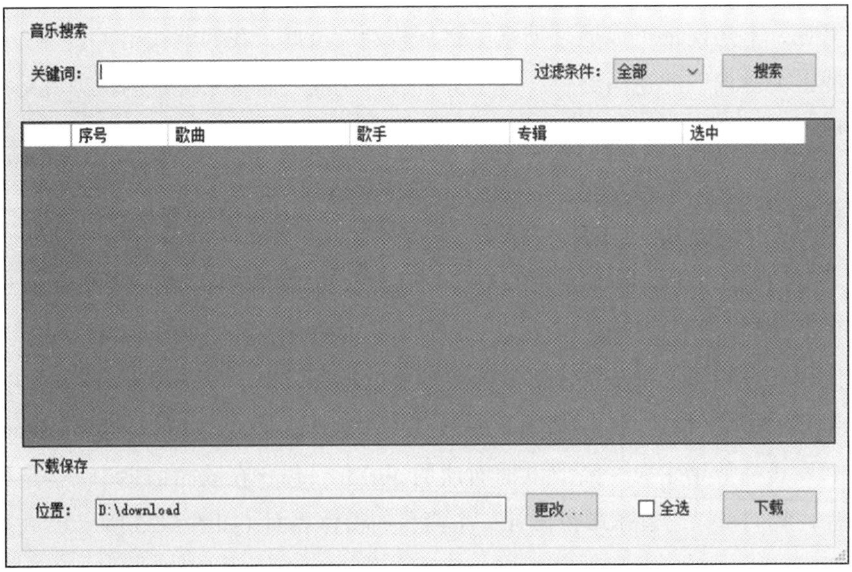

音乐搜索
关键词：
过滤条件：全部
搜索
序号　歌曲　歌手　专辑　选中
下载保存
位置：D:\download
更改...
全选
下载

图 5-25　音乐爬虫主界面

5.4.4　爬虫实现

1. 歌曲描述

为便于组织代码，我们定义了一个用于描述歌曲的类——Song。除了歌名、歌手、专辑等基本属性外，还包含一些爬虫程序需要的信息（如 mid、purl 值等）。定义 Song 类的代码如下：

```
public class Song
{
    public string name;             //歌名
    public string mid;              //歌曲mid
    public string singer;           //歌手
    public string team;             //乐队
    public string album;            //专辑
    public string purl;             //播放地址
}
```

2. 音乐搜索

实现音乐搜索可分为两步：首先，根据搜索关键字构造请求网址，发送请求获取响应文本；然后，解析响应文本中的 JSON 数据并抽取歌曲列表。其难点在于第二步：我们必须能够正确解析 JSON 数据的组织结构，找到关键信息的抽取路径。由于 JSON 原始数据比较复杂，为便于分析内部组织结构，可将原始数据保存为 JSON 文件，再借助于 Firefox 浏览器或其他 JSON 数据解析工具查看（如图 5-26 所示）。

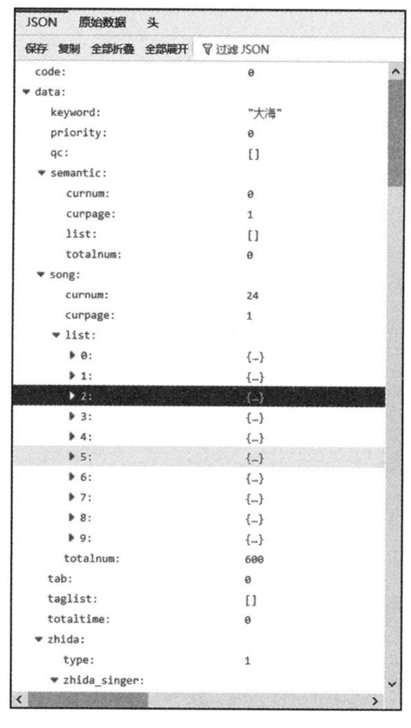

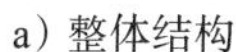
a）整体结构

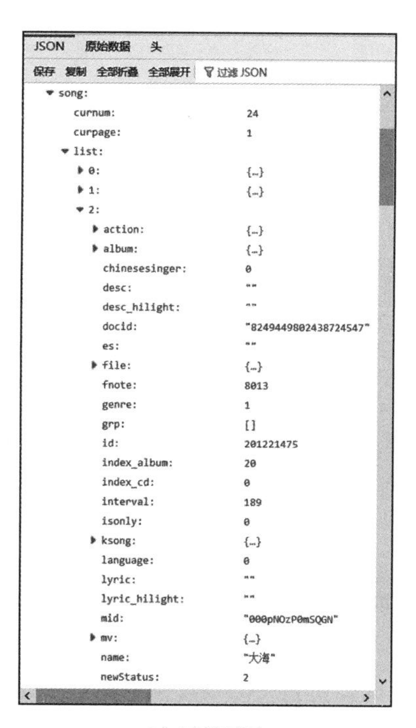

b）局部展开

图 5-26　歌曲列表 JSON 数据格式

歌曲列表 JSON 数据包含 10 条搜索结果，每首歌曲又包含歌曲名称、歌曲 mid 值、歌手名称、专辑名称等信息，表 5-6 列出了歌曲关键信息（元素）的 JPath 路径。

表 5-6 关键元素的 JPath 路径

关键信息	对应的 JPath 路径	说 明
歌曲列表	$.data.song.list[*]	包含多项
歌曲名称	$.data.song.list[*].songname	每首歌曲唯一
歌曲 mid 值	$.data.song.list[*].songmid	每首歌曲唯一
歌手名称	$.data.song.list[*].singer[*].name	或有多个
专辑名称	$.data.song.list[*].albumname	此值或为空

在实际编程中分两步抽取：先通过歌曲列表的 JPath 抽取每首歌曲节点，再通过相对路径对歌曲节点进行抽取得到所属信息。我们将音乐搜索的功能封装成一个方法，参数为搜索关键词，返回值为搜索到的歌曲列表，若搜索失败则返回 null。主要代码如下：

```
/// <summary>根据关键词搜索音乐作品</summary>
/// <param name="keyword">搜索关系词</param>
public List<Song> SearchSongs(string keyword)
{
    Downloader downloader = new Downloader();                 //下载器对象
    List<Song> songList = new List<Song>();                   //用于返回歌曲列表
    string url = "https://c.y.qq.com/soso/fcgi-bin/client_search_cp?w=" + keyword;
                                                              //请求地址
    string responseText = downloader.DownloadString(url); //发送请求
    if (responseText == null) return null;
    string json = responseText.Substring(9, responseText.Length - 10);
                                                              //除去多余字符，获取JSON数据
    JObject jo = JObject.Parse(json);                         //创建JObject对象
    var tokens = new List<JToken>(jo.SelectTokens("$.data.song.list[*]"));
                                                              //歌曲列表
    foreach (var token in tokens)                             //每一首歌
    {
        JObject item = (JObject)token;
        Song song = new Song();
        song.singer = item.SelectToken("$.singer[0].name")?.ToString();  //歌手
        song.name = item.Property("songname")?.Value?.ToString();        //歌曲
        song.album = item.Property("albumname")?.Value?.ToString();      //专辑
        song.mid = item.Property("songmid")?.Value?.ToString();          //mid值
        songList.Add(song);
    }
    return songList;
}
```

上述代码在解析 JSON 数据时用到了 JObject 类及其对象，使用 JObject 需要安装第三方程序包 Newtonsoft.Json，并引用 Newtonsoft.Json.Linq 命名空间。每个 JObject 对象代表一个 JSON 数据结构，调用 SelectTokens 方法可实现基于 JPath 的数据抽取。

3. 条件过滤

当用户在主界面输入搜索关键词并按下“搜索”按钮时，程序会自动搜索歌曲，按条件过滤后显示在列表中。我们为“搜索”按钮添加 Click 事件响应代码如下：

```
private string keyword;                                              //当前搜索词
private List<Song> curSongList;                                      //当前搜索结果
/// <summary>单击"搜索"按钮所触发的事件</summary>
private void button1_Click(object sender, EventArgs e)
{
    keyword = textBox1.Text.Trim();                                  //获取搜索词
    if (string.IsNullOrEmpty(keyword))
    {
        MessageBox.Show("搜索词不能为空!", "提示");
        return;
    }
    curSongList = SearchSongs(keyword);                              //搜索音乐
    if (curSongList == null)
    {
        MessageBox.Show("搜索失败! ", "提示");
        return;
    }
    List<Song> filterList = FilterSongs(curSongList);                //条件过滤
    DisplaySongs(filterList);                                        //显示歌曲
}
```

上述代码定义了两个成员变量 keyword 和 curSongList，分别表示搜索关键词和当前歌曲列表。在“搜索”按钮的 Click 事件中依次调用了 3 个方法：SearchSongs 方法用于搜索歌曲；FilterSongs 方法用于按条件过滤歌曲；DisplaySongs 方法用于显示过滤后的结果。FilterSongs 和 DisplaySongs 方法的逻辑都比较简单，主要实现代码如下：

```
/// <summary>按条件过滤歌曲</summary>
/// <param name="songList">歌曲列表</param>
/// <returns>过滤后的歌曲列表</returns>
List<Song> FilterSongs(List<Song> songList)                          //按条件过滤
{
    List<Song> selectedList = new List<Song>();                      //过滤后的结果
    foreach (Song song in songList)
    {
        if (comboBox1.SelectedIndex == 0)                            //全部匹配
        {
            selectedList.Add(song);
        }
        else if (comboBox1.SelectedIndex == 1 && song.name.Contains(keyword))
                                                                     //仅匹配歌名
        {
            selectedList.Add(song);
        }
        else if (comboBox1.SelectedIndex == 2 && song.singer.Contains(keyword))
                                                                     //仅匹配歌手
```

```
            {
                selectedList.Add(song);
            }
            else if (comboBox1.SelectedIndex == 3 && song.album.Contains(keyword))
                                                                //仅匹配专辑名
            {
                selectedList.Add(song);
            }
        }
        return selectedList;                                    //返回过滤结果
    }
    /// <summary>在窗体中显示歌曲列表</summary>
    /// <param name="songList">歌曲列表</param>
    public void DisplaySongs(List<Song> songList)
    {
        dataGridView1.Rows.Clear();                             //清空当前列表
        foreach (var song in songList)                          //逐条显示
        {
            int row = dataGridView1.Rows.Add();
            dataGridView1.Rows[row].Cells[1].Value = song.name;      //歌名
            dataGridView1.Rows[row].Cells[2].Value = song.singer;    //歌手
            dataGridView1.Rows[row].Cells[3].Value = song.album;     //专辑
            dataGridView1.Rows[row].Cells[4].Value = false;          //默认未选中
            dataGridView1.Rows[row].Cells[0].Value = row + 1;        //编号
            dataGridView1.Rows[row].Tag = song;                      //绑定Song对象
        }
    }
```

DisplaySongs 方法将过滤后的歌曲逐行显示在 DataGridView 控件中，并将每个数据行与相应歌曲绑定（通过 Tag 属性），其目的是下载时方便取值。如果用户将过滤条件设置为“全部”，则相当于没有设置任何条件。执行“音乐搜索”后的运行结果如图 5-27 所示。

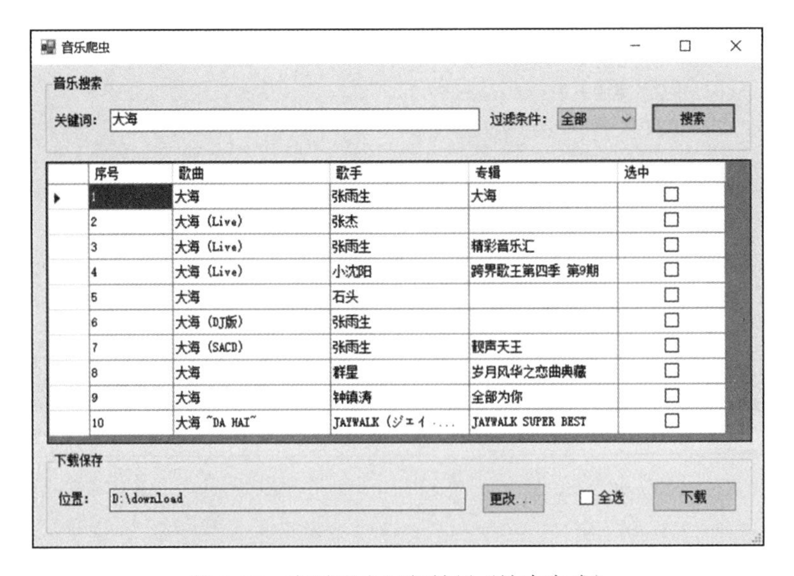

图 5-27　音乐爬虫运行结果（搜索完成）

用户可以在搜索之前设置过滤条件，也可以在其后改变过滤条件。若在其后更改过滤条件，则直接对上次搜索结果重新过滤，而不必再次提交服务器搜索，这样可以提高执行效率。为实现此功能，需要为“过滤条件”组合框控件添加 SelectedIndexChanged 事件（代码比较简单，这里不再列出）。若在图 5-27 的基础上，将过滤条件更改为“专辑名”，则程序运行结果如图 5-28 所示。

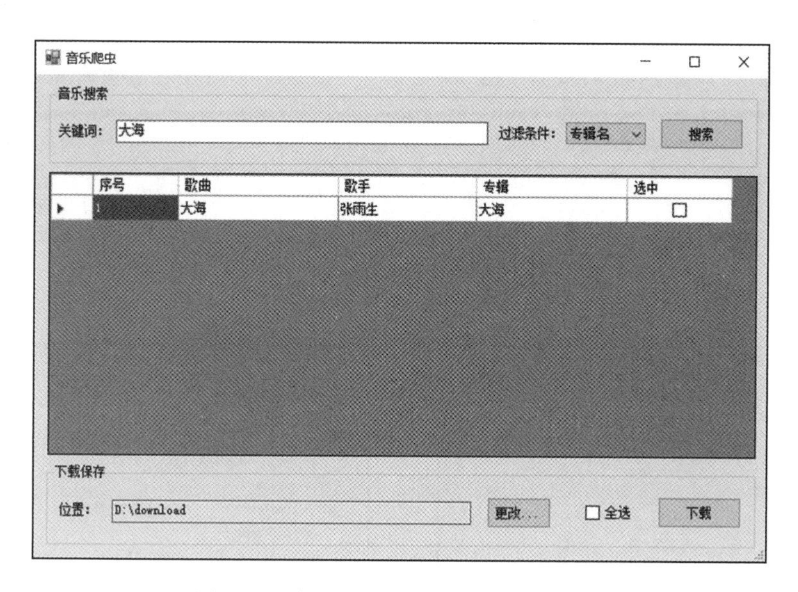

图 5-28　音乐爬虫运行结果（过滤之后）

4. 下载歌曲

搜索完成后，用户可选定一首或多首歌曲进行下载。下载过程分为两步：先请求歌曲配置信息，再请求歌曲资源。经测试，请求配置信息的地址可简化为如下形式：

```
https://u.y.qq.com/cgi-bin/musicu.fcg?data={"req":{"module":"CDN.SrfCdnDispatchServer","method":"GetCdnDispatch","param":{"guid":"5416744593","calltype":0,"userip":""}},"req_0":{"module":"vkey.GetVkeyServer","method":"CgiGetVkey","param":{"guid":"5416744593","songmid":["000pNOzP0mSQGN"],"songtype":[0],"uin":"0","loginflag":1,"platform":"20"}},"comm":{"uin":0,"format":"json","ct":24,"cv":0}}
```

由于简化后的地址仍然较长，不便于直接写在代码中。我们可将其存为模板文件，构造请求地址时只需替换其 songmid 值即可。该请求的响应内容同样为 JSON 格式数据，我们需要抽取的是 purl 字段值（如图 5-29 所示）。

我们可以通过元素的 JPath 路径获取歌曲 purl 值，进而构造播放地址、完成歌曲下载。

下载歌曲的主要代码如下：

```
/// <summary>下载歌曲文件 </summary>
/// <param name="song">歌曲信息</param>
/// <returns>是否成功</returns>
```

```
public bool DownloadSong(Song song)
{
    Downloader downloader = new Downloader();
    string file = Application.StartupPath + "\\data\\url.txt";
    if (!File.Exists(file)) return false;
    string url = File.ReadAllText(file, Encoding.UTF8);        //读取地址模板
    url = url.Replace("000pNOzP0mSQGN", song.mid);             //替换mid值
    string json = downloader.DownloadString(url);              //获取歌曲信息
    if (string.IsNullOrEmpty(json)) return false;
    JToken jo = JObject.Parse(json);                           //解析json字符串
    string purl = jo.SelectToken("$..purl")?.ToString();       //抽取purl值
    purl = "http://isure.stream.qqmusic.qq.com/" + purl;       //构造播放地址
    string fileName = textBox2.Text + "\\" + song.name + "_" + song.singer + ".m4a";
                                                               //保存目录
    return downloader.DownloadFile(purl, fileName);            //下载音乐文件
}
```


JSON 原始数据 头
保存 复制 全部折叠 全部展开 过滤 JSON
code: 0
ts: 1583628185307
req: {…}
req_0:
code: 0
data:
expiration: 80400
login_key: ""
midurlinfo:
0: {…}
msg: "106.34.176.220"
retcode: 0
servercheck: "57abf825efedbcf13b7538316c25fed7
sip:
0: "http://ws.stream.qqmusic.qq.com/
1: "http://isure.stream.qqmusic.qq.c
testfile2g: "C400003mAan70zUy5O.m4a?guid=5416
vkey=A6F52CB12615D748C39228A34C6F
uin=&fromtag=3"
testfilewifi: "C400003mAan70zUy5O.m4a?guid=5416
vkey=A6F52CB12615D748C39228A34C6F
uin=&fromtag=3"
thirdip:
0: ""
1: ""
uin: ""
verify_type: 0

a）整体结构

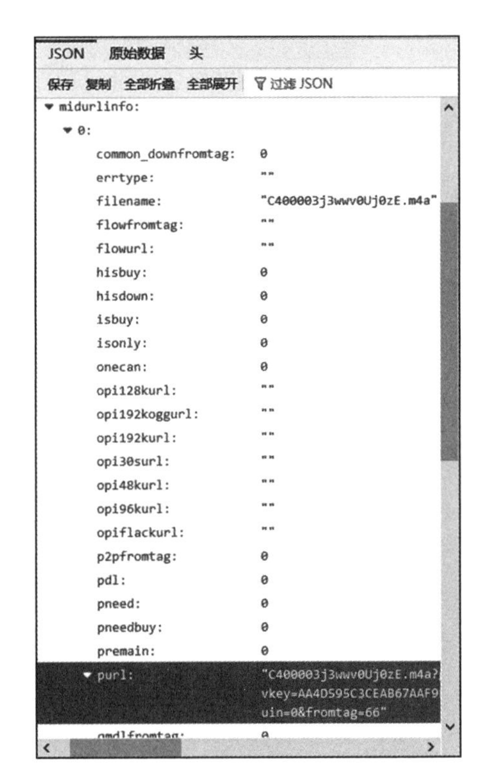

b）局部展开

图 5-29　歌曲信息 JSON 数据格式

此外，下载保存区还提供了“全选”和“更改保存位置”的功能，由于这些功能比较简单，实现代码不再列出。下载完成后的运行结果如图 5-30 所示。

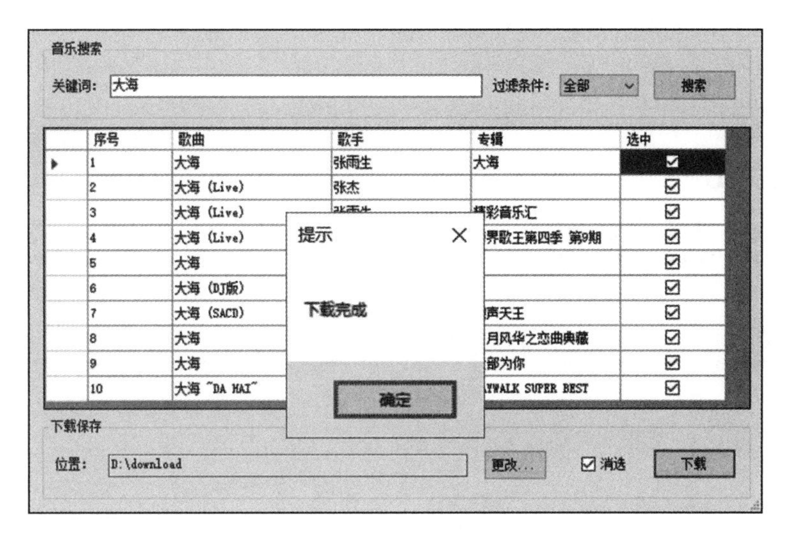

图 5-30　音乐爬虫运行结果（下载完成）

下载的音乐文件将被保存到本地文件夹（如图 5-31 所示）。

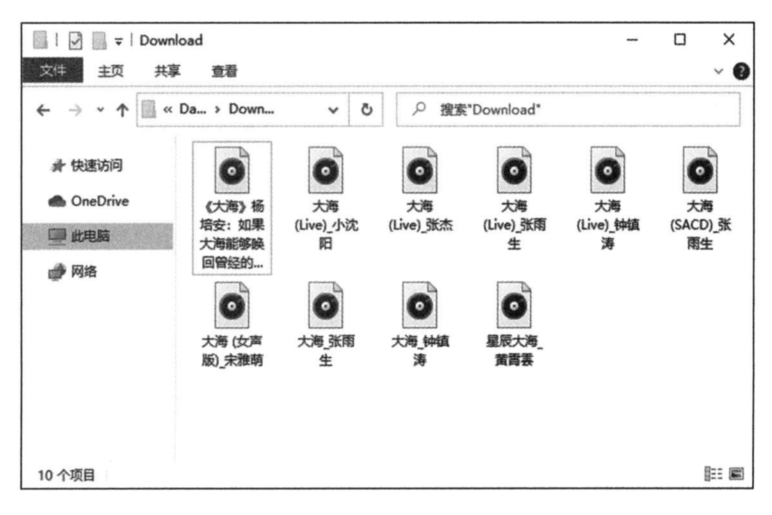

图 5-31　音乐下载目录

第 6 章
数 据 存 储

网络爬虫所抽取的目标数据未必能够马上投入使用，通常需要将这些数据先存储起来，以便日后重复利用。本章主要介绍文本数据的存储方法。

6.1 数据的维度

数据是信息的表示形式和载体，信息是数据的内涵。在计算机中，信息经过编码转化为二进制数据，这些数据又可经过解码还原为信息。计算机数据通常包括文本、数字、声音、图像、视频等，这些指的是数据的内涵（所表示的原始信息）。文本是最简单的数据形式，也是网络爬虫最基本的目标数据。爬虫从 Web 中下载并抽取数据后，就好比经过辛勤的耕耘终于到了粮食收获的季节，接下来对粮食的存储就显得十分关键。正如不同的粮食需要不同的存储条件，不同的数据也需要不同的存储方式。

爬虫的目标数据并非杂乱无章，往往具有一定的逻辑结构。这种逻辑性在物理网页上的表现可能是紧凑的，也可能是松散的，甚至会分散在多个网页之中。因此，从某种程度上说，网络爬虫的意义就在于从半结构化的网页数据中抽取有用信息，生成结构化数据，从而提高数据的价值和可用性。

从数据结构的角度看，数据在逻辑上可分为线性结构、树形结构、图形结构、集合结构等，在物理上（内存层面）可采用顺序表、链表、哈希表等存储方式。线性结构可以采用顺序表或链表存储；集合结构通常采用哈希表存储，也可以借用线性结构的存储方式；树形结构通常采用链表存储，但完全二叉树也可采用顺序表存储（利用元素编号表达关系）；图形结构可以采用邻接表（链式结构）或邻接矩阵（顺序结构）表示。由此可见，数据采用何种物理结构并不是一成不变的，这需要根据实际情况来确定，主要考虑的因素包括“是否便于实现”和“是否满足效率要求”。

从编程开发的角度看，爬虫的目标数据可分为低维数据（一维和二维）和高维数据。一维数据（例如文章列表）可以按行存放在文本（txt）文件中；二维数据具有行、列两层结构

（例如全班学生成绩表），可以存放在 CSV 或 Excel 文件中；高维数据具有 3 层或以上的结构（例如行政隶属关系），可存放在 JSON 或 XML 文件中。由此可见，数据维度是选择存储方式的主要依据。

低维数据基本上对应线性结构，高维数据基本上对应树形结构。网络爬虫很少直接抽取图形结构的数据（如人物事件关系、网页链接关系等），即使存在此类数据，也可通过三元组形式转化为低维数据。

6.2 文件存储

6.2.1 低维数据存储

为体现数据的真实性，我们以某论坛网站“西祠杂谭”栏目中的文章以及评论信息为例进行介绍。栏目首页（http://www.xici.net/b1194639）列出了最新的文章列表（如图 6-1 所示），其中包含每篇文章的标题、作者、时间等信息。为简明起见，我们仅抽取列表首页的数据，暂时不考虑翻页的问题。

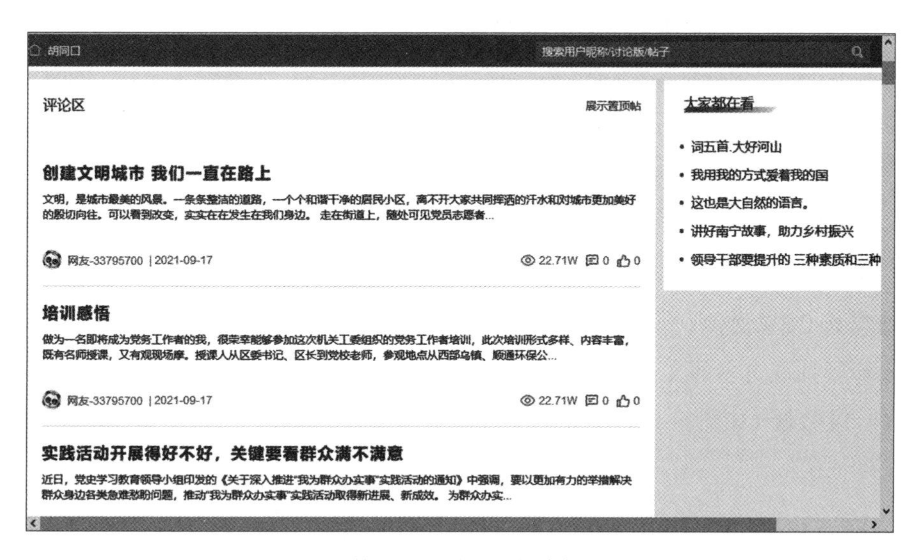

图 6-1 某论坛网站“西祠杂谭”栏目

1. 保存为文本文件

如果仅抽取每篇文章的标题，抽取结果就属于典型的一维数据（如图 6-2 所示）。

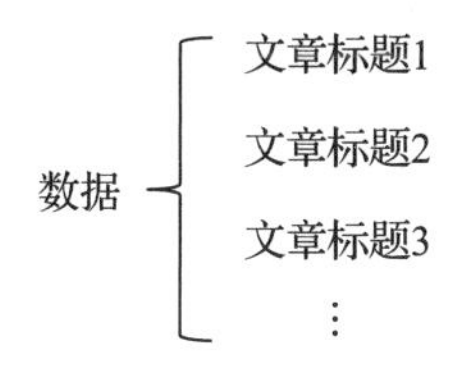

图 6-2 一维数据示例（仅包含文章标题）

下列代码用于抽取文章标题列表，并保存为文本文件。

```
HtmlParser parser = HtmlParser.FromUrl("http://www.xici.net/b1194639", 20000); //下载网页
string xpath = "//div[@id='J-show-boards']//div[@class='post-title oneImgPostTitle']//a";
                                                                           //标题XPath
var nodes = parser.GetNodesByXpath(xpath);                                 //标题节点列表
List<string> titles = new List<string>();                                  //用于存放标题
foreach (var node in nodes)
{
    string title = node.InnerText.Replace("\n", "").Trim();
    titles.Add(title);
}
File.WriteAllLines("article.txt", titles);                                 //保存到文本文件
```

运行上述代码，抽取结果被保存到 article.txt 文件（如图 6-3 所示）。

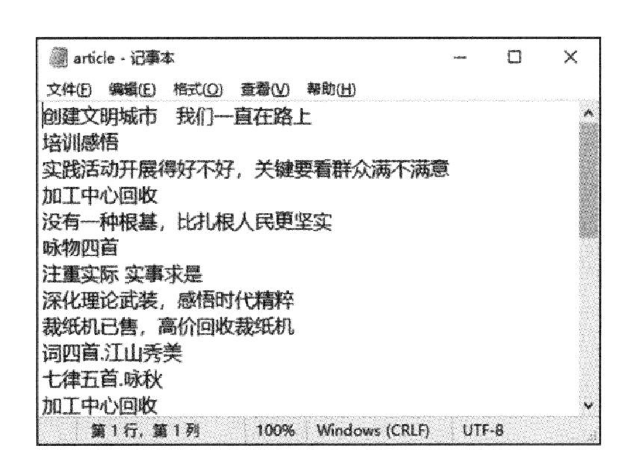

图 6-3　数据存储结果（文章标题列表）

2. 保存为 CSV 文件

如果希望抽取更多的文章信息，比如同时抽取文章标题、作者和时间，那么抽取结果就变成了二维数据（如图 6-4 所示）。

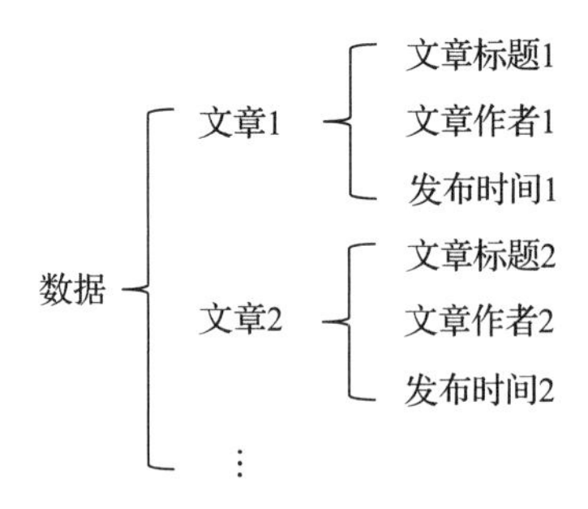

图 6-4　二维数据示例（每篇文章包含 3 个数据项）

拓展：CSV（Comma-Separated Value，逗号分隔值）文件非常适合描述二维数据，其本质上是一种具有简单格式的文本文件。CSV 文件每行表示一条记录，每条记录中又包含

若干数据项，数据项之间以逗号（,）分隔。需要注意的是，虽然 CSV 名为“逗号分隔值”，但逗号并不是唯一的分隔符，常见的分隔符还有制表符（\t）。

抽取上述二维数据，并保存为 CSV 文件的代码如下：

```
HtmlParser parser = HtmlParser.FromUrl("http://www.xici.net/b1194639", 10000);
var nodes = parser.GetNodesByXpath("//div[@id='J-show-boards']/div");    //列表项
List<string> articles = new List<string>();
foreach (var node in nodes)
{
    string title = node.SelectSingleNode(".//div[@class='post-title oneImgPostTitle']
        //a")?.InnerText; //标题
    if (string.IsNullOrEmpty(title)) continue;
    title = title.Replace("\n", "").Trim();
    string author = node.SelectSingleNode(".//div[@class='post-user-info']")?.
        InnerText;  //作者与日期
    if (string.IsNullOrEmpty(author)) continue;
    author = author.Replace("\n", "").Replace(" ", " ").Trim();
    string[] items = author.Split(new string[] { "|" }, StringSplitOptions.
        RemoveEmptyEntries);
    string article = title + "," + items[0].Trim() + "," + items[1].Trim();
    articles.Add(articlse);
}
File.WriteAllLines("article.csv", articles, Encoding.UTF8);
```

运行上述代码，抽取结果将被保存为 CSV 文件。CSV 文件虽然是文本文件，但能够在 Excel 应用程序中编辑（如图 6-5 所示）。

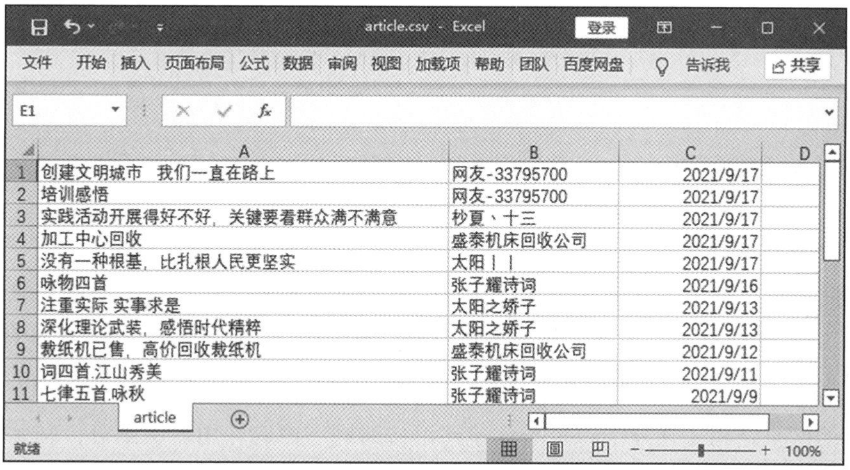
article.csv - Excel
登录
文件 开始 插入 页面布局 公式 数据 审阅 视图 加载项 帮助 团队 百度网盘 告诉我 共享
E1
A B C D
1 创建文明城市 我们一直在路上 网友-33795700 2021/9/17
2 培训感悟 网友-33795700 2021/9/17
3 实践活动开展得好不好，关键要看群众满不满意 钞夏、十三 2021/9/17
4 加工中心回收 盛泰机床回收公司 2021/9/17
5 没有一种根基，比扎根人民更坚实 太阳｜｜ 2021/9/17
6 咏物四首 张子耀诗词 2021/9/16
7 注重实际 实事求是 太阳之娇子 2021/9/13
8 深化理论武装，感悟时代精粹 太阳之娇子 2021/9/13
9 裁纸机已售，高价回收裁纸机 盛泰机床回收公司 2021/9/12
10 词四首.江山秀美 张子耀诗词 2021/9/11
11 七律五首.咏秋 张子耀诗词 2021/9/9
article
就绪
100%

图 6-5 数据存储结果（CSV 文件）

3. 保存为 Excel 文件

对于同样的二维数据，我们还可以直接将其保存为 Excel 文件（*.xlsx）。为此，我们需要添加对 Microsoft.Office.Interop.Excel 程序集的引用：

```
using Excel = Microsoft.Office.Interop.Excel;
```

如此引用，在以后的代码中就可以使用 Excel 替代 Microsoft.Office.Interop.Excel。抽取上述二维数据，并保存为 Excel 文档的代码如下：

```
xcel.Application xApp = new Excel.Application();                    //表示Excel程序
Excel.Workbook xBook = xApp.Workbooks.Add(Missing.Value);           //表示Excel文档
Excel.Worksheet xSheet = xBook.Sheets[1];                           //表示Excel工作表
HtmlParser parser = HtmlParser.FromUrl("http://www.xici.net/b1194639", 10000);
var nodes = parser.GetNodesByXpath("//div[@id='J-show-boards']/div");    //列表项
int count = 0;                                                      //行号
foreach (var node in nodes)
{
    string title = node.SelectSingleNode(".//div[@class='post-title oneImgPostTitle']
        //a")?.InnerText;                                           //标题
    if (string.IsNullOrEmpty(title)) continue;
    title = title.Replace("\n", "").Trim();
    string author = node.SelectSingleNode(".//div[@class='post-user-info']")?.
        InnerText;                                                  //作者与日期
    if (string.IsNullOrEmpty(author)) continue;
    author = author.Replace("\n", "").Replace(" ", " ").Trim();
    string[] items = author.Split(new string[] { "|" }, StringSplitOptions.
        RemoveEmptyEntries);
    xSheet.Cells[count + 1, 1].Value = title;                       //第一列（标题）
    xSheet.Cells[count + 1, 2].Value = items[0];                    //第二列（作者）
    xSheet.Cells[count + 1, 3].Value = items[1];                    //第三列（日期）
    count++;                                                        //行号增加
}
xBook.SaveAs(Application.StartupPath + "\\article.xlsx");
xBook.Close();                                                      //关闭文档
```

6.2.2 高维数据存储

1. 保存为 JSON 文件

我们希望继续抽取文章的正文和评论信息，但由于每篇文章可能有多条评论，这就需要再增加 1 层（维）数据。因此，当前数据呈现三维结构（如图 6-6 所示）：文章列表为第 1 维，每篇文章的 5 个字段为第 2 维，文章评论列表为第 3 维。

实际的网页结构更加复杂：每条评论还可按时间、内容、用户等细分，网站甚至允许对评论信息进行二次评论（如图 6-7 所示）。如果把这些信息都抽取出来，那么目标数据的结构就会更加复杂。为简明起见，我们仅抽取到第 3 维。

无论如何，只要数据维度达到 3 维，就难以使用简单的文本格式进行表示。为便于处理，我们定义一个用于表示文章信息的 BBSArticle 类，主要代码如下：

```
public class BBSArticle
{
    public BBSArticle()                     //构造方法
    {
        comments = new List<string>();     //初始化评论列表
    }
    public string title;                    //标题
    public string author;                   //作者
    public string time;                     //时间
    public string url;                      //文章链接
    public string content;                  //内容
    public List<string> comments;           //评论列表
}
```

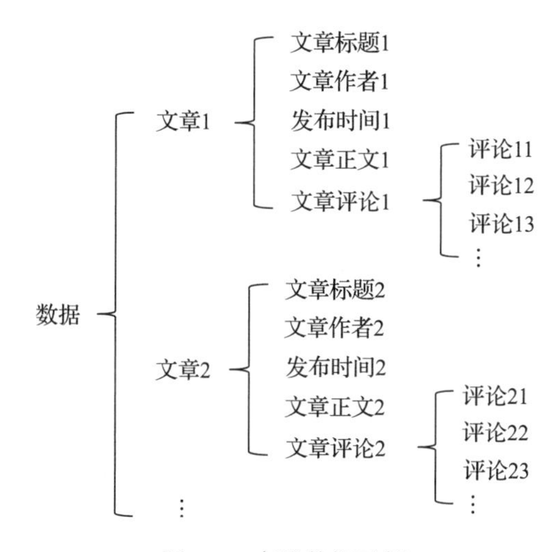

图 6-6　高维数据示例

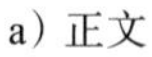
a）正文

b）评论

图 6-7　文章内容页

上述 BBSArticle 类共包含 6 个字段，其中 url 表示文章内容页的链接。虽然 url 不是直接抽取目标，但它是必不可少的中间结果。保留这一字段不仅可以简化程序结构，而且将来可以追溯文章的出处。

抽取过程分为两步：先抽取文章列表，再抽取文章详情。抽取文章列表的功能被封装在 LoadArticles 方法中：

```
public List<BBSArticle> LoadArticles()
{
    HtmlParser parser = HtmlParser.FromUrl("http://www.xici.net/b1194639", 10000);
    var nodes = parser.GetNodesByXpath("//div[@id='J-show-boards']/div");
    List<BBSArticle> articles = new List<BBSArticle>();
    foreach (var node in nodes)
    {
        BBSArticle article = new BBSArticle();
        var titleNode = node.SelectSingleNode(".//div[@class='post-title oneImgPost
             Title']//a");
        if (titleNode == null) continue;
        string title = titleNode.InnerText.Replace("\n", "").Trim(); //标题
        string url = titleNode.Attributes["href"].Value;             //详细页URL
        string author = node.SelectSingleNode(".//div[@class='post-user-info']")?.
            InnerText;
        if (string.IsNullOrEmpty(author)) continue;
        author = author.Replace("\n", "").Replace(" ", " ").Trim();
        string[] items = author.Split(new string[] { "|" }, StringSplitOptions.
            RemoveEmptyEntries);
        article.title = title;                                       //标题
        article.author = items[0];                                   //作者
        article.time = items[1];                                     //日期
        article.url = HtmlParser.GetAbsoluteUrl("http://www.xici.net/b1194639", url);
                                                                     //详细页URL
        LoadContent(article);                                        //加详细页
        articles.Add(article);
    }
    return articles;
}
```

上述代码所调用的 LoadContent 方法用于抽取文章详情，文章内容页的网址（url）随 BBSArticle 对象（article）作为参数传入其中。LoadContent 方法实现如下：

```
public void LoadContent(BBSArticle article)
{
    HtmlParser parser = HtmlParser.FromUrl(article.url, 10000);
    article.content = parser.GetNodesText("//div[@class='content-text']");  //正文
    var nodes = parser.GetNodesByXpath("//div[@class='comment-content']");  //评论
    if (nodes == null) return;
    foreach (var node in nodes)                                        //每条回复
    {
        article.comments.Add(node.InnerText);                          //添加到评论列表
    }
}
```

抽取结果被保存在 List<BBSArticle> 对象中，它与图 6-6 所示的逻辑结构完全一致。

对于这样的高维数据，可以借助 Newtonsoft.Json 的序列化功能转化为 JSON 字符串。以下代码用于将抽取结果保存为 JSON 文件：

```
List<BBSArticle> articles = LoadArticles();                    //获得抽取结果
string content = JsonConvert.SerializeObject(articles);        //序列化为JSON字符串
using (StreamWriter stream_writer = new StreamWriter("article.json"))
{
    stream_writer.Write(content);                              //写入文件
}
```

JsonConvert 类（包含在 Newtonsoft.Json 命名空间中）提供了数据转换功能，其静态方法 SerializeObject 可用于 .NET 内存对象的序列化。上述代码的执行结果如图 6-8 所示。

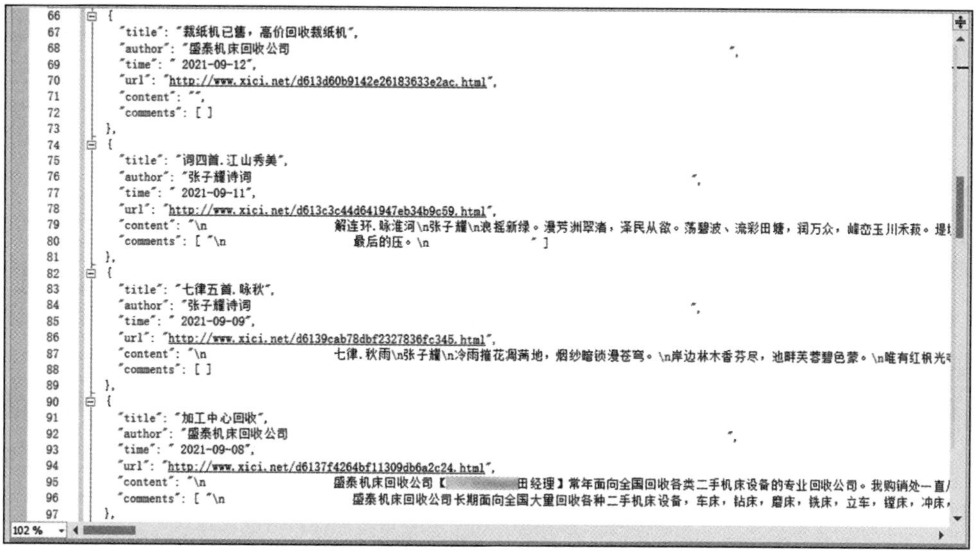

图 6-8　数据存储结果（JSON 文件）

此外，通过 JsonConvert.DeserializeObject 方法还可以实现 JSON 数据的反序列化，实现代码如下：

```
string json = File.ReadAllText("article.json");
List<BBSArticle> articles = JsonConvert.DeserializeObject<List<BBSArticle>>(json);
```

2. 保存为 XML 文件

同样，目标数据也可以保存为 XML 文件，数据抽取过程仍然通过调用 LoadArticles 方法来实现。主要代码如下：

```
List<BBSArticle> articles = LoadArticles();
XmlSerializer serializer = new XmlSerializer(articles.GetType());
FileStream stream_writer = File.OpenWrite("article.xml");
serializer.Serialize(stream_writer, articles);
stream_writer.Close();
```

执行上述代码，得到的 XML 文件如图 6-9 所示。

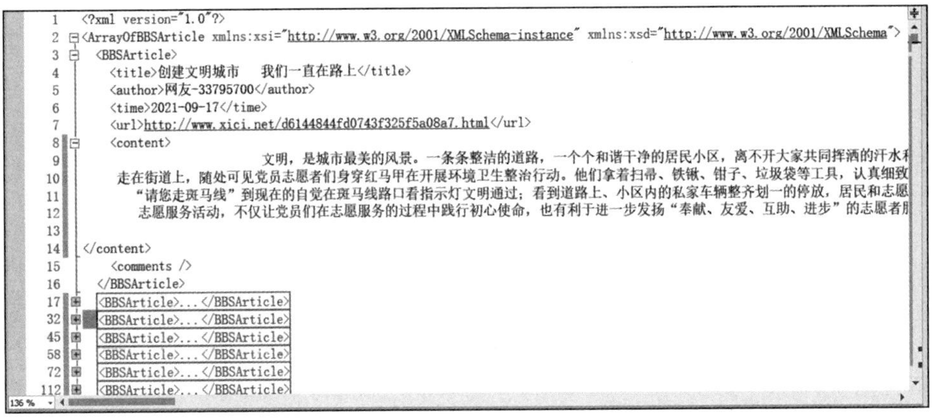

```
1   <?xml version="1.0"?>
2   <ArrayOfBBSArticle xmlns:xsi="http://www.w3.org/2001/XMLSchema-instance" xmlns:xsd="http://www.w3.org/2001/XMLSchema">
3     <BBSArticle>
4       <title>创建文明城市　我们一直在路上</title>
5       <author>网友-33795700</author>
6       <time>2021-09-17</time>
7       <url>http://www.xici.net/d6144844fd0743f325f5a08a7.html</url>
8       <content>
9                               文明，是城市最美的风景。一条条整洁的道路，一个个和谐干净的居民小区，离不开大家共同挥洒的汗水和
10       走在街道上，随处可见党员志愿者们身穿红马甲在开展环境卫生整治行动。他们拿着扫帚、铁锹、钳子、垃圾袋等工具，认真细致
11         “请您走斑马线”到现在的自觉在斑马线路口看指示灯文明通过；看到道路上、小区内的私家车辆整齐划一的停放，居民和志愿
12          志愿服务活动，不仅让党员们在志愿服务的过程中践行初心使命，也有利于进一步发扬“奉献、友爱、互助、进步”的志愿者
13
14  </content>
15      <comments />
16    </BBSArticle>
17    <BBSArticle>...</BBSArticle>
32    <BBSArticle>...</BBSArticle>
45    <BBSArticle>...</BBSArticle>
58    <BBSArticle>...</BBSArticle>
72    <BBSArticle>...</BBSArticle>
112   <BBSArticle>...</BBSArticle>
```

图 6-9　数据存储结果（XML 文件）

6.3　数据库存储

文件存储方式主要适用于面向小规模数据的个人应用。当数据总量很大时，虽然可以分散存放在多个文件中，但由于文件之间是无结构的，因此不便于数据查询和维护。若应用系统需要多用户并发访问，而文件系统的共享粒度大且不具有并发控制能力，则不仅会产生数据冗余，浪费存储空间，而且容易造成数据不一致。对此，可以采用数据库存储。与文件系统相比，数据库系统具有数据冗余度小、共享性高、整体结构化的特点，能够提供数据安全性、完整性、并发控制和恢复能力。

数据库可分为关系型数据库和非关系型数据库，MySQL、SQL Server、Oracle 和 SQLite 都是常见的关系型数据库，非关系型数据库则包括 Neo4j、Redis、MongoDB 等。

关系型数据库的特点是：数据以表格形式呈现，每列表示一个字段，每行表示一条记录；数据表必须包含主键（由一个或多个字段组成），用于唯一标识一条记录；如果一个表格的主键作为另一表格的字段（非主键），它就被称为另一表格的外键。关系型数据库需要满足以下基本原则：

1）数据表中任意两条记录的主键不能相同，这被称为主体完整性。

2）数据表的所有记录中不能包含不存在的外键，这被称为参照完整性。

本节以 MySQL 为例介绍关系型数据库的安装和使用。

6.3.1　MySQL 的安装和配置

MySQL 最初由瑞典的 MySQL AB 公司开发，目前已被纳入 Oracle 旗下，是流行的关系型数据库管理系统之一，具有体积小、速度快、开源免费、可移植性好、便于部署等特

点。MySQL 数据库的安装和配置十分简便，下面将分步介绍。

1）从 MySQL 官方网站下载安装程序（如图 6-10 所示），这里选择的是社区版程序（下载地址是 https://dev.mysql.com/downloads/windows/installer/8.0.html）。

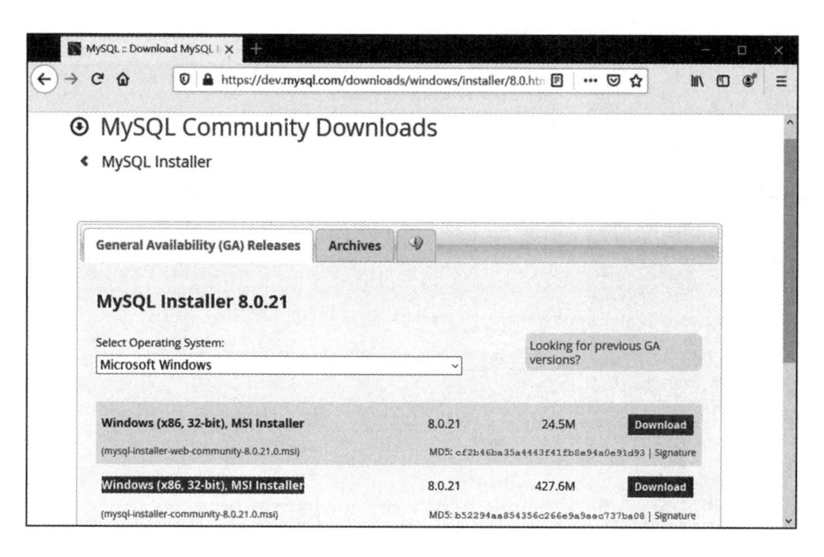

图 6-10 下载 MySQL 安装程序

2）运行安装程序，选择安装类别（默认选择 Developer Default），单击“Next”按钮进入下一步（如图 6-11 所示）。

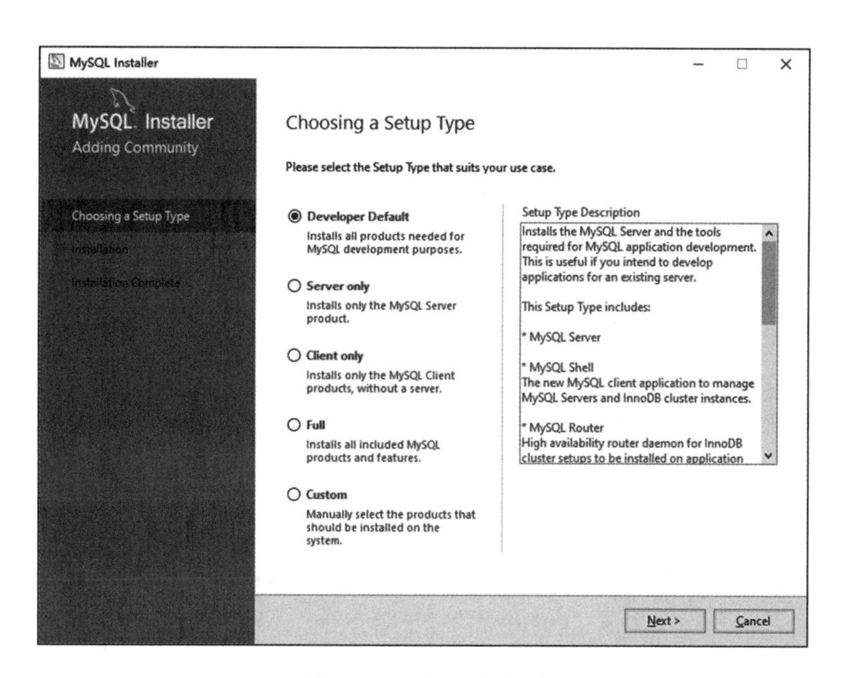

图 6-11 选择安装类别

3）安装程序会检测所需要的依赖项，单击“ Execute”按钮将自动下载并安装这些依赖项（如图 6-12 所示），待完成后单击“Next”按钮进入下一步。

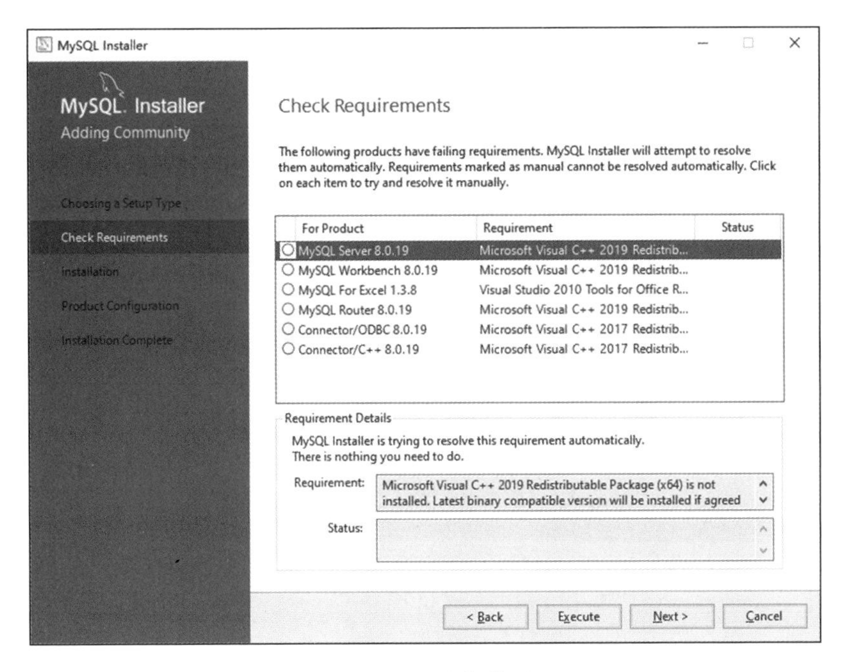

图 6-12　安装依赖项

4）安装程序将列出所有安装组件，单击“Execute”按钮执行安装（如图 6-13 所示），待安装完成后单击“Next”按钮进入配置环节。

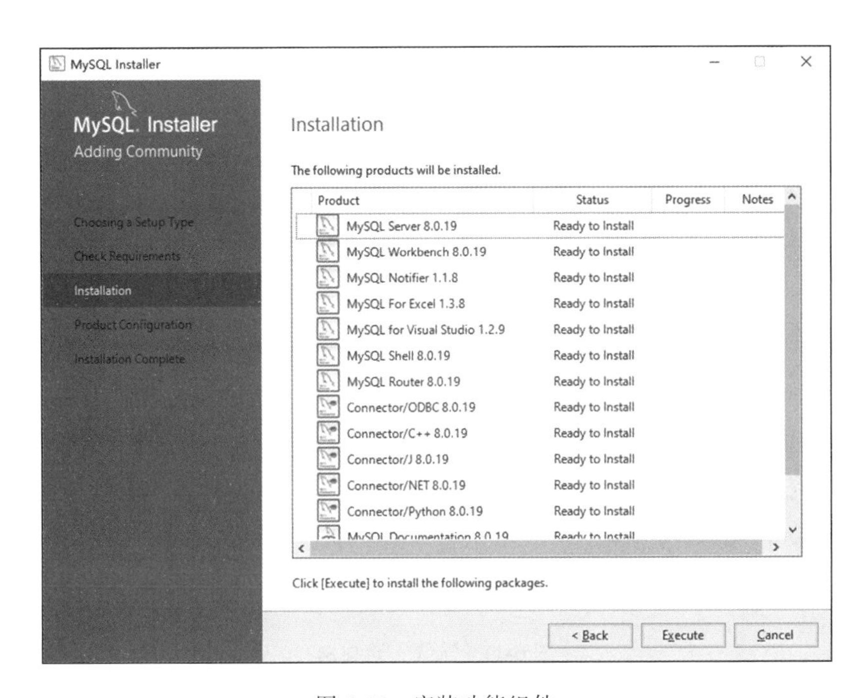

图 6-13　安装功能组件

5）按照提示依次配置网络端口号（默认为 3306，可修改）、Root 用户登录密码（自行设置）、服务名称（默认为 MySQL80，可修改）等信息（如图 6-14 所示），提交并完成配置。配置完成后将进入最后的测试环节。

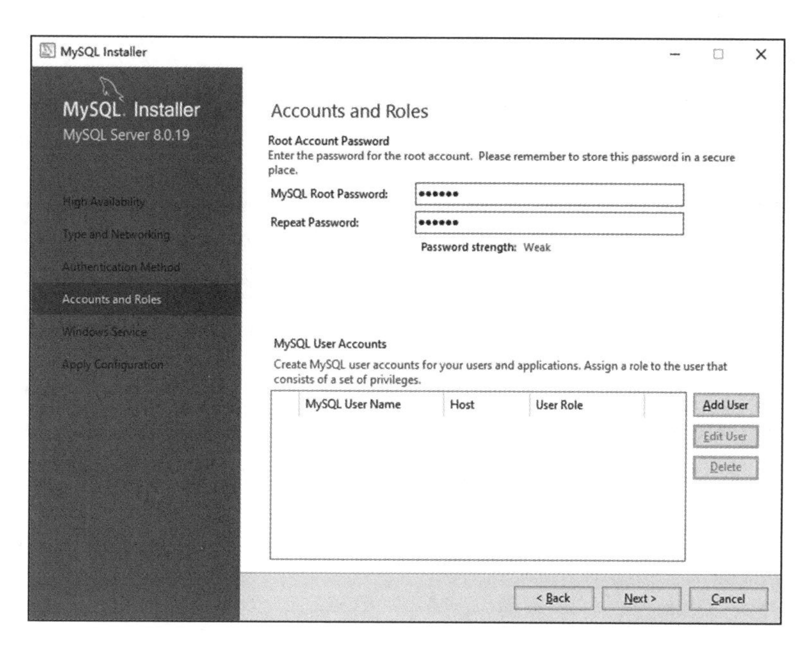

图 6-14　配置 MySQL 服务器

6）根据提示输入刚刚设置的用户名和密码（如图 6-15 所示），进行最后的服务器连接测试，若连接成功则安装过程全部完成。

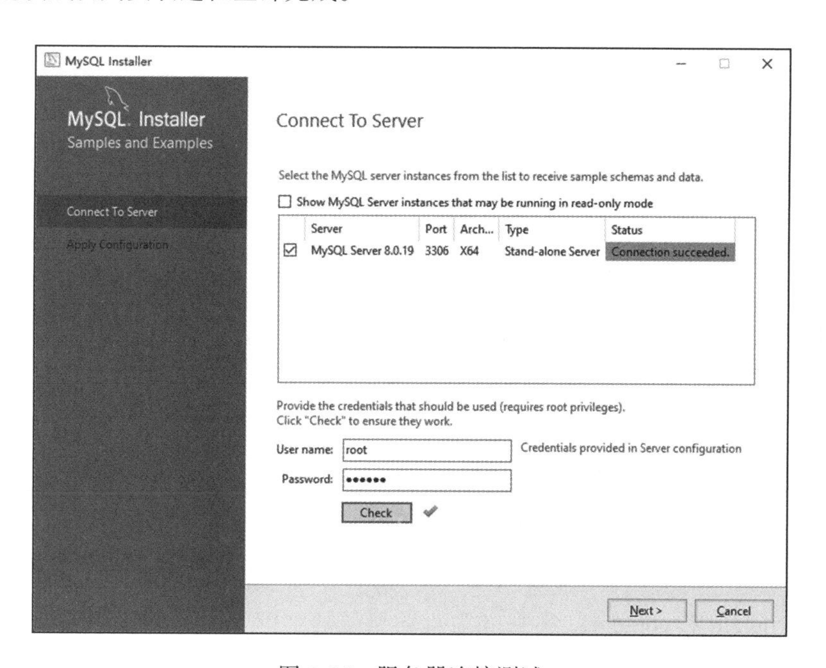

图 6-15　服务器连接测试

6.3.2　将数据存入 MySQL

我们仍然以“西祠杂谭”栏目中的文章和评论信息为例，介绍如何将爬虫的目标数据存入 MySQL 数据库。

1. 创建数据库（使用 MySQL Workbench 工具）

MySQL Workbench 是官方发布的图形用户接口（GUI）工具，可作为 MySQL 5.6 及以上版本的组件安装。MySQL Workbench 能够部分兼容 MySQL 5.0 至 5.5 版本，但不支持 4.x 版本。MySQL Workbench 主要提供以下功能：

- SQL 开发：建立和管理服务器连接，并在此基础上执行 SQL 查询。
- 数据建模：创建和管理数据库，设计数据表，编辑数据内容。
- 服务器管理：用户管理，数据备份和恢复，检查审核数据，查看运行状态。
- 数据迁移：将数据从其他数据源（SQL Server、Access 等）迁移到 MySQL。

利用 MySQL Workbench 可以方便地实现 MySQL 数据库的连接、创建与维护。启动 MySQL Workbench 后，首先通过连接工具进行服务器连接（如图 6-16 所示）。

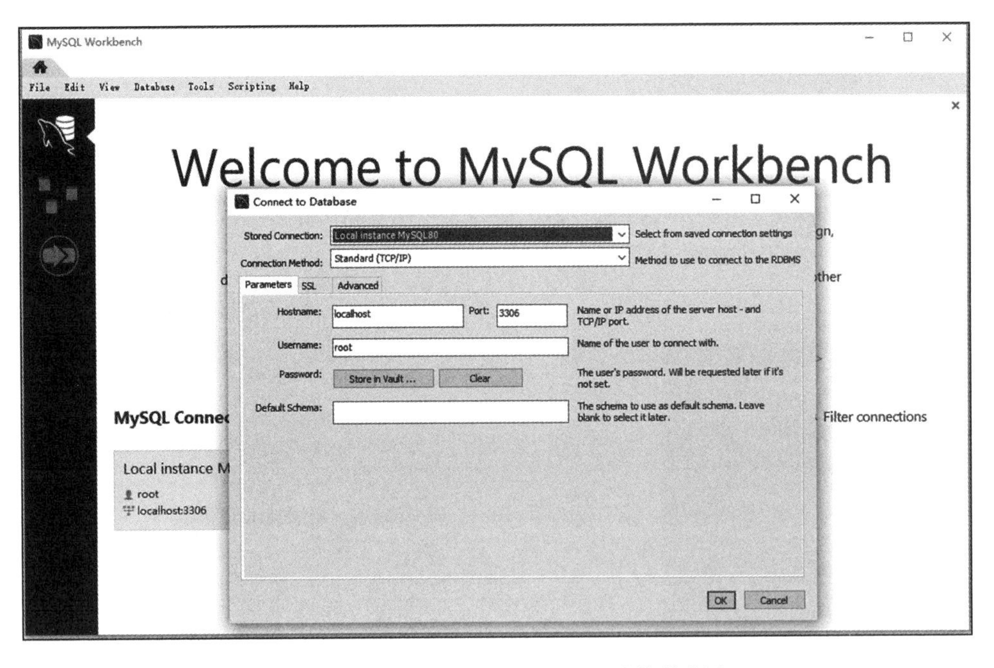

图 6-16　使用 MySQL Workbench 连接数据库

针对上述爬虫的目标数据，新建一个名为 test 的数据库（如图 6-17 所示）；创建 2 个数据表 article 和 comment，分别用于存放文章和评论信息；article 数据表包含 6 个数据列 id、title、author、time、url 和 content，其中 id 为自动编号的主键；comment 数据表包含 3 个数据列 id、articleId 和 content，其中 id 为自动编号的主键，articleId 为来自 article 数据表的外键。

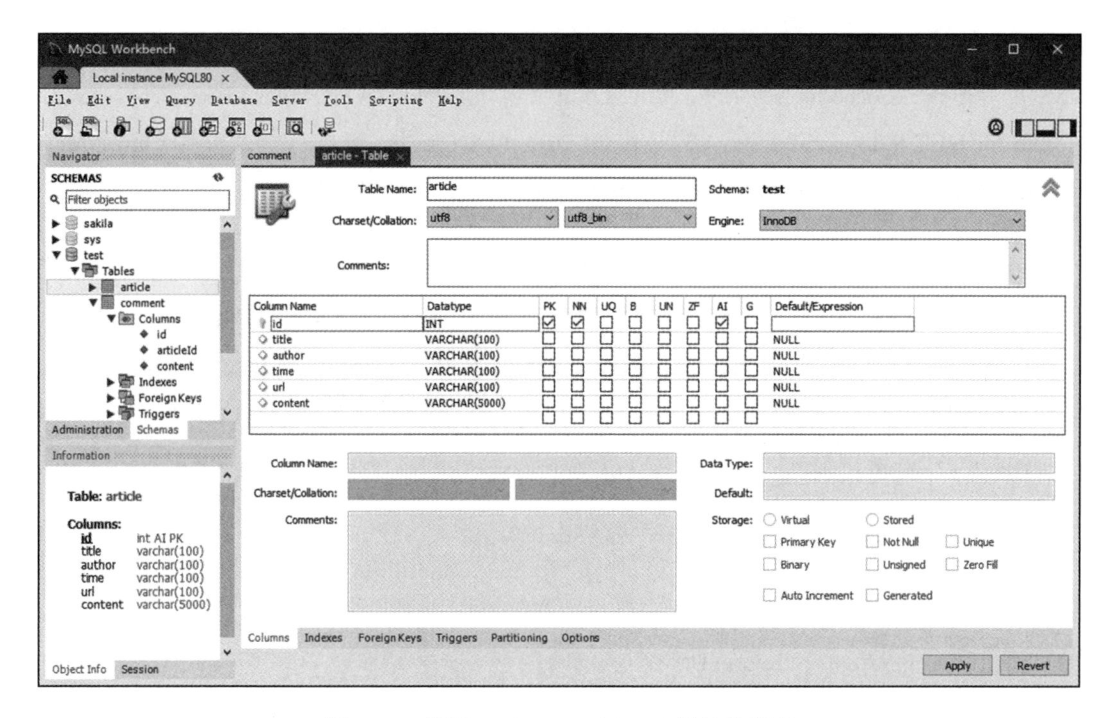

图 6-17　使用 MySQL Workbench 设计数据表

2. 操作数据库（使用 MySql.Data 程序包）

MySql.Data 是由 Oracle 官方发布的客户端连接程序包，用于 .NET 应用程序访问 MySQL 数据库，可通过 NuGet 直接安装（如图 6-18 所示）。

图 6-18　通过 NuGet 安装 MySql.Data 程序包

说明：从 MySQL 8.0.4 开始，MySQL 服务器的默认身份验证插件从 mysql_native_password 更改为 caching_sha2_password，客户端连接程序也应当使用新的身份验证机制。因此，我们需要引用较新版本的MySql.Data程序包。某些原因可能导致NuGet安装不成功，若安装MySQL时选择了Connector/Net组件，亦可直接从安装目录中引用（C:\Program Files (x86)\MySQL\Connector NET 8.0\Assemblies\v4.5.2\MySql.Data.dll）。此外，还可从官方网站（https://dev.mysql.com/downloads/connector/net/6.6.html#downloads）下载程序包。

用于数据库访问的功能类主要包含在MySql.Data.MySqlClient命名空间中，需要在代码中添加相关引用。MySqlConnection对象用于连接MySQL数据库；MySqlCommand对象在连接的基础上执行SQL语句；MySqlDataAdapter对象与MySqlCommand对象配合使用，将查询结果填充到数据表中。使用MySqlConnection对象连接数据库的代码如下：

```
MySqlConnection conn = new MySqlConnection();            //定义为成员变量
/// <summary>连接数据库</summary>
public bool OpenDatabase(string connStr)
{
    try
    {
        conn.ConnectionString = connStr;
        conn.Open();
        return true;                                     //连接成功，返回true
    }
    catch { return false; }                              //连接失败，返回false
}
```

上述OpenDatabase方法用于连接数据库，其参数connStr为连接字符串，以键值对的形式提供连接参数（包括主机名、端口号、用户名、密码、默认数据库等）。数据库连接失败会引发异常，因此将连接代码包含在try-catch语句块中。

SQL（Structured Query Language，结构化查询语言）是关系型数据库的标准查询语言，通过SQL语句能够创建数据库，设计数据表，分配用户权限，对数据进行“增”“删”“改”“查”操作。其中“增”“删”“改”会改变数据库状态，称为非查询操作；而“查”操作则不会改变数据库内容，仅按条件返回查询结果，查询功能封装在Query方法中。

```
/// <summary>根据SQL语句执行查询操作</summary>
public DataTable Query(string sql)
{
    DataTable dt = new DataTable();                      //用于存放查询结果
    try
    {
        MySqlDataAdapter da = new MySqlDataAdapter();    //MySqlDataAdapter对象
        MySqlCommand comm = new MySqlCommand();          //MySqlCommand对象
        da.SelectCommand = comm;
        comm.Connection = conn;
        comm.CommandText = sql;                          //SQL查询语句
        da.Fill(dt);                                     //将数据填充到DataTable对象中
        return dt;                                       //查询成功，返回DataTable对象
```

```
        }
        catch { return null; }                          //查询失败，返回null
    }
```

在上述 Query 方法中，各程序对象之间彼此依赖、互相关联：MySqlCommand 对象作为 MySqlDataAdapter 的属性，而 MySqlConnection 对象和 SQL 语句又作为 MySqlCommand 对象的属性。

非查询操作（增、删、改）不返回具体的数据，仅返回该操作影响的行数。非查询操作的功能封装在 Excute 方法中：

```
/// <summary>执行非查询操作</summary>
public int Excute(string sql)
{
    try
    {
        MySqlCommand comm = new MySqlCommand();         // MySqlCommand对象
        comm.Connection = conn;
        comm.CommandText = sql;                         //SQL语句
        return comm. ExecuteNonQuery ();                //执行非查询操作
    }
    catch { return -1; }
}
```

注意：由于查询语句和非查询语句的执行方式与返回结果都不同，因此 Query 方法中的 SQL 语句必须是查询语句（select），而 Excute 方法中的 SQL 语句必须是非查询语句（insert、delete 或 update）。

3. 爬虫的目标数据入库

将爬虫的目标数据保存到 MySQL 数据库的代码如下：

```
List<BBSArticle> articles = LoadArticles();             //获得爬虫的目标数据
string connStr = "Host=localhost;User Id=root; Password=123456;port=3306;
    database = test";                                   //连接字符串
if (!OpenDatabase(connStr)) return;                     //连接数据库，若失败则退出
foreach (var ar in articles)                            //对于每一篇文章
{
    //构造SQL语句（添加文章）
    string sql = "insert into article(title,author,time,url,content) values('"
        + ar.title + "','" + ar.author + "','" + ar.time + "','" + ar.url +
            "','" + ar.content + "')";
    If(Excute(sql)<=0) continue;                        //执行SQL语句，若失败则继续
    DataTable dt = Query("select LAST_INSERT_ID()");    //查询最后插入的ID（文章ID）
    string articleId = dt.Rows[0][0].ToString();        //获取文章ID
    foreach (var content in ar.comments)                //对于每一条评论
    {
        //构造SQL语句（添加评论）
```

```
            sql = "insert into comment(articleId,content) values(" + articleId + ",'"
                + content + "')";
            Excute(sql);                                    //执行SQL语句（添加评论）
        }
    }
conn.Close();                                               //关闭连接
```

执行上述代码，数据成功写入数据库后的结果如图 6-19 所示。

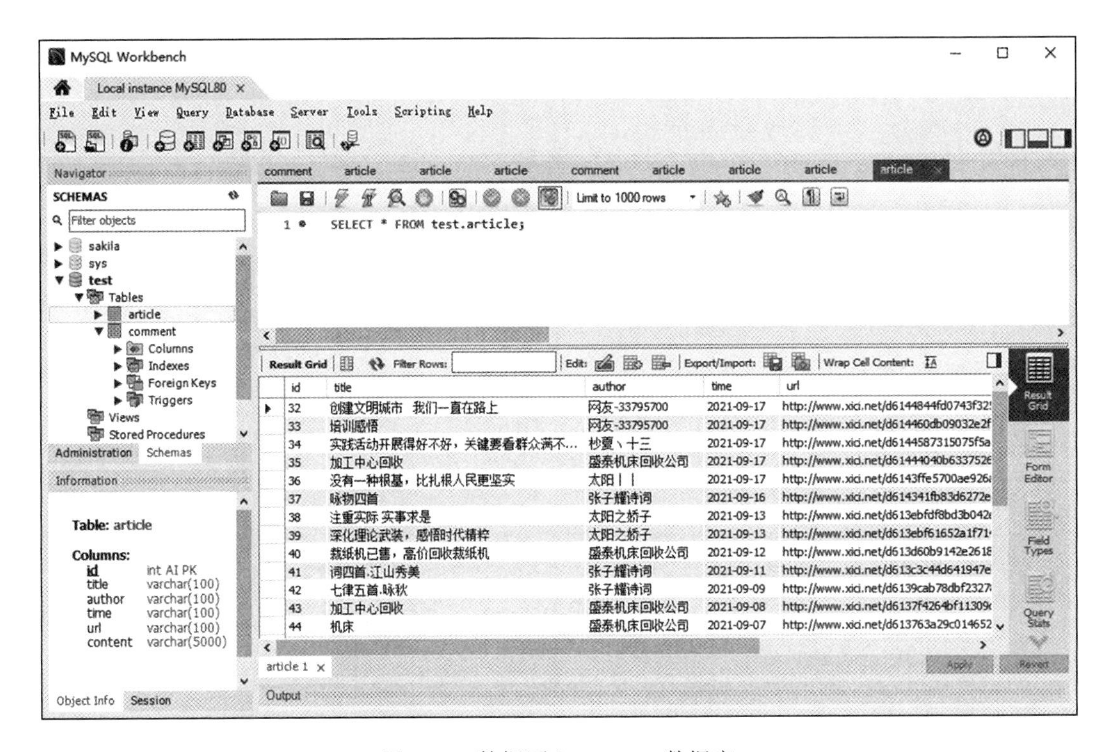

图 6-19　数据写入 MySQL 数据库

第7章
爬虫控制

我们希望使用通用爬虫尽可能多地从万维网中抓取网页或其他相关资源。万维网可以看作一个超大的有向图，每个网页（或其他资源）可以视为图中的一个节点，而网页中的超链接就是节点之间的有向边。这样，对万维网数据的爬取就转化为对有向图的遍历。

实际上，要遍历整个万维网几乎是不可能的，主要原因有：

1）万维网中的网页总量极为庞大，每日新增或内容更新的网页数量巨大。

2）万维网中存在数据孤岛和未知空间，仅从一个或几个种子节点出发，难以到达所有节点。即使像百度、谷歌这样的互联网巨头也只能尽量多地（而非完全）爬取。行业用户则更关注爬虫——定向采集万维网中一个很小的子图（比如某个网站、栏目或主题等）。

图的遍历是指从图中的任一节点出发，对图中的所有节点访问且只访问一次。这里的"访问"是一个宽泛的概念，包含对节点数据的读取、修改、输出等。具体到爬虫，"访问"通常是指下载网页数据后进行某种处理。由于网页之间存在丰富的链接关系，在访问某个网页之后，可能会沿着某条搜索路径又回到该网页。为避免同一网页被重复访问，可以设置一个辅助列表（visitedList）存放已访问过的网址。与图的遍历一样，网络爬虫通常有两种搜索方式：深度优先搜索（DFS）和广度优先搜索（BFS）。

7.1 爬虫搜索方式

7.1.1 深度优先搜索

1. 算法原理

图的深度优先搜索过程可描述如下：从图的某个节点 v 出发，访问该节点后，依次从其未被访问过的邻接点出发深度优先遍历图，直到所有和 v 连通的节点都被访问到；若此时图中尚有节点未被访问，则另选一个未被访问的节点作为起点，重复上述过程，直到所有节点都被访问到为止。深度优先搜索的特点是尽可能先沿纵深方向进行搜索。以图 7-1

所示的有向图为例，若从 A 节点出发进行深度优先搜索，其访问序列为 A、B、C、E、J、I、F、D、G、H。

说明：图 7-1 中的单箭头表示节点之间单向可达，双箭头表示双向可达。

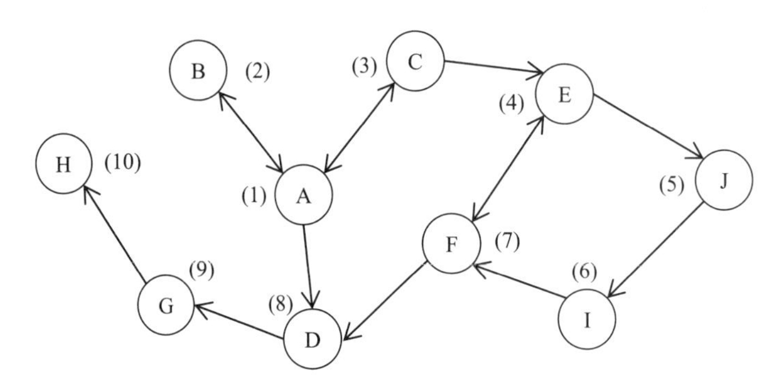

图 7-1　图的深度优先遍历

网络爬虫的深度优先搜索可参照如下描述：从一个种子网页（地址）出发，下载网页数据并提取所有超链接，然后依次从那些未被访问过的超链接出发进行深度优先搜索，直到所有可达网页都被访问到。若此时尚有其他种子网页未被访问到，则另选一个种子网页重复上述过程，直到所有种子网页都被访问到为止。

2. 递归实现

深度优先搜索本质上是一个递归过程，相应的爬虫示例代码如下：

```
List<string> visited;                              //访问列表（成员变量）
Downloader downloader;                             //下载器（成员变量）
/// <summary>从多个种子网页开始，进行深度优先搜索</summary>
/// <param name="seeds">种子网页列表</param>
public void DFS(string[] seeds)
{
    visited = new List<string>();                  //初始化访问列表
    downloader = new Downloader();                 //初始化下载器
    foreach (string seed in seeds)                 //对于每个种子地址
    {
        if (!visited.Contains(seed))               //如果没有被访问过
        {
            DFSTraverse(seed);                     //访问并搜索
        }
    }
}
/// <summary>对指定网页进行访问并递归搜索</summary>
/// <param name="url">当前网页地址</param>
public void DFSTraverse(string url)
{
    visited.Add(url);                              //添加到已访问列表中
    List<string> hrefs = Visit(url);               //访问网页，抽取链接
```

```
        foreach (var href in hrefs)                    //对于每个超链接
        {
            if (visited.Contains(href)) continue;      //忽略已访问过的链接
            DFSTraverse(href);
        }
    }
    /// <summary>访问指定网页，并返回网页中的所有超链接</summary>
    /// <param name="url">网页地址</param>
    public List<string> Visit(string url)
    {
        List<string> hrefs = new List<string>();      //用于存储网页中的超链接地址
        string html = downloader. DownloadHtml (url);  //下载网页
        if (html == null) return hrefs;                //如果下载失败，则返回空表
        //...在此添加额外的处理代码
        Console.WriteLine(url + "下载完成 size:" + html.Length);     //输出HTML长度
        HtmlAgilityPack.HtmlDocument doc = new HtmlAgilityPack.HtmlDocument();
        doc.LoadHtml(html);
        HtmlNodeCollection nodes = doc.DocumentNode.SelectNodes("//a");
        if (nodes == null) return hrefs;               //如果超链接查找失败，则返回空表
        foreach (var node in nodes)                    //对于每个超链接
        {
            string href = node.Attributes["href"]?.Value;
            if (href == null) continue;                //忽略无效链接
            href = HtmlParser.GetAbsoluteUrl(url, href);          //根据需要补全地址
            hrefs.Add(href);
        }
        return hrefs;
    }
```

以上代码包含2个成员变量：visited用于存储已访问的URL列表，downloader用于下载网页资源。将它们定义为成员变量，就不必再作为参数传递。此外，还有3个方法：DFS方法可以接收一组URL作为种子，分别从每个种子出发进行深度优先搜索；DFSTraverse方法被递归调用，用于控制搜索过程，是整个算法的核心；Visit方法用于访问（包括下载、解析、处理等）具体网页，并返回从网页中抽取的所有超链接。

作为示例代码，Visit方法在下载网页后仅仅输出了网页长度，在开发中应当根据实际需求进行处理。以某新闻网站首页（http://www.ly.gov.cn/）作为种子，在主线程中调用DFS方法进行深度优先搜索，程序运行结果如图7-2所示。

3. 非递归实现

虽然深度优先搜索本质上是一个递归过程，但可以利用栈设计出相应的非递归算法。栈是一种具有“后进先出”特性的数据结构，与函数调用过程类似（后调用的函数先返回）。下面给出基于非递归深度优先搜索的爬虫示例代码：

```
    /// <summary>从多个种子地址开始，基于非递归算法进行深度优先搜索</summary>
    /// <param name="urls">种子地址列表</param>
    public void DFSNonRecursive(string[] seeds)
```

```
{
    visited = new List<string>();                        //初始化访问列表
    downloader = new Downloader();                       //初始化下载器
    Stack<string> S = new Stack<string>();               //初始化栈
    foreach (string seed in seeds)
    {
        if (visited.Contains(seed)) continue;            //若种子已访问，则跳过
        S.Push(seed);                                    //入栈
        while (S.Count > 0)                              //如果栈不空
        {
            string url = S.Pop();                        //出栈
            if (visited.Contains(url)) continue;         //忽略已访问过的链接
            visited.Add(url);
            List<string> hrefs = Visit(url);             //访问网页，抽取链接
            hrefs.Reverse();                             //将超链接逆置
            foreach (var href in hrefs)                  //逆向遍历每个超链接
            {
                S.Push(href);
            }
        }//while
    }//foreach seed
}
```

图 7-2　程序运行结果（DFS 递归爬取）

在上述代码中，定义了一个栈结构 S（Stack<string> 类型，由 .NET 框架提供），S 用于存放等待访问的网页地址。由于栈的操作特性，后入栈的地址总是被先取出来进行搜索，这就实现了与函数递归相同的效果。对单个网页的访问操作与递归算法类似，唯一需要说明的是，在获取网页中所有超链接后，将其逆序添加到栈中（内层 foreach 语句），这就使得网页中的第一个超链接被置于栈顶，在下次搜索时将被优先取出，从而获得与递归遍历完全相同的访问序列。对于同样的种子（http://www.ly.gov.cn/），调用该算法得到的访问序列与递归算法完全一致（如图 7-3 所示）。

图 7-3　程序运行结果（DFS 非递归爬取）

7.1.2　广度优先搜索

1. 算法原理

广度优先搜索算法可描述如下：从图的某个节点 v 出发，访问节点 v 后（步长为 0），依次访问 v 未被访问过的邻接点 $v_1, v_2, \cdots, v_n$（步长为 1），再分别访问 $v_1, v_2, \cdots, v_n$ 未被访问过的邻接点（步长为 2），直到所有与 v 连通的节点都被访问到；若此时图中尚有节点未被访问，则另选一个未被访问的节点作为起点，重复上述过程，直到所有节点都被访问到为止。广度优先搜索的特点是，以起始点为中心呈辐射状逐层向外扩展，因此，广度优先遍历也称为层次遍历。以图 7-4 所示的有向图为例，若从 A 出发进行广度优先搜索，其访问序列为 A、B、C、D、E、F、G、J、H、I。

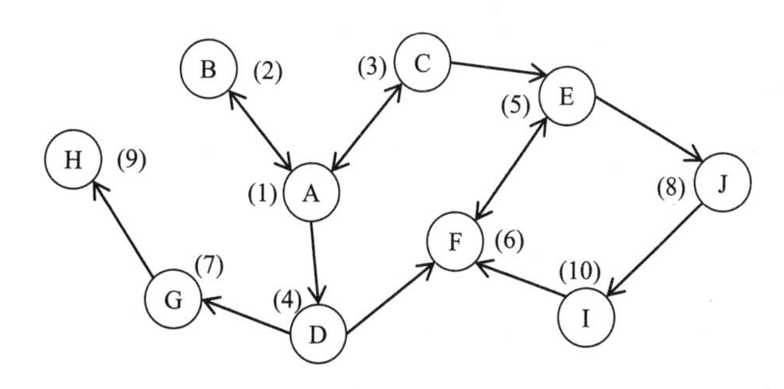

图 7-4　图的广度优先遍历

爬虫的广度优先搜索亦可描述如下：从一个种子网页（地址）出发，下载网页数据并提取其中所有超链接（第 1 层），依次下载第 1 层超链接网页数据并提取第 2 层超链接，依次类推，直到所有可达网页都被访问到；若此时尚有其他种子网页未被访问到，则另选一个种子网页重复上述过程，直到所有种子网页都被访问到为止。

2. 算法实现

广度优先搜索算法不存在回溯的情况，因此不需要使用递归或栈。为了实现逐层访问，需要借助一个辅助队列记录当前顶点的下一层顶点，为避免重复搜索，可借助访问列表记录已访问过的节点。下面给出基于广度优先搜索的爬虫示例代码：

```
/// <summary> 从多个种子地址开始，进行广度优先爬取</summary>
/// <param name="urls">种子地址列表</param>
public void BFS(string[] seeds)
{
    downloader = new Downloader();                          //下载器
    visited = new List<string>();                           //初始化访问列表
    Queue<string> Q = new Queue<string>();                  //初始化队列
    foreach (var seed in seeds)
    {
        if (visited.Contains(seed)) continue;               //如果已访问过，则跳过
        Q.Enqueue(seed);                                    //将种子添加到队尾
        visited.Add(seed);                                  //加入访问列表
        while (Q.Count != 0)                                //如果队列不空
        {
            string url = Q.Dequeue();                       //取出队头元素
            List<string> hrefs = Visit(url);                //访问网页，抽取链接
            foreach (var href in hrefs)                     //获取所有超链接
            {
                if (visited.Contains(href)) continue;       //忽略已访问过的链接
                if (!href.Contains("ly.gov.cn")) continue;  //限制域名
                Q.Enqueue(href);                            //添加到辅助队列
                visited.Add(href);                          //加入访问列表
            }//foreach node
        }//while
    }//foreach seed
}
```

从代码实现的角度看，广度优先搜索与非递归深度优先搜索十分相似，关键区别在于：前者使用的存储结构为“队列”，后者为“栈”。队列具有的“先进先出”的操作特性，使得第 i 层网页全部访问完毕后才能访问第 i+1 层网页，从而实现以种子为中心的逐层访问。

7.1.3 性能分析

上一小节介绍了 2 种爬虫搜索算法：深度优先搜索和广度优先搜索。深度优先搜索又包括 2 种实现方式：递归方式和非递归方式。为测试各类算法的特点和性能，我们选择一个中等规模的网站进行站内爬取。如此设定测试条件的理由如下：

1）站内搜索比较符合实际爬虫需求，若在完全开放网络环境下测试，由于搜索路径过于发散，难以体现出规律性特征。

2）中等规模网站更容易呈现爬行特征。若网站规模太小，可能在规律呈现之前就已经搜索结束；若网站规模太大，则可能需要较长时间才能呈现出规律。

3）选择站内爬取，服务器性能和网络环境均相同，能够更好地体现算法本身的差异。

我们选择某新闻网站，从其首页（www.ly.gov.cn）开始进行站内搜索，在搜索过程中记

录每个网页的抓取时间和搜索路径长度。为了统计上述信息，需要修改部分代码，下面给出递归深度优先搜索的测试代码：

```
private DateTime sTime;                                     //记录起始时间（成员变量）
private int count;                                          //统计网页数量（成员变量）
public void DFSTest()
{
    visited = new List<string>();                           //初始化访问列表
    downloader = new Downloader();                          //初始化下载器
    count = 0;                                              //网页数量初始为0
    sTime = DateTime.Now;                                   //起始时间为当前时间
    string seed = "http://www.ly.gov.cn/";                  //种子网页地址
    DFSTraverseTest (seed, 0);                              //种子网页的步长为0
}
public void DFSTraverseTest(string url, int step)
{
    visited.Add(url);                                       //将URL添加到访问列表
    List<string> hrefs= Visit(url);                         //访问网页，抽取链接
    count++;                                                //网页计数
    double time = DateTime.Now.Subtract(sTime).TotalSeconds;           //当前时间
    string mess = string.Format("{0}\t{1}\t{2}", ++count, time, step);   //统计信息
    File.AppendAllText("d:\\info.txt", mess + "\r\n");      //将统计信息输出到文件
    foreach (var href in hrefs)                             //对于每个超链接
    {
        if (visited.Contains(href)) continue;               //忽略已访问过的链接
        if (!href.Contains("ly.gov.cn")) continue;          //限制域名
        DFSTraverseTest(href, step + 1);
    }
}
```

上述代码中定义了2个成员变量：sTime用于记录初始时间，count用于网页计数。DFSTest方法用于测试深度优先搜索的性能参数，在完成相关变量的初始化后调用DFSTraverseTest方法进行递归搜索。DFSTraverseTest方法与7.1.1节中的DFSTraverse方法十分相似，只是增加了一个step参数用于统计路径长度。测试程序每下载一个网页，就将统计结果记录到文本文件中。

除了递归深度优先搜索，我们对非递归深度优先搜索和广度优先搜索也进行了同样的测试，后两者的测试代码这里不再列出。图7-5给出了3种搜索方式的路径统计结果。

测试结果呈现出以下特征：虽然深度优先搜索的实现方式不同，但搜索路径完全一致，因此两条曲线完全重合；深度优先搜索开始时一路向前，达到一定程度后会呈现“锯齿状”回溯，这与网站结构相关；广度优先搜索路径长度增加很慢，搜索1000个网页，其路径长度仅为3，在深度搜索面前几乎呈一条水平线。

注意：这里的“路径长度”是指从种子页面出发沿搜索路线到目标页面的步长。对于广度优先搜索，搜索路径即最短路径；但对于深度优先搜索，搜索路径通常比最短路径长得多。

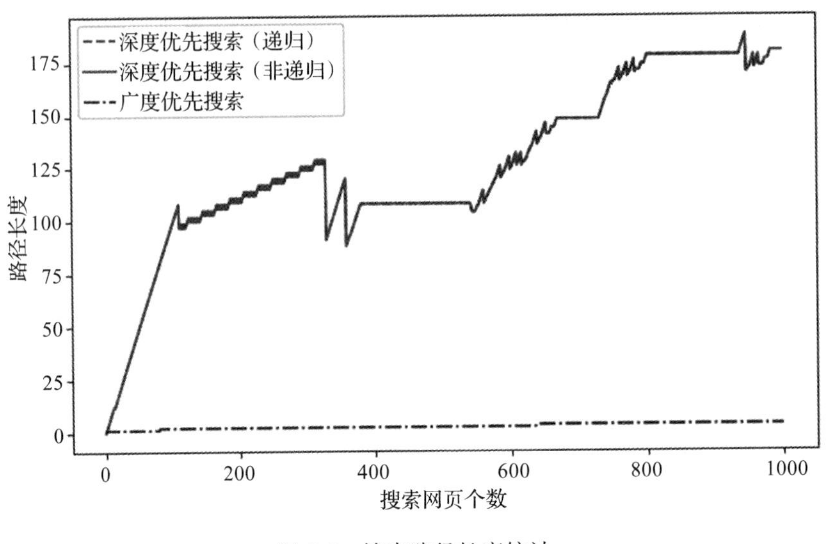

图 7-5　搜索路径长度统计

虽然从理论上讲，递归算法的时间效率低于非递归算法，但由于爬虫下载时间远大于调度时间，因此 3 种搜索方式的耗时统计结果相当（如图 7-6 所示）。

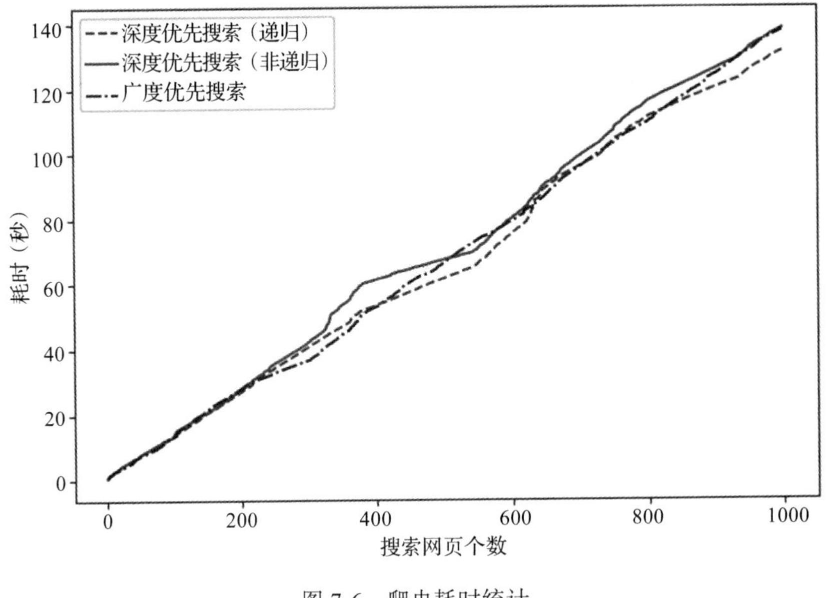

图 7-6　爬虫耗时统计

网络爬虫通常采用广度优先搜索算法，由于广度优先搜索按层延展，因此搜索到的网页内容往往与种子关系紧密，而深度优先搜索则容易偏离主题。广度优先搜索的封闭性很强，便于按站点爬取，有利于任务分工。深度优先搜索是早期爬虫使用较多的方法，其目的是希望快速到达叶子节点（不包含任何超链接的页面，一般为文章内容页），但这种页面在目前的万维网中几乎是不存在的。

7.2 爬虫控制器

7.2.1 控制器设计

爬虫通常具有明确的目标指向和任务边界，爬取过程中需要考虑的问题包括：搜索路线、过滤条件、访问列表、总量控制等。我们可以把这些功能封装为控制器，与下载器、解析器共同构成爬虫的 3 大模块（如图 7-7 所示）。

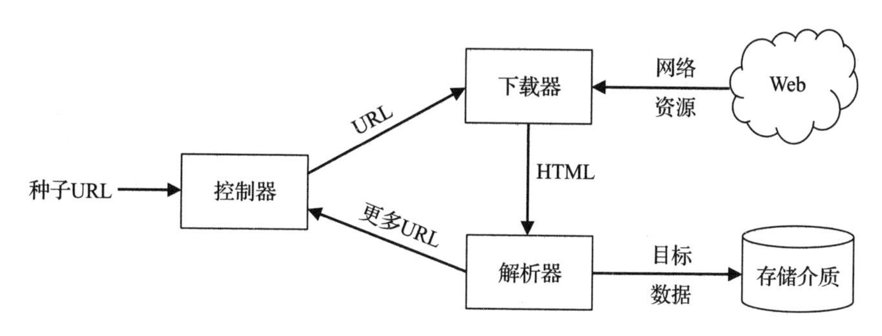

图 7-7 网络爬虫的体系结构

作为网络爬虫的核心模块，控制器用于管理整个业务流程，控制所有数据流向（如图 7-8 所示）。爬虫控制器的具体功能包括：

- 接收用户输入的种子 URL，并返回结果。
- 按照一定策略（深度优先、广度优先等）进行网页爬取。
- 避免对已经访问过的 URL 重复访问。
- 对新加入的 URL 进行条件过滤。
- 设置爬虫的任务界面（如最大采集数量、最大搜索层数等）。

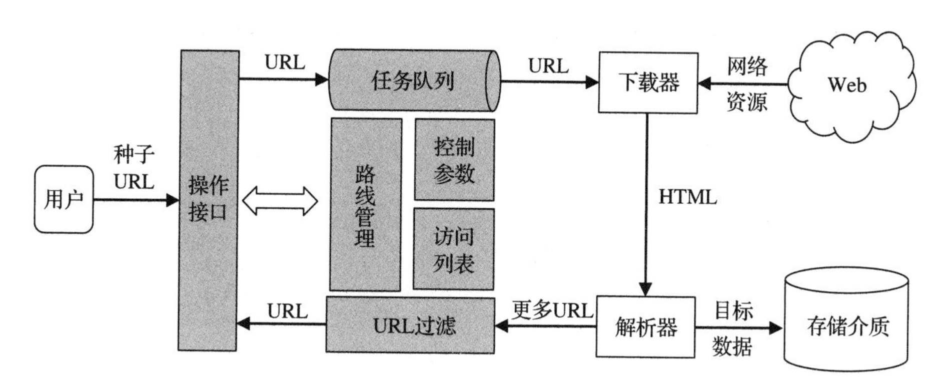

图 7-8 爬虫控制器原理

控制器接收种子 URL 后，将其添加到任务队列；然后，不断从任务队列中取出任务，由下载器完成网页资源的下载；借助解析器抽取网页中的目标数据及超链接地址，将目标数据存入数据库（或文件系统），链接地址经过筛选后再补充到任务队列。随着队列中的任务不断完成，会有新的任务添加进来，这样就实现了自动化采集。

7.2.2 控制器的实现

1. 爬虫控制器抽象类

首先定义爬虫控制器的抽象类——Controller，主要代码如下：

```
public abstract class Controller                                    //爬虫控制器的抽象类
{
    protected List<string> visitedList;                             //访问列表
    protected List<HtmlTask> result;                                //爬取结果
    protected bool stopTag = false;                                 //停止标志
    public abstract List<HtmlTask> Start(string[] seeds);           //开启任务
    public abstract Task<List<HtmlTask>> StartAsync(string[] seeds);//开启异步任务
    public void Stop()                                              //停止任务
    {
        stopTag = true;
    }
    public virtual int MaxCount { get; set; } = int.MaxValue;       //最大爬取数量
    public virtual int MaxLayer { get; set; } = int.MaxValue;       //最大爬取层数
    public virtual UrlFilter Filter { get; set; } = null;           //URL过滤器（回调）
}
```

Controller类的成员变量visitedList和result分别表示访问列表和采集结果；Start（StartAsync）方法和Stop方法分别用于开启和停止爬虫任务；MaxCount和MaxLayer属性用于控制爬虫的任务总量；Filter属性用于设置URL过滤条件，属于UrlFilter委托类型。UrlFilter委托的定义如下：

```
public delegate bool UrlFilter(string url);      //定义一个委托，用于描述URL过滤器
```

Start（StartAsync）方法的返回值为List<HtmlTask>类型，HtmlTask对象用于描述一个网页下载任务，HtmlTask类的定义如下：

```
public class HtmlTask
{
    public string url;                              //网页地址
    public string html;                             //页面内容
    public int layer;                               //所在层次
    public bool visited;                            //是否访问完成
    public Dictionary<string,string> data;          //其他数据项
    public HtmlTask(string url, int layer)          //结构方法
    {
        this.url = url;
        this.layer = layer;
        data = new Dictionary<string,string>();
    }
}
```

2. 广度优先爬虫控制器

前面定义的控制器抽象类（Controller）并不能直接使用（实例化对象），它只是作为具体的爬虫控制器为我们提供了模板。我们可以从 Controller 类派生定义自己的爬虫控制器，并根据需要进行功能扩展。广度优先搜索是最常用的爬虫搜索方式，下面给出广度优先爬虫控制器——BFSController 的实现代码：

```
public class BFSController : Controller
{
    Queue<HtmlTask> Q;                                      //任务队列
    public override List<HtmlTask> Start(string[] seeds)
    {
        stopTag = false;                                    //停止标志无效
        visitedList = new List<string>();                   //初始化访问列表
        result = new List<HtmlTask>();                      //初始结果列表
        Q = new Queue<HtmlTask>();                          //初始化任务队列
        Downloader downloader = new Downloader();           //创建下载器对象
        foreach (string seed in seeds)
        {
            Q.Enqueue(new HtmlTask(seed, 0));               //添加到任务队列
            visitedList.Add(seed);                          //加入访问列表
        }
        while (Q.Count != 0)                                //如果队列不空
        {
            HtmlTask page = Q.Dequeue();                    //队头元素出列
            page.html = downloader.DownLoadHtml(page.url);  //下载网页
            result.Add(page);                               //将结果添加到数据集
            if (result.Count >= MaxCount) return result;    //下载任务完成
            if (string.IsNullOrEmpty(page.html)) continue;  //如果下载失败，则跳过
            HtmlParser parser = new HtmlParser(page.html);  //解析网页
            List<string> hrefs = parser.GetAllHrefs(page.url); //抽取所有链接
            foreach (string href in hrefs)                  //获取所有超链接
            {
                if (visitedList.Contains(href)) continue;   //忽略已访问的URL
                if (Filter != null && Filter(href) == false) continue;   //URL过滤机制
                if (stopTag) return result;                 //如果任务已停止
                Q.Enqueue(new HtmlTask(href, page.layer + 1)); //添加到任务队列
                visitedList.Add(href);                      //加入到访问列表
            }
        }
        return result;
    }
    public override async Task<List<HtmlTask>> StartAsync(string[] seeds)
    {
        return await Task.Run(() => { return Start(seeds); });
    }
}
```

上述 BFSController 类继承自 Controller 抽象类，添加了一个 Queue<HtmlTask> 类型的

成员变量 Q，用于表示广度优先搜索的任务队列；在 BFSController 类中实现了 Controller 类的抽象方法 Start，在 Start 方法中实现了广度优先搜索算法，并在搜索结束后返回采集结果。使用 BFSController 对象进行网页采集的示例代码如下：

```
BFSController controller = new BFSController();             //创建BFSController对象
controller.MaxCount = 100;                                  //设置采集任务量
controller.Filter = (string x) => { return x.Contains("ly.gov.cn"); };
                                                            //设置URL过滤器
string[] seeds = new string[] { "http://www.ly.gov.cn/" };  //种子URL
List< HtmlPage> result = controller.Start(seeds);           //开启爬虫任务，并等待完成
Console.WriteLine("任务完成：共下载" + result.Count + "个页面。");
```

上述代码通过创建 BFSController 对象实现了对某新闻网站的站内爬取。首先，我们设置最大采集任务量为 100 个页面；其次，URL 过滤器要求访问的网址中必须包含“ly.gov.cn”字符串，从而保证进行的是“站内搜索”；最后，将网站首页（http://www.ly.gov.cn/）作为起始种子开启爬虫任务。执行上述代码，得到如图 7-9 所示的运行结果。

图 7-9 程序运行结果（“站内爬取”同步任务）

在 BFSController 类中还重写了 StartAsync 方法，此方法为异步（async）方法，支持 await 方式调用。这样既不会阻塞主线程，又可调用 Stop 方法随时结束任务。使用 StartAsync 方法开启爬虫任务的示例代码如下：

```
BFSController controller;                                             //成员变量
/// <summary> 按下"启动异步任务"菜单按钮/// </summary>
private async void 启动异步任务ToolStripMenuItem_Click(object sender, EventArgs e)
{
    controller = new BFSController();
    controller.MaxCount = 100;
    controller.Filter = (string x) => { return x.Contains("ly.gov.cn"); };
    string[] seeds = new string[] { "http://www.ly.gov.cn/" };
    List<HtmlPage> result = await controller.StartAsync(seeds);//开启异步任务
    Console.WriteLine("任务结束：共下载" + result.Count + "个页面。");
```

```
}
/// <summary> 按下"结束异步任务"菜单按钮/// </summary>
private void 结束异步任务ToolStripMenuItem_Click(object sender, EventArgs e)
{
    controller.Stop();                                          //停止任务
}
```

为了便于演示，我们在窗体菜单上添加“启动异步任务”和“结束异步任务”两个按钮，当按下“启动异步任务”按钮时会调用 StartAsync 方法，当按下“结束异步任务”按钮时则会调用 Stop 方法。若先按下“启动异步任务”按钮，但不等任务完成就按下“结束异步任务”按钮，则运行结果如图 7-10 所示。

图 7-10 程序运行结果（“站内爬取”异步任务）

7.2.3 实时控制器

此前的爬虫控制器要等任务全部完成后才返回结果，这并不符合实际需求。由于爬虫在开放的网络环境中运行，任何意外情况都可能发生，比如断网、停电、死机、误操作、爬虫自身出现 BUG、服务器发生故障等。若爬虫程序在结果返回之前就因异常退出或无法继续运行，那么此前的工作就徒劳了。当采集任务量很大时（比如千万以上数量的网页），即使采集过程没有遇到异常情况，爬虫控制器也不可能一次性返回所有结果（内存难以装载如此大的数据量），这就需要对下载内容进行实时保存。此外，大规模爬虫任务可能分多次进行，每次重新启动任务时都需要在上次采集的基础上继续运行，以避免重复工作。

根据上述分析，我们对爬虫控制器提出以下改进要求：

1）采集结果不再等任务全部完成后一并返回，而是每下载一个任务就触发回调机制（回调方法由用户指定，可进行实时保存或进一步抽取）。

2）可以保存（Save）当前任务场景，也可以从已保存的场景中恢复（Restore）任务并继续执行。

3）由用户设置一个自动保存数量（N），爬虫每采集完成 N 个任务就自动保存一次任务场景；即使有异常情况发生，需要重新下载的网页最多也不会超过 N 个。

由于改进后的爬虫控制器具有一定的实时处理功能，我们称之为“实时爬虫控制器”（简称为实时控制器）。下面将分模块介绍其实现方法。

1. 实时控制器抽象类

改进后的爬虫控制器同样分两部分：抽象类和具体类。抽象类 RealTimeController 的主要代码如下：

```
public abstract class RealTimeController
{
    //数据结构
    protected List<string> visitedList;                                   //访问列表
    protected bool stopTag;                                               //任务结束标志
    protected List<string> finishedList;                                  //完成列表
    //操作接口
    public abstract void Start(string[] seeds);                          //开启任务
    public abstract void StartAsync(string[] seeds);                     //开启异步任务
    public abstract void Save();                                          //保存任务
    public abstract void Restore();                                       //恢复任务
    public abstract void Stop();                                          //停止任务
    //控制参数
    public int SavingScale { set; get; } = 100;     //默认每下载100个网页，保存任务状态
    public virtual int MaxCount { get; set; } = int.MaxValue;            //最大爬取数量
    public virtual int MaxLayer { get; set; } = int.MaxValue;            //最大爬取层数
    public virtual UrlFilter Filter { get; set; } = null;                //URL过滤回调
    public PageDownload PageDownload { get; set; } = null;               //单个网页下载后调用
    public TaskComplete TaskComplete { get; set; } = null;               //任务全部完成后调用
}
public delegate void PageDownload(HtmlPage task);   //用于描述"网页下载"的委托
public delegate void TaskComplete(int count);       //用于描述"任务完成"的委托
```

相比之下，抽象类 RealTimeController 的操作接口和控制参数更加丰富，内部数据结构也有所变化。操作接口增加了 Save 和 Restore 方法，分别用于任务的保存和恢复。控制参数增加了 3 个属性：SavingScale 用于设置自动保存间隔，PageDownload 用于设置单个任务下载后的回调，TaskComplete 用于设置全部任务完成后的回调。爬虫内部不再保存所有下载结果，仅保存已完成的 URL 列表（finishedList 变量）。此外，为了描述新增的两个回调，又额外定义了两个委托（PageDownload 和 TaskComplete）。

2. 实时广度优先控制器

同样，上面所定义的实时控制器抽象类（RealTimeController）并不能直接使用，我们可以从 RealTimeController 类派生定义具体的实时爬虫控制器。广度优先搜索是最基本的搜索方式，广度优先实时控制器（BFSRealTimeController）的定义代码如下：

```
public class BFSRealTimeController : RealTimeController
{
```

```
    public string Path { get; }                                //任务目录
    Queue<HtmlPage> Q;                                         //辅助队列
    /// <summary>构造方法</summary>
    /// <param name="path">任务存放目录</param>
    public BFSRealTimeController(string path)
    {
        visitedList = new List<string>();                      //初始化访问列表
        Q = new Queue<HtmlPage>();                             //初始化任务队列
        finishedList = new List<string> ();                    //已完成的URL
        this.path = path;                                      //当前任务目录
        stopTag = false;                                       //停止标志无效
    }
    ……                                                         //其他成员
}
```

上述代码包含了 BFSRealTimeController 的成员变量和结构方法。其中，Path 属性表示任务的存储目录，通过构造方法传入；队列 Q 用于广度优先搜索，与其他继承的成员变量一起在构造方法中完成初始化。

在准备好各种数据之后，接下来就需要依次实现（implement）父类的抽象方法。首先，我们实现用于开启爬虫任务的 Start 方法：

```
public override void Start(string[] seeds)
 {
    Downloader downloader = new Downloader(20000);             //创建下载器对象
    foreach (string seed in seeds)
    {
        Q.Enqueue(new HtmlPage(seed, 0));                      //添加到队尾
        visitedList.Add(seed);                                 //加入访问列表
    }
    while (Q.Count != 0)                                       //如果队列不空
    {
        HtmlPage page = Q.Dequeue();                           //队头元素出列
        page.html = downloader.DownLoadHtml(page.url);         //下载网页
        if (string.IsNullOrEmpty(page.html)) continue;         //如果下载失败，则跳过
        finishedList.Add(page.url);                       //添加到完成列表
        page.id = finishedList.Count;                          //内部下载编号
        PageDownload?.Invoke(page);                       //单个网页下载后，执行回调
        if (finishedList.Count % SavingScale == 0) Save();     //定期保存任务
        if (stopTag || finishedList.Count >= MaxCount) break;  //任务结束
        HtmlParser parser = new HtmlParser(page.html);         //HTML解析器
        List<string> hrefs = parser.GetAllHrefs(page.url);     //获取所有超链接
        foreach (var href in hrefs)                            //获取所有超链接
        {
            if (visitedList.Contains(href)) continue;          //忽略已访问过的URL
            if (Filter?.Invoke(href) == false) continue;       //URL过滤机制
            Q.Enqueue(new HtmlPage(href, page.layer + 1));     //添加到队尾
            visitedList.Add(href);                             //加入访问列表
        }
    }
```

```
        TaskComplete?.Invoke(finishedList.Count);                    //任务结束后，执行回调
    }
```

上述代码实现了此前提出的 3 项改进功能。其中，保存任务场景的功能通过 Save 方法来实现，其主要代码如下：

```
public override void Save()
{
    string file = Path + "\\visitedList.json";
    File.WriteAllText(file, JsonConvert.SerializeObject(this.visitedList)); //访问列表
    file = Path + "\\Q.json";
    File.WriteAllText(file, JsonConvert.SerializeObject(Q));              //任务列表
    file = Path + "\\finished.json";
    File.WriteAllText(file, JsonConvert.SerializeObject(finishedList));   //完成列表
}
```

描述任务场景的信息包含在以下 3 个数据对象中：访问列表（visitedList)、任务队列（Q）和完成列表（finishedList)，保存场景时将它们序列化并保存为 JSON 文件。此外，我们还需要从已保存的场景中恢复任务并继续执行，Restore 方法用于恢复任务场景，其主要代码如下：

```
public override void Restore()
{
    string file = Path + "\\visitedList.json";                          //访问列表
    visitedList = JsonConvert.DeserializeObject<List<string>>(File.ReadAllText(file));
    file = Path + "\\Q.json";                                          //任务队列
    Q = JsonConvert.DeserializeObject<Queue<HtmlPage>>(File.ReadAllText(file));
    file = Path + "\\finished.json";                                   //完成列表
    finishedList = JsonConvert.DeserializeObject<List<string>>(File.ReadAllText(file));
    stopTag = false;
    Start(new string[] { });                                           //开启任务
}
```

上述代码从任务目录中加载 3 个 JSON 文件，将它们反序列化为数据对象，并调用 Start 方法重新开启爬虫任务。注意：我们在调用 Start 方法时传入了一个空数组，为什么不提供种子 URL 呢？在恢复场景后，任务队列（Q）是非空的，已满足任务执行条件，因此不必再提供种子。此外，我们还实现了 Stop 和 StartAsync 方法，分别用于停止和异步开启任务，其主要代码如下：

```
/// <summary> 异步开启任务 </summary>
public override async void StartAsync(string[] seeds)
{
    await Task.Run(() => { Start(seeds); });
}
/// <summary>停止任务 </summary>
public override void Stop()
{
```

```
    stopTag = true;                              //停止标志置为true
    Save();                                      //停止后，保存当前任务场景
}
```

3. 使用实时控制器

使用 BFSRealTimeController 对象进行网页采集的示例代码如下：

```
string path = Application.StartupPath + "\\download";
BFSRealTimeController controller = new BFSRealTimeController(path);
                                             //创建BFSRealTimeController对象
controller.MaxCount = 100;                   //设置采集任务量
controller.Filter = (string x) => { return x.Contains("ly.gov.cn"); };
                                             //设置URL过滤器
controller.PageDownload = (HtmlPage task) =>{
    File.WriteAllText(String.Format("{0}\\{1}.html", path, task.id), task.html);
                                             //保存到目标文件夹
};
controller.TaskComplete = (int count) =>{
    Console.WriteLine("任务完成，总网页数：" + count);
}
string[] seeds = new string[] { "http://www.ly.gov.cn/" }; //种子URL
controller.Start(seeds);
```

上述代码使用 BFSRealTimeController 对象再次对某新闻网站进行站内爬取。最大采集任务量和 URL 过滤器等设置均保持不变，不同之处在于每下载一个网页就将其保存到目标文件夹（如图 7-11 所示），其中最后的 3 个文件（finished.json、Q.json、visitedList.json）用于存放任务场景。

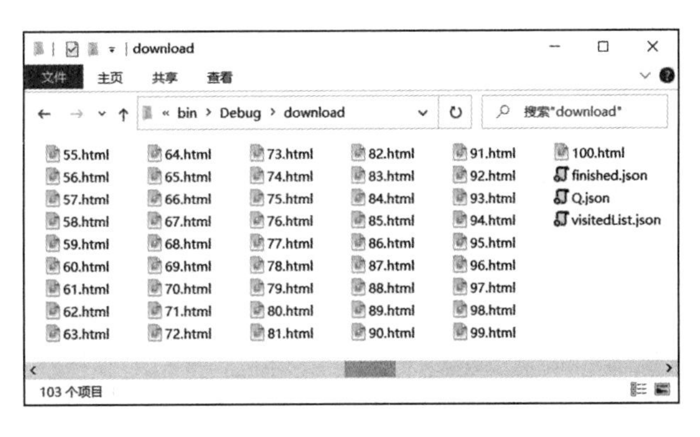

图 7-11　网页保存目录

7.3　综合实例：站内文章爬虫

7.3.1　爬虫设计

假设我们要从某网站“体育”栏目（如图 7-12 所示）采集 10 000 篇报告文章作为研究

语料，而且不要与“足彩”相关的文章。对此，需要考虑以下问题：①如何确保下载的网页属于“体育”栏目，但又要排除“足彩”栏目？②如何判断一个页面是不是内容页，以及如何抽取正文内容并保存？

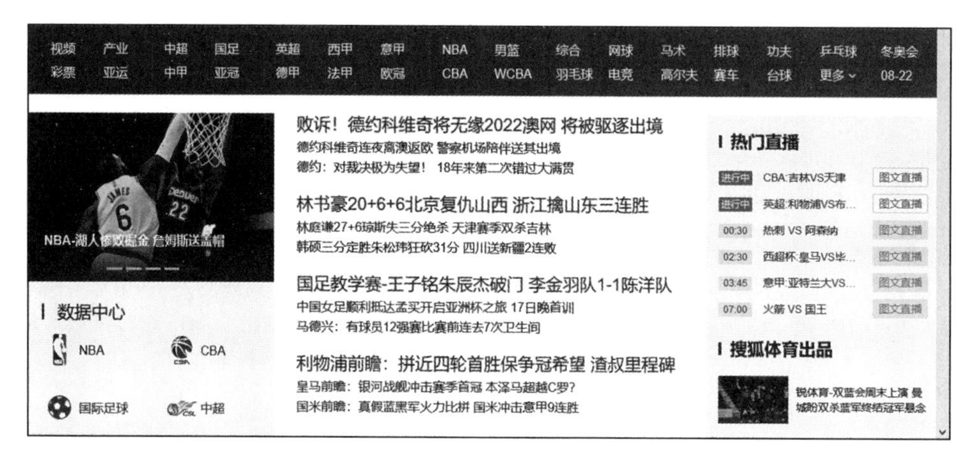

图 7-12　某网站“体育”栏目首页

我们的总体思路是借助“实时爬虫控制器”来解决上述问题。具体来说，可以选择“体育”栏目首页作为种子，通过 URL 过滤器限制搜索范围；利用控制器的回调机制，每下载一个页面就通过 XPath 进行正文抽取并实时保存。为了提高程序的通用性，我们将上述问题拓展为“站内爬虫”，以实现限定条件下的网页文章采集，并设计如图 7-13 所示的界面。

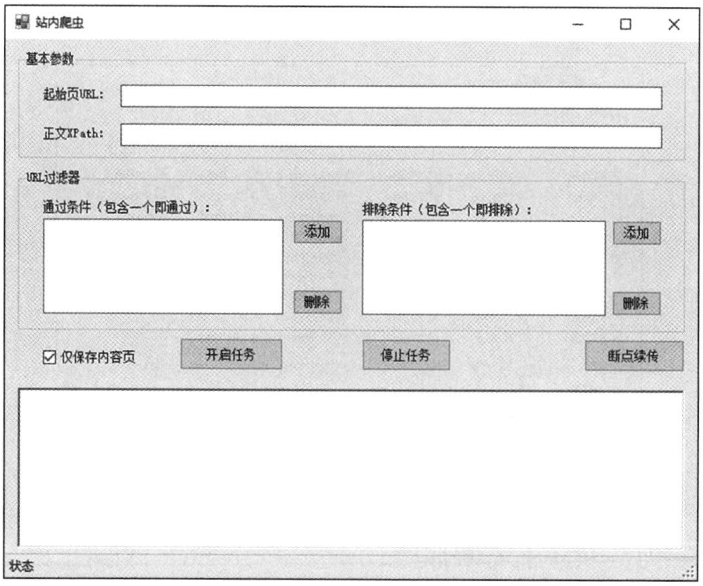

图 7-13　站内爬虫主界面

爬虫主界面从上到下分为以下几个区域：

- 基本参数区：指定起始页 URL 和正文 XPath，作为搜索种子和抽取依据。
- 过滤条件区：设置 URL 过滤条件，包括通过条件和排除条件。
- 任务控制区：实现任务的开启、停止以及断点续传等操作。
- 状态监测区：输出爬虫的执行过程，显示爬虫的整体状态。

7.3.2 爬虫实现

当“开启任务”按钮被单击时，将执行以下代码：

```
BFSRealTimeController controller;                                //控制器（成员变量）
private void button1_Click(object sender, EventArgs e)           //启动任务
{
    FolderBrowserDialog dlg = new FolderBrowserDialog();         //目录浏览对话框
    if (dlg.ShowDialog() == DialogResult.OK)
    {
        string path = dlg.SelectedPath;
        controller = new BFSRealTimeController(path);
        SetOption(controller);                                    //设置控制器参数
        controller.StartAsync(new string[] { textBox1.Text });   //开启异步任务
    }
}
```

在上述代码中，定义了一个 BFSRealTimeController 类型的成员变量 controller，用于爬虫任务的控制。当开启任务时，首先由用户指定一个目录作为任务保存路径，然后通过调用 SetOption 方法设置控制器参数，最后通过 StartAsync 方法传入种子 URL 开启异步任务。其中 SetOption 方法的主要实现代码如下：

```
public void SetOption(BFSRealTimeController controller)
{
    ShowMessageCallback callback = ShowMessage;                  //用于消息输出的回调
    controller.SavingScale = 100;                                //设置自动保存间隔
    controller.Filter = (string x) =>                            //过滤器设置
    {
        foreach (string item in listBox2.Items)                  //排除条件
        {
            if (x.Contains(item)) return false;
        }
        foreach (string item in listBox1.Items)                  //通过条件
        {
            if (x.Contains(item)) return true;
        }
        return false;
    };
    controller.PageDownload = (HtmlPage task) =>         //设置单个网页下载后的回调
    {
        if (string.IsNullOrEmpty(task.html)) return;             //若下载错误
        HtmlParser parser = new HtmlParser(task.html);           //HTML解析器
```

```
        string xpath = textBox2.Text;                   //正文XPath
        string content = parser.GetNodesText(xpath);   //获取正文
        content = ClearText(content);                   //清洗正文
        if (checkBox1.Checked && content == "") return; //若仅保存内容页
        task.values.Add("content", content);            //添加到字典
        string title = parser.GetTitle();               //获取标题
        task.values.Add("title", title);                //添加到字典
        string file = task.id + "-" + title + ".json";  //以编号和标题作为文件名
        string fp = controller.Path + "\\" + file;      //完整文件路径
        File.WriteAllText(fp, JsonConvert.SerializeObject(task));  //写入JSON文件
        string mess = file + " 已保存 ";                //状态消息
        this.Invoke(callback, mess);                    //输出状态消息
    };
    controller.TaskComplete = (int count) =>            //任务结束后的回调
    {
        MessageBox.Show("任务结束：共下载" + count + "个页面。");
    };
}
```

上述代码依次设置了自动保存间隔（SavingScale）、URL过滤条件（Filter）、网页下载后的回调（PageDownload）、任务结束后的回调（TaskComplete），具体实现细节请参考代码注释，这里不再详述。其中，ShowMessage方法用于显示状态消息，ClearText方法用于清洗正文内容，由于篇幅所限，二者的实现代码不再列出。

此外，"停止任务"与"断点续传"按钮的响应代码如下：

```
/// <summary> "停止任务"按钮事件</summary>
private void button2_Click(object sender, EventArgs e)
{
    controller.Stop();                          //停止爬虫任务（同时保存任务场景）
}
/// <summary> "断点续传"按钮事件</summary>
private void button3_Click(object sender, EventArgs e)
{
    FolderBrowserDialog dlg = new FolderBrowserDialog();
    if (dlg.ShowDialog() == DialogResult.OK)
    {
        string path = dlg.SelectedPath;
        controller = new BFSRealTimeController(path);
        SetOption(controller);
        controller.Restore();                   //恢复任务场景，继续下载
    }
}
```

7.3.3　爬虫测试

首先，我们将某网站"体育"栏目首页（http://sports.sohu.com/）作为搜索种子，以便快速到达目标网页。通过Firefox开发者工具（如图7-14所示）查看网页正文段落的XPath

路径为 /html/body/div[2]/div[2]/div[2]/div[1]/div[1]/article/p。经过分析测试，可以将其简化为如下形式：//article[@id="mp-editor"]/p。

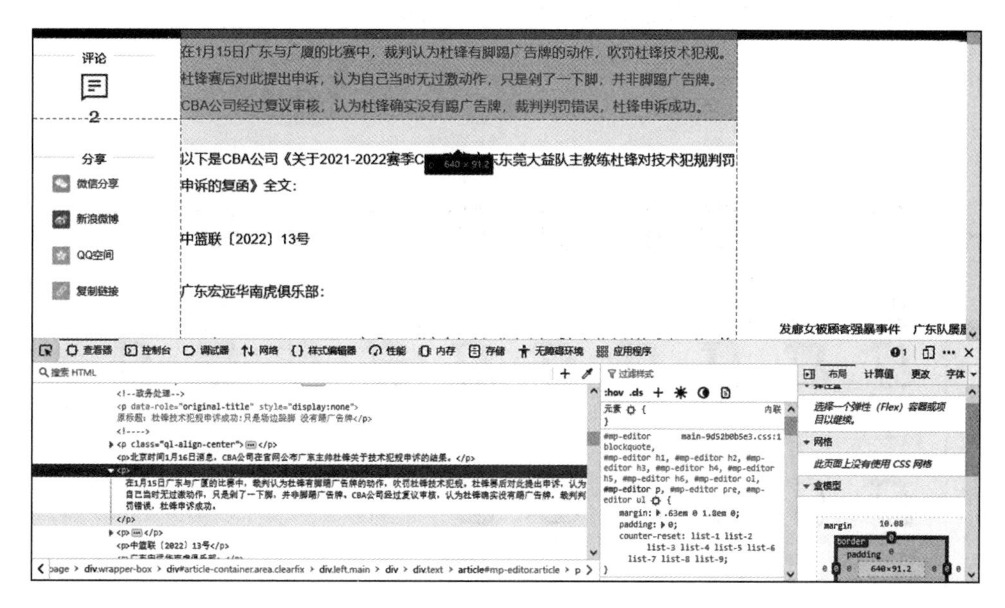

图 7-14　网页文章正文

经过分析发现，所有“体育”栏目的列表页 URL 中都包含“sports.sohu.com”，而所有内容页 URL 都以“www.sohu.com/a/”开始，我们可以据此设置 URL 过滤条件。如果不希望下载“足彩”相关内容，还可以设置排除条件（URL 中不包含“sports.sohu.com/s/bet”）。按照上述参数启动任务，爬虫程序的运行结果如图 7-15 所示。

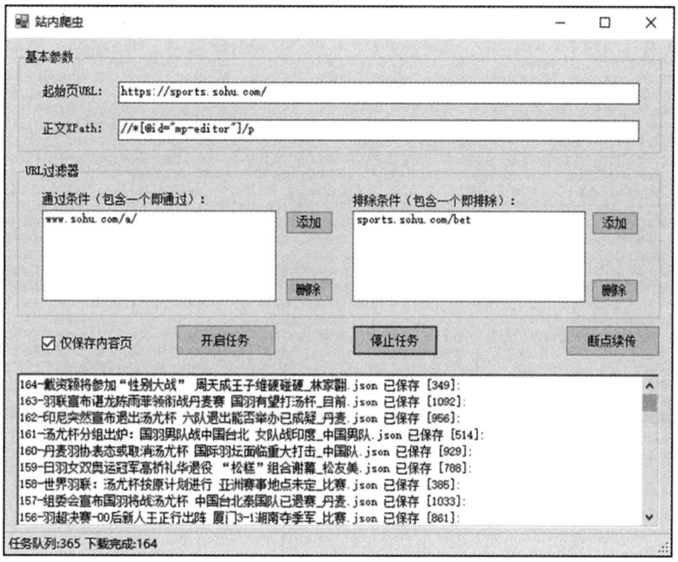

站内爬虫
基本参数
起始页URL: https://sports.sohu.com/
正文XPath: //*[@id="mp-editor"]/p
URL过滤器
通过条件（包含一个即通过）: www.sohu.com/a/
排除条件（包含一个即排除）: sports.sohu.com/bet
添加 删除
仅保存内容页 开启任务 停止任务 断点续传
任务队列:365 下载完成:164

图 7-15　程序运行结果

在爬虫任务的运行过程中，每个网页以及抽取出的正文信息都保存为单个 JSON 文件（以编号和标题为名），任务存放目录如图 7-16 所示。最后 3 个文件（finished.json、Q.json、visitedList.json）用于存放任务场景，这在上一节已经介绍过。

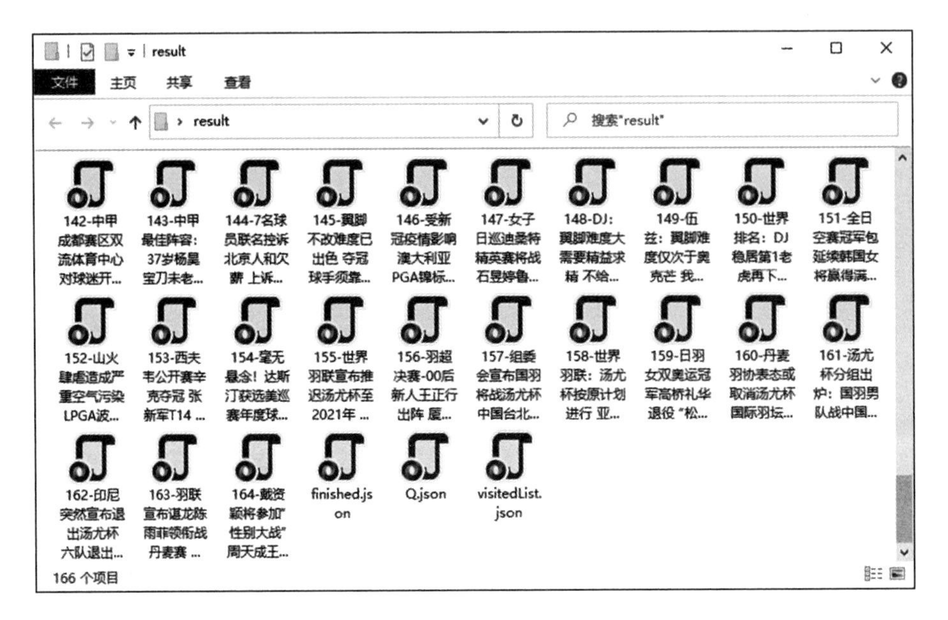

图 7-16　爬虫任务存放目录

单个 JSON 文件的内部结构如图 7-17 所示（使用 Firefox 浏览器加载）。

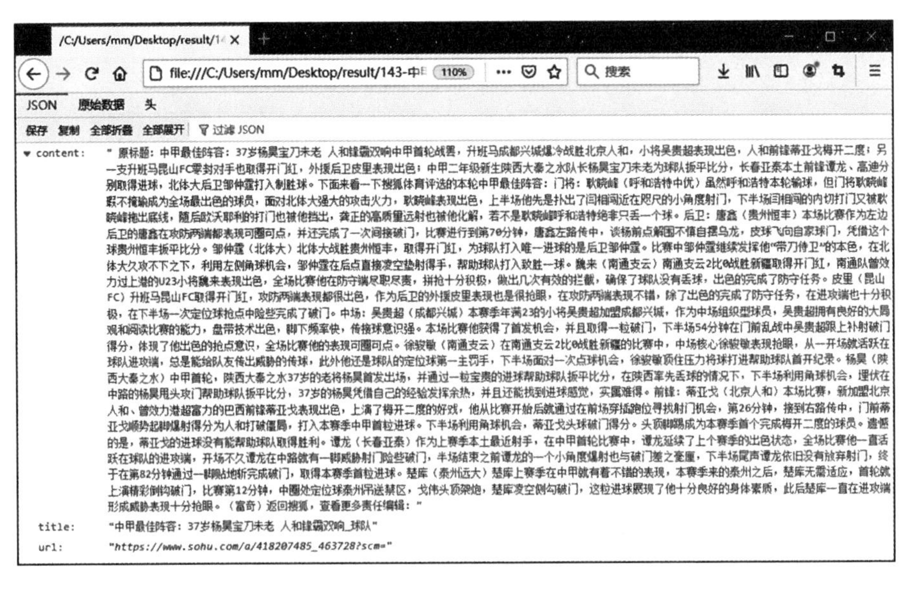

图 7-17　JSON 数据内部结构

第 8 章 多线程爬虫

网络爬虫数据下载属于低运算、高耗时的 I/O 操作，采用多线程机制能够大幅提升爬虫的采集效率。本章将介绍 C# 多线程机制以及多线程爬虫的实现方法。

8.1 多线程机制

作为计算机的“大管家”，操作系统负责任务调度和资源管理。应用程序是具有某种功能的指令集合，运行在操作系统之上。进程是应用程序一次动态执行的过程，是操作系统进行资源分配的基本单位。由于进程之间的切换开销较大，随着程序复杂度的提高，线程就应运而生了。线程是进程中代码的一条执行路线，一个进程可以包含一个或多个线程，线程之间可以共享进程的内存空间。每个线程拥有唯一的 ID，其上下文由程序指针（PC）、寄存器和堆栈组成。相对于进程而言，线程上下文切换要快得多。

多线程是一种并发执行技术，在编程中适当地采用多线程机制，能够增强程序的功能或性能。有些任务是天然并发的（比如全双工通信），不采用多线程就难以实现；有些任务本身不要求并发（比如批量数据处理），但采用多线程可以提高执行效率。

.NET 框架提供了良好的多线程环境，可以通过创建 Thread 对象开启新线程，也可以直接或间接地使用系统线程池（Thread Pool）。与线程相关的类主要包含在 System.Threading 命名空间中，所有线程由 CLI 进行管理。

8.1.1 Thread 对象

Thread 是线程管理的基础类，包含在 System.Threading 命名空间中。我们可以通过创建 Thread 对象开启一个新的线程，示例代码如下：

```
/// <summary> 通过一个无参数方法，开启线程</summary>
void NewThread()
{
```

```
    Console.WriteLine("main thread id:" + Thread.CurrentThread.ManagedThreadId);
                                                        //主线程ID
    ThreadStart start = new ThreadStart(ThreadProc);    //创建ThreadStart对象
    Thread thread = new Thread(start);                  //创建Thread对象
    thread.Start();                                     //启动线程
}
/// <summary>无参数方法（线程入口方法）</summary>
void ThreadProc()
{
    Console.WriteLine("ThreadProc begin");              //新线程开始
    Console.WriteLine("ThreadProc thread id:" + Thread.CurrentThread.
        ManagedThreadId);                               //新线程ID
    Thread.Sleep(300);                                  //等待300毫秒，用于模拟任务
    Console.WriteLine("ThreadProc end");                //新线程结束
}
```

在上述代码中，NewThread 方法用于启动一个新线程，ThreadProc 方法则作为新线程的入口。创建 Thread 对象时，将 ThreadProc 方法转化为 Threading.ThreadStart 委托，并作为初始化参数。在主线程中调用 NewThread 方法，输出结果如图 8-1 所示。

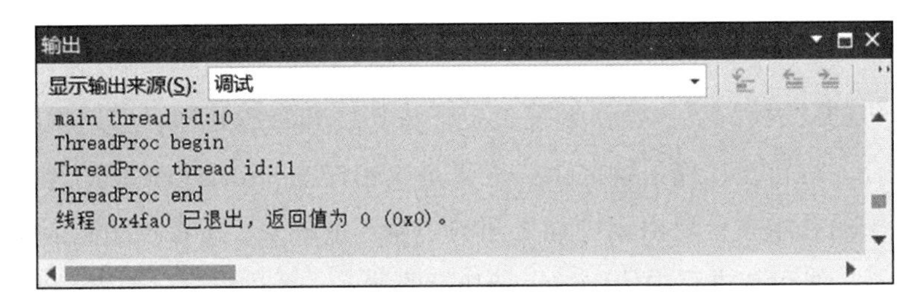

图 8-1 程序运行结果（开启线程）

注意：程序两次输出的线程 ID 不同（分别是 10 和 11），说明成功创建了新线程。当新线程结束后又输出了一行系统调试信息："线程 0x4fa0 已退出…"，我们猜想这个 0x4fa0 线程就是创建的新线程（ID 为 11）。这里有一个问题：一个线程怎么会有两个 ID 呢？其实这两个 ID 的意义不同，测试程序输出的 11 表示当前托管线程的唯一标识（通过 Thread.CurrentThread.ManagedThreadId 属性获取），而系统输出的 0x4fa0 则表示全局线程的唯一标识（可通过 System.AppDomain.GetCurrentThreadId 方法获取）。

线程在执行过程中会处于不同的状态，Thread 对象通过 ThreadState 属性指示线程状态，Threading.ThreadState 枚举类型为线程定义了一组所有可能的状态（如表 8-1 所示）。

表 8-1 ThreadState 状态

状态	取值	说明
Running	0	线程正在运行
StopRequested	1	正在请求线程停止（仅供内部使用）

（续）

状　态	取　值	说　明
SuspendRequested	2	正在请求线程挂起
Background	4	线程将作为后台线程
Unstarted	8	线程创建后尚未运行
Stopped	16	线程已停止
WaitSleepJoin	32	线程受阻（由 Thread.Sleep 等操作引起）
Suspended	64	该线程已挂起
AbortRequested	128	正在请求线程终止（由 Thread.Abort 操作引用）
Aborted	256	线程已终止

线程从创建到终止，都必然会处于其中至少一个状态。线程在创建之初通常处于 Unstarted 状态，调用 Thread.Start 方法可以将 Unstarted 的线程转换为 Running 状态，线程执行结束后则会变成 Stopped 状态。下列代码用于说明线程的状态转换关系。

```
/// <summary>通过一个带参数方法，开启一个线程</summary>
void NewThreadWithParam()
{
    Console.WriteLine("main thread id:" + Thread.CurrentThread.ManagedThreadId);
    ParameterizedThreadStart start = new ParameterizedThreadStart(ThreadProcWithParam);
    Thread thread = new Thread(start);
    Console.WriteLine("before start: [" + thread.ThreadState + "]");  //启动前的线程状态
    thread.Start(300);                                  //启动线程，并传入参数（300毫秒）
    for (int i = 1; i <= 20; i++)
    {
        Thread.Sleep(100);                              //等待100毫秒
        Console.WriteLine(i * 100 + "ms: [" + thread.ThreadState + "]"); //打印线程状态
    }
}
/// <summary>有参数方法（新线程入口）</summary>
void ThreadProcWithParam(object param)
{
    Console.WriteLine("ThreadProc begin");
    Console.WriteLine("new thread id:" + Thread.CurrentThread.ManagedThreadId);
                                                        //新线程ID
    for (int i = 0; i < 300000000; i++)                 //模拟线程任务（大约需要500毫秒执行完毕）
    {
        continue;
    }
    int n = (int)param;                                 //将参数转化为整数类型
    Thread.Sleep(n);                                    //使线程休眠一段时间（300毫秒）
    Console.WriteLine("ThreadProc end");
}
```

在上述代码中，NewThreadWithParam 方法通过一个带参数的方法（ThreadProc）启动新线程，并在随后的一段时间内不断监测新线程的状态（每隔 100 毫秒输出一次）。在主线程中调用 NewThreadWithParam 方法，运行结果如图 8-2 所示。

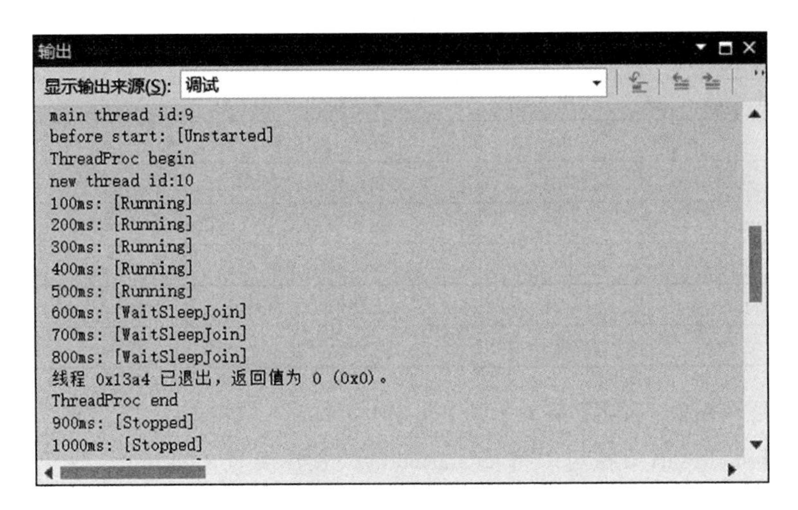

图 8-2 程序运行结果（线程控制）

需要指出的是，表 8-1 中所列的状态并非完全互斥，线程还可以处于某种组合状态。一个后台线程在调用 Sleep 方法后，它将处于 Background 和 WaitSleepJoin 的组合状态；若此时又有其他线程请求将后台线程挂起（Suspend），它将处于 Background、WaitSleepJoin 和 SuspendRequested 的组合状态。但并非所有的 ThreadState 值的组合都是有效的，例如，线程不能同时处于 Aborted 和 Unstarted 状态。

拓展：.NET 中的线程分为前台线程和后台线程，通过 Thread 类的 IsBackground 属性可以获取或设置一个线程是否为后台线程。后台线程与前台线程在执行、调度、优先级方面并无差别，唯一的区别在于对程序结束的影响。具体而言，当所有前台线程都结束时，整个程序也就结束了，若此时还有后台线程正在运行，这些后台线程都会被停止；只要还有一个前台线程没有结束，那么程序就不会结束。总之，程序是否结束由前台线程决定，与后台线程无关。

8.1.2 BackgroundWorker 控件

在运行窗体程序时，某种耗时的操作可能会导致用户界面停止响应，这是我们不愿意看到的。使用 BackgroundWorker 控件能够在单独的线程上执行那些耗时操作（比如文件下载、数据库访问等），并且能够向主线程报告任务进度。

在编写代码前，首先要为当前窗体添加一个 BackgroundWorker 控件（命名为 bgWorker）。BackgroundWorker 控件运行时不可见，设计时会在窗体下方显示。下面给出使用此控件启动后台任务的示例代码：

```
/// <summary>通过BackgroundWorker控件开启后台任务</summary>
public void BackgroundWorkerTest()
{
    Console.WriteLine("main thread id:" + Thread.CurrentThread.ManagedThreadId);
    bgWorker.DoWork += bgWorker_DoWork;            //添加任务事件
    bgWorker.RunWorkerAsync();                     //启动任务
}
/// <summary> RunWorkerAsync被调用时所执行的任务</summary>
private void bgWorker_DoWork(object sender, DoWorkEventArgs e)
{
    Console.WriteLine("DoWork begin");
    Console.WriteLine("DoWork thread id:" + Thread.CurrentThread.ManagedThreadId);
    Thread.Sleep(200);                             //休眠200毫秒，模拟任务执行
    Console.WriteLine("DoWork end");
}
```

在上述 BackgroundWorkerTest 方法中，我们为 BackgroundWorker 控件添加了 DoWork 事件，并调用 RunWorkerAsync 方法执行任务。在主线程中调用 BackgroundWorkerTest 方法，运行结果如图 8-3 所示。

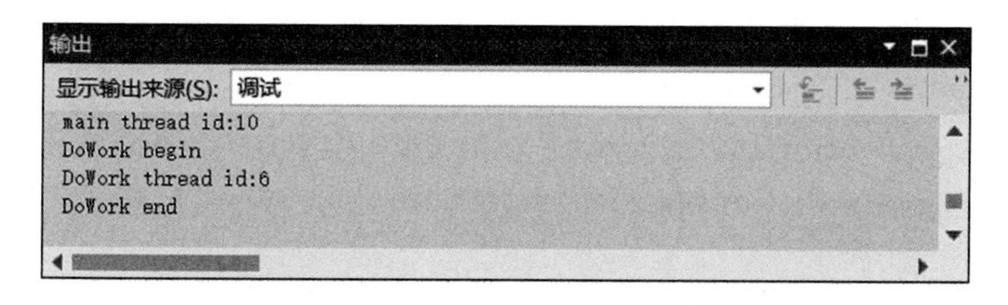

图 8-3　程序运行结果（执行 BackgroundWorker 任务）

两个方法输出的线程 ID 不同，说明它们在不同的线程中运行，这与使用 Thread 对象开启线程的效果类似。此外，BackgroundWorker 控件在任务执行过程中还可以向主线程发送进度报告，为此我们再添加一个控件（bgWorker2）并给出示例代码：

```
/// <summary>通过backgroundWorker控件开启后台任务，并显示任务进度</summary>
public void BackgroundWorkerTest2 ()
{
    Console.WriteLine("main thread id:" + Thread.CurrentThread.ManagedThreadId);
    bgWorker2.WorkerReportsProgress = true;                        //允许报告进度
    bgWorker2.DoWork += bgWorker2_DoWork;                          //添加任务事件
    bgWorker2.ProgressChanged += bgWorker2_ProgressChanged;        //进度事件
    bgWorker2.RunWorkerCompleted += bgWorker2_RunWorkerCompleted; //完成事件
    bgWorker2.RunWorkerAsync(200);                 //启动任务（并传入一个参数）
}
/// <summary> RunWorkerAsync被调用时所执行的任务</summary>
private void bgWorker2_DoWork(object sender, DoWorkEventArgs e)
{
    Console.WriteLine("DoWork begin");
    Console.WriteLine("DoWork thread id:" + Thread.CurrentThread.ManagedThreadId);
```

```
        int param = (int)e.Argument;
        for (int i = 0; i <= 100; i += 10)
        {
            Thread.Sleep(param);
            bgWorker2.ReportProgress(i);
        }
        Console.WriteLine("DoWork end");
    }
    /// <summary>事件处理方法，收到进度报告时触发/summary>
    private void bgWorker2_ProgressChanged(object sender, ProgressChangedEventArgs e)
    {
        Console.WriteLine("ProgressChanged:" + e.ProgressPercentage +
                "% [thread id: " + Thread.CurrentThread.ManagedThreadId + "]");
    }
    /// <summary>事件处理方法，任务完成后触发</summary>
    private void bgWorker2_RunWorkerCompleted(object sender, RunWorkerCompletedEventArgs e)
    {
        Console.WriteLine("RunWorkerCompleted [" + "thread id: " +
                Thread.CurrentThread.ManagedThreadId + "]");
    }
```

上述代码为 BackgroundWorker 控件添加了两个事件：ProgressChanged 在收到进度报告时触发，RunWorkerCompleted 在任务完成后触发。为了正常发送进度报告，需要将控件的 WorkerReportsProgress 属性置为 true。在主线程中调用 BackgroundWorkerTest2 方法，运行结果如图 8-4 所示。

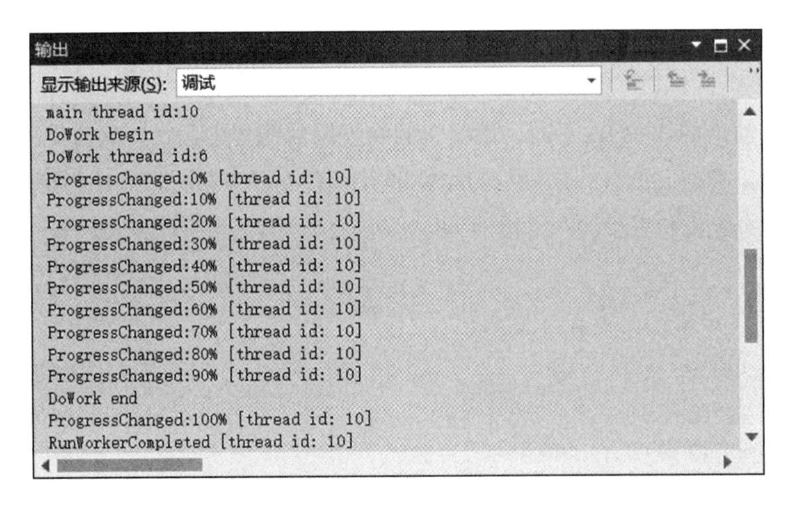

图 8-4　程序运行结果（报告 BackgroundWorker 进度）

8.1.3　系统线程池

直接使用 Thread 对象来手动开启线程有以下不足之处：

1）实现代码相对复杂，对多线程状态的管理也比较困难。

2）创建线程是昂贵的操作，频繁创建和销毁线程需要消耗大量 CPU 资源。

3）难以控制线程并发数量，线程对资源的过度竞争会使系统整体效率下降。

这种方式尤其不适合大量的短期任务（网络爬虫就属于此类），对此，可以考虑使用 .NET 框架中提供的另一种多线程机制——线程池。

公共语言运行时（CLR）为每个 .NET 程序都分配一个默认的线程池（也称系统线程池）。使用系统线程池的方法十分简便，只要调用 System.Threading.ThreadPool 类的静态方法 QueueUserWorkItem 即可。下面给出示例代码：

```
/// <summary>利用线程池异步执行任务</summary>
public void ThreadPoolTest()
{
    Console.WriteLine("ThreadPoolTest thread id:" + Thread.CurrentThread.Managed-
        ThreadId);
    ThreadPool.QueueUserWorkItem(WorkProc);      //启动任务
}
/// <summary>定义一个方法，表示要执行的任务</summary>
public void WorkProc(object param)
{
    Console.WriteLine("WorkProc begin");
    Console.WriteLine("WorkProc thread id:" + Thread.CurrentThread.ManagedThreadId);
    Thread.Sleep(500);                           //休眠500毫秒，模拟任务
    Console.WriteLine("WorkProc end");
}
```

QueueUserWorkItem 方法需要一个 WaitCallback 类型的参数，WaitCallback 是一个委托类型，表示要执行的任务。因此，上述代码直接将方法名 WorkProc 作为参数传递给 QueueUserWorkItem。QueueUserWorkItem 被调用后，任务（WorkProc 方法）将会被添加到内部队列等待执行。在主线程中调用 ThreadPoolTest 方法，程序运行结果如图 8-5 所示。

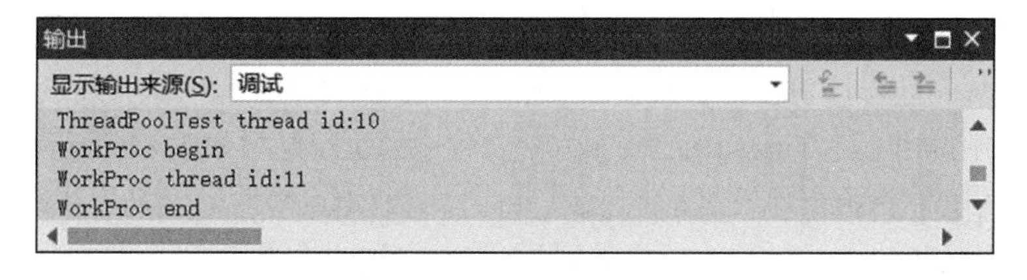

图 8-5　程序运行结果

线程池的作用是避免重复创建线程，提高线程使用率。线程池中的实际线程数量是动态变化的，并在最小线程数（minThread）和最大线程数（maxThread）之间浮动。初始状态下，线程池的任务队列为空，但也会创建 minThread 个工作线程（处理空闲状态）；当任务队列不空时，线程池会选择一个空闲线程，执行队列中的第一个任务。如果线程池中没有空闲线程，则会新建一个工作线程执行下一个任务。线程的创建是有限度的，当线程总数达到 maxThread 时，则不再创建新线程。随着任务不断完成，部分线程会逐渐空闲下来，

那些长时间空闲的线程将被销毁，直到线程总数减少到minThread。

系统线程池的特点可总结如下：下有底线，上有封顶，忙时增兵，闲时裁撤。通过ThreadPool类的静态方法SetMinThreads和SetMaxThreads可以设置线程池中线程数量的最小值和最大值。以下代码用于验证线程池的任务调度机制。

```
/// <summary>分析线程池的执行过程</summary>
public void ThreadPoolTest2()
{
    ThreadPool.SetMaxThreads(6,6);
    startTime = DateTime.Now;
    for (int i = 1; i <= 10; i++)
    {
        Thread.Sleep(300);
        ThreadPool.QueueUserWorkItem(WorkProc2, i);
    }
}
/// <summary>要执行的任务</summary>
void WorkProc2(object param)
{
    int n = (int)param;                          //将参数转化为整数类型
    double time = DateTime.Now.Subtract(startTime).TotalSeconds;
    int threadId = Thread.CurrentThread.ManagedThreadId;
    Console.WriteLine("[{0}] WorkProc Begin n={1} (ThreadId={2})", time, n, threadId);
    Thread.Sleep(5000);                          //休眠5000毫秒,模拟任务执行
    time = DateTime.Now.Subtract(startTime).TotalSeconds;
    Console.WriteLine("[{0}] WorkProc End n={1}", time, n);
}
```

在上述代码中，通过SetMaxThreads方法设置最大线程数为6，随后向线程池陆续添加10个任务，并将任务编号作为参数传入。SetMaxThreads方法包含2个参数：workerThreads和completionPortThreads，分别表示工作线程最大值和异步I/O线程最大值。由于本测试并不涉及异步I/O线程，因此第2个参数可以忽略。在WorkProc方法中输出每个任务的起止时间。在主线程中调用上述ThreadPoolTest方法，程序的运行结果如图8-6所示。

根据统计结果，可以得到“工作线程数”和“完成任务数”随时间的变化曲线（如图8-7所示）。线程数的变化呈现以下特点：前期上升、中间稳定、后期下降，而10个任务则分两批完成（第一批6个，第二批4个）。这是由于设置了最大线程数为6，线程池最多能同时执行6个任务，此时其他任务只能排队等待。

说明：除了以上介绍的3种线程机制之外，还有一些异步操作（如使用Task对象、BeginInvoke调用、async/await机制等）本质上都是基于多线程实现的。这些机制在随后的内容中会有所介绍，这里不再详述，读者也可自行查阅相关资料。

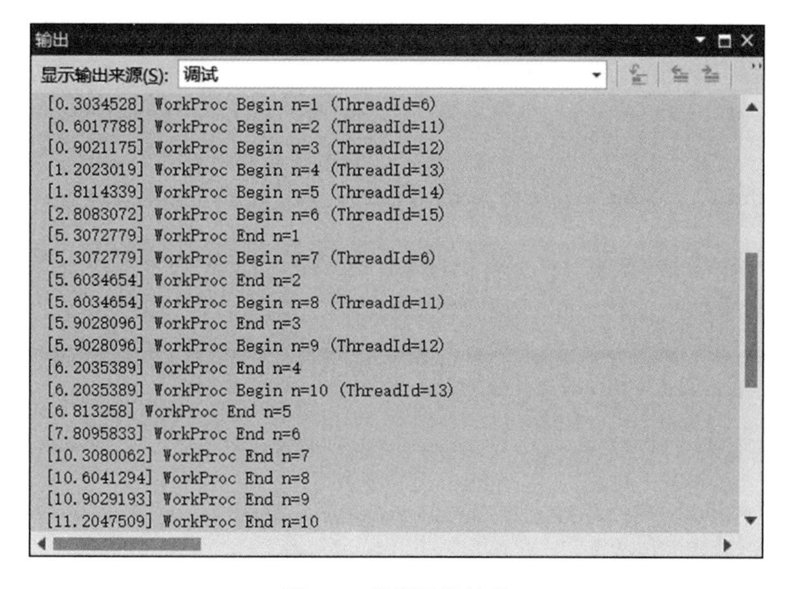

图 8-6　程序运行结果

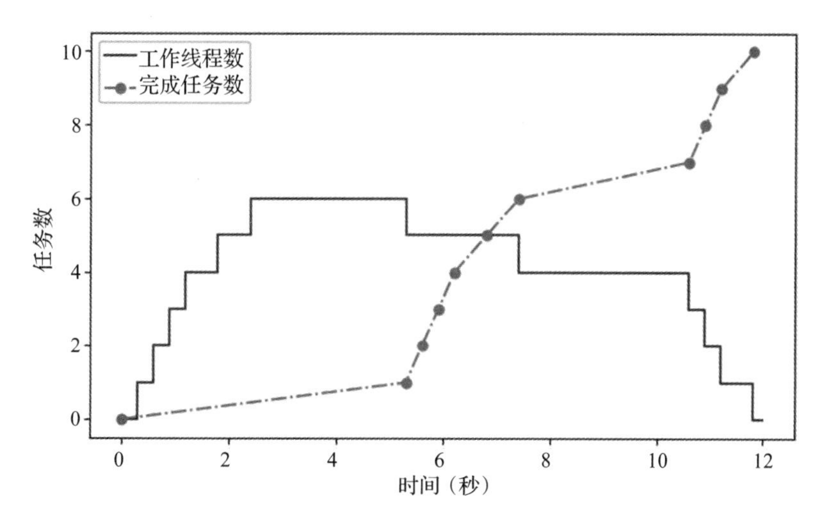

图 8-7　线程池对任务的调度过程

8.2　多线程爬虫

8.2.1　实现方法

此前已经详细介绍了多线程机制，在此基础上实现多线程爬虫自然水到渠成。下面将介绍几种多线程爬虫的实现方法。

1. 手动开启下载任务

通过 Thread 对象手动开启爬虫线程的示例代码如下：

```
/// <summary>手动开启下载线程</summary>
public void Download_V1( string[] urls)
{
    foreach (var url in urls)                                   //对于每个URL
    {
        Thread thread = new Thread(new ParameterizedThreadStart(DownLoadProc));
                                                                //创建线程
        thread.Start(url);                          //开启线程，并将URL作为参数传入
    }
}
/// <summary>单个下载任务</summary>
public void DownLoadProc(object url)
{
    Console.WriteLine(url + " DownLoad Begin");                 //开始标记
    Downloader downloader = new Downloader();                   //创建下载器
    string html = downloader.DownloadHtml((string)url);         //下载网页
    //可在此处进行数据处理
    Console.WriteLine(url + " DownLoad End: len=" + html?.Length);//结束标记
}
```

多线程爬虫必然应用于批量任务下载，上述代码中 Download_V1 方法的参数 urls 被定义为 string[ ] 类型，用于接收一批下载任务；DownLoadProc 方法用于下载单个任务，也是新开启线程的主体方法。执行以下调用代码，程序运行结果如图 8-8 所示。

```
string[] urls = new string[] { "http://www.163.com", "http://www.baidu.com" };
Download_V1(urls);
```

图 8-8 程序运行结果（手动开启爬虫线程）

2. 使用线程池下载

利用系统线程池（ThreadPool 类）可以方便地实现多线程爬取，示例代码如下：

```
/// <summary>使用系统线程池</summary>
public void Download_V2(string[] urls)
{
    foreach (var url in urls)                                   //对于每个URL
    {
        ThreadPool.QueueUserWorkItem(DownLoadProc, url);        //添加到系统线程池
    }
}
```

本例中的 Download_V2 方法与上例中的 Download_V1 方法在结构上完全相同，将

DownLoadProc 和 URL 分别作为方法和数据，通过 ThreadPool.QueueUserWorkItem 方法添加到系统线程池的任务队列。此方法的测试代码从略。

3. 使用 Task 启动下载

Task 机制也是基于多线程实现的，但并不是每个任务都对应一个线程。其实，Task 是利用线程池中的线程启动任务，与使用系统线程池的效果类似，但能实现更小的开销和更精确的控制。使用 Task 对象启动下载任务的代码如下：

```
/// <summary>使用Task对象异步下载</summary>
public void Download_V3(string[] urls)
{
    foreach (var url in urls)                              //对于每个URL
    {
        Action<object> action = DownLoadProc;              //将方法赋值给action
        Task task = new Task(action,url);                  //创建Task对象
        task.Start();                                      //启动任务
    }
}
```

4. 使用 async/await 机制

C# 提供的 async/await 机制允许采用同步编程方式实现异步编程效果，能够极大地简化代码形式。调用异步（async）方法时，当程序执行到 await 语句时不会等待任务完成，而是直接返回调用点，同时将 await 语句之后的代码封装为一个回调（callback），待任务完成后自动调用。每调用一次异步方法就相当于开启一个新线程，循环调用多次即可达到多线程爬虫的效果，示例代码如下：

```
/// <summary>调用异步方法，实现多任务下载</summary>
public void Download_V4(string[] urls)
{
    foreach (var url in urls)
    {
        DownloadAsync(url);
    }
}
/// <summary>用于下载网页的异步方法</summary>
public async void DownloadAsync(string url)
{
    Downloader downloader = new Downloader();
    string html = await downloader.DownloadHtmlAsync(url);     //等待任务
    Console.WriteLine(url + " DownLoad End: len=" + html?.Length);
}
```

8.2.2 性能对比

为测试几种实现方式的性能差别，我们准备了 500 条 URL 进行测试。测试 URL 来源

于对某新闻网站广度优先搜索的结果（如图 8-9 所示）。

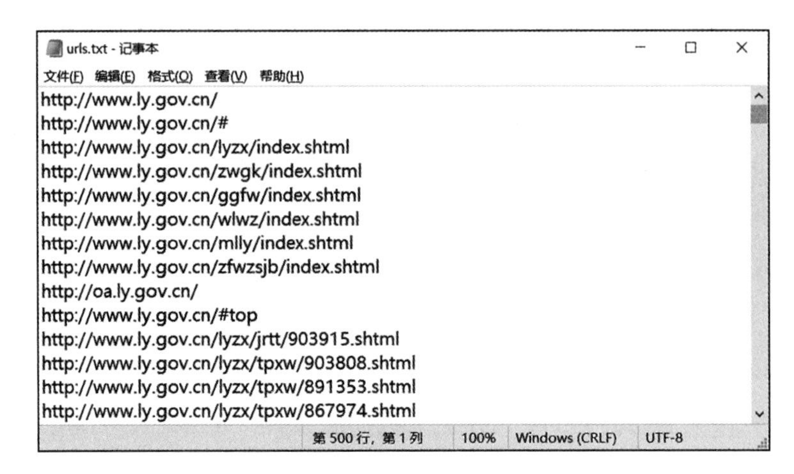
urls.txt - 记事本
文件(F) 编辑(E) 格式(O) 查看(V) 帮助(H)
http://www.ly.gov.cn/
http://www.ly.gov.cn/#
http://www.ly.gov.cn/lyzx/index.shtml
http://www.ly.gov.cn/zwgk/index.shtml
http://www.ly.gov.cn/ggfw/index.shtml
http://www.ly.gov.cn/wlwz/index.shtml
http://www.ly.gov.cn/mlly/index.shtml
http://www.ly.gov.cn/zfwzsjb/index.shtml
http://oa.ly.gov.cn/
http://www.ly.gov.cn/#top
http://www.ly.gov.cn/lyzx/jrtt/903915.shtml
http://www.ly.gov.cn/lyzx/tpxw/903808.shtml
http://www.ly.gov.cn/lyzx/tpxw/891353.shtml
http://www.ly.gov.cn/lyzx/tpxw/867974.shtml
第 500 行，第 1 列　100%　Windows (CRLF)　UTF-8

图 8-9　测试 URL 列表

下面分别对 4 种多线程实现方式进行测试，测试指标主要从时间消耗和内存占用 2 个方面考量。我们不仅要对比多线程方式之间的差别，还要对比多线程方式与单线程方式的差别，测试代码如下：

```
DateTime startTime;                 //起始时间（成员变量）
int count;                          //下载计数（成员变量）
/// <summary> 对几种线程实现方式进行性能测试</summary>
/// <param name="style">实现方式编号</param>
public void DownloadTest(int style)
{
    startTime = DateTime.Now;       //开始时间
    count = 0;                      //计数器清零
    string[] urls = File.ReadAllLines(Application.StartupPath + "\\data\\urls.
        txt");                      //URL列表文件
    foreach (var url in urls)
    {
        switch (style)
        {
            case 1:                 //手动开启线程
                Thread thread = new Thread(new ParameterizedThreadStart(DownLoadTask));
                thread.Start(url);
                break;
            case 2:                 //系统线程池
                ThreadPool.QueueUserWorkItem(DownLoadTask, url);
                break;
            case 3:                 //Task方式
                Action<object> action = DownLoadTask;
                Task task = new Task(action, url);
                task.Start();
                break;
            case 4:                 //调用异步（async）方法
```

```
                DownloadTaskAsync (url);
                break;
            case 0:                 //单线程方式
                DownLoadTask (url);
                break;
        }
    }
}
```

上述代码中的 DownLoadTask 方法用于下载单个任务，DownloadTaskAsync 方法则被定义为异步的（async）。实现代码如下：

```
/// <summary>下载任务</summary>
public void DownLoadTask(object url)
{
    Console.WriteLine("DownLoad Begin\t num:" + (++count));
    Downloader downloader = new Downloader(-1);
    byte[] data = downloader.DownloadData((string)url);
    var span = DateTime.Now.Subtract(startTime);
    Console.WriteLine("DownLoad End\t data len=" + data?.Length + "[" + span.
        TotalSeconds + "]");
}
/// <summary>下载任务（异步）</summary>
public async void DownloadTaskAsync(string url)
{
    Console.WriteLine("DownLoad Begin\t num:" + (++count));
    Downloader downloader = new Downloader(-1);
    byte[] data = await downloader.DownloadDataAsync(url);      //等待下载完成
    Console.WriteLine(data.Length);
    var span = DateTime.Now.Subtract(startTime);
    Console.WriteLine("DownLoad End\t data len=" + data?.Length + "[" + span.
        TotalSeconds + "]");
}
```

传入不同的参数并调用 DownloadTest 方法，即可完成对不同线程实现方式的测试。对每种实现方式分别进行多次测试并取平均值，得到如表 8-2 所示的测试结果。

表 8-2　几种线程实现方式的性能对比

实现方式	消耗时间（s）	内存峰值（MB）
单线程	61.0	23
手动多线程	27.1	68
系统线程池	19.2	29
使用 Task 对象	16.3	28
调用异步方法	24.6	51

测试结果显示：单线程方式占用内存最少，但耗时最长；在多线程方式中，使用 Task 对象的性能最佳，而手动多线程的性能最差；手动多线程和调用异步方法的性能接近，这

说明异步调用是基于多线程的；系统线程池和使用 Task 对象方式的性能比较接近，这也验证了使用 Task 对象方式是基于系统线程池实现的。

8.3 自定义线程池

8.3.1 线程池设计

对于大量短时任务，虽然系统线程池有很好的性能表现，但尚有不足之处：

1）每个进程只有 1 个系统线程池，只能通过静态方法访问，不能实例化对象。

2）系统线程池提供的操作接口有限，对工作线程状态的控制不足。

3）程序员无法掌控线程池的内部机制，难以将线程池与其他机制相结合。

使用系统线程池，调用 ThreadPool.QueueUserWorkItem 方法将任务添加到队列即可，其他事件都交由线程池自动处理。这样虽然可以简化操作，但难以灵活掌控。为了深入理解线程池的原理，更加全面、灵活、开放地使用线程资源，有必要创建一个自定义线程池。线程池的组成结构如图 8-10 所示。

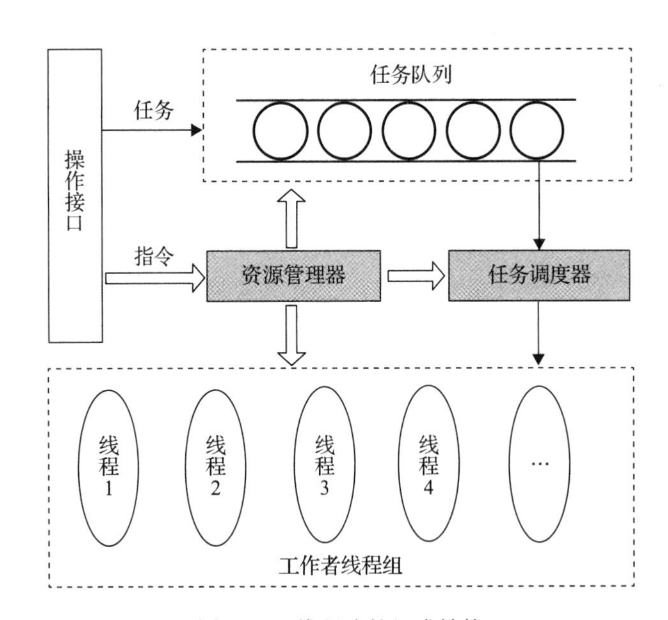

图 8-10　线程池的组成结构

自定义线程池由以下组件构成：

- 任务队列：用于存放等待执行的任务（包含回调方法和参数）。
- 工作者线程组：包含多个用于执行任务的工作线程。
- 资源管理器：用于初始化任务队列、创建和销毁工作者线程等。
- 任务调度器：将任务分配到空闲的工作者线程，以便执行。
- 操作接口：提供对外接口，以便于在程序中使用线程池功能。

8.3.2　线程池实现

整个自定义线程池的实现分为 3 个部分：TaskItem 类、WorkerThread 类和 MyThreadPool 类。其中，TaskItem 表示要执行的任务项；WorkerThread 表示工作者线程；MyThreadPool 表示自定义线程池，是核心类。

1. TaskItem 类

线程任务（TaskItem 类）的实现代码如下：

```
public class TaskItem ////用于表示任务的类
{
    public Action<object> action;        //表示任务的回调方法
    public object param;
    public TaskItem(Action<object> action, object param)
    {
        this.action = action;
        this.param = param;
    }
}
```

TaskItem 类包含两个成员变量：Action<object> 用于封装一个方法，该方法只有一个参数并且不返回值；param 表示参数数据（object 类型）。

2. WorkerThread 类

工作者线程（WorkerThread 类）的实现代码如下：

```
internal class WorkerThread
{
    private Thread t;                        //线程对象
    public TaskItem workItem;                //表示要执行的任务（包括回调方法和参数）
    public bool stopTag;                     //停止标志，用于结束工作线程
    public bool IsBusy { get { return isBusy; } }
    private bool isBusy;                     //表示线程是否繁忙
    AutoResetEvent resetEvent;               //用于挂起或唤醒工作线程
    public WorkerThread()
    {
        stopTag = false;
        resetEvent = new AutoResetEvent(false);
        isBusy = false;                      //初始为空闲
        t = new Thread(new ThreadStart(this.ThreadProc));
        t.Start();
    }
    public void DoWork(TaskItem workItem) //新的任务到来
    {
        this.workItem = workItem;            //更新任务
        resetEvent.Set();                    //唤醒工作线程
    }
    /// <summary>工作线程所执行的方法</summary>
```

```
    private void ThreadProc()
    {
        //工作者线程方法：使线程唤醒后不退出，而是继续通过委托执行回调方法
        while (true)
        {
            if (stopTag) break;              //遇到停止标记则退出循环,结束线程
            isBusy = false;                  //表示线程空闲,可以执行任务
            resetEvent.WaitOne();            //等待任务到来时被唤醒
            isBusy = true;                   //表示线程繁忙,正在执行任务
            if (workItem != null)            //如果任务非空
            {
                workItem.action.Invoke(workItem.param);//通过委托执行回调方法(任务)
            }
        }
    }
}
```

WorkerThread 类实际上是对 Thread 类的二次封装，并增加了信号量（AutoResetEvent 类型）等状态控制信息。WorkerThread 对象创建后，就以 ThreadProc 方法为主体开启一个线程；线程运行后马上调用 AutoResetEvent.WaitOne 方法将自身阻塞（表示空闲）；当有任务到来时就会发出信号量，唤醒线程执行任务（表示繁忙）；任务执行完成后，线程将再次阻塞，等待下次任务的到来。工作者线程的状态转换关系如图 8-11 所示。

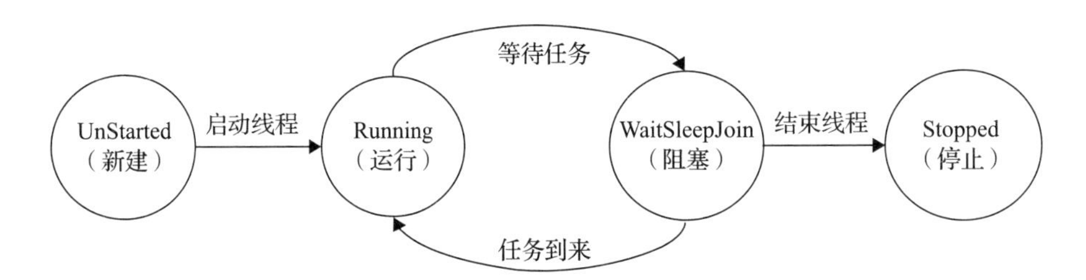

图 8-11　工作者线程（WorkerThread）的状态转换

3. MyThreadPool 类

自定义线程池（MyThreadPool 类）的实现代码如下：

```
public class MyThreadPool           //自定义的一个线程池，用于执行多线程任务
{
    private Queue<TaskItem> queue;                      //任务队列
    private List<WorkerThread> threads;                 //工作者线程列表（线程池）
    private bool stopTag = false;                       //停止标志
    public MyThreadPool(int maxCount)                   //构造方法
    {
        queue = new Queue<TaskItem>();                  //创建任务队列
        threads = new List<WorkerThread>();             //创建线程池
        for (int i = 0; i < maxCount; i++)
        {
            threads.Add(new WorkerThread());            //创建工作线程
```

```
        }
        Thread manageThread = new Thread(ManageProc);   //创建管理线程
        manageThread.Start();                           //开启管理线程
    }
    ///<summary>返回第一个空闲线程 </summary>
    private WorkerThread GetFreeThread()
    {
        foreach (var thread in threads)
        {
            if (thread.IsBusy == false)
            {
                return thread;
            }
        }
        return null;
    }
    /// <summary>管理线程主体</summary>
    private void ManageProc()
    {
        while (stopTag == false)                        //如果没有被设为停止
        {
            if (queue.Count > 0)                        //如果有任务
            {
                WorkerThread thread = GetFreeThread();  //获取一个空闲线程
                if (thread != null)                     //如果有空闲线程
                {
                    TaskItem workItem = queue.Dequeue();//取出任务
                    thread.DoWork(workItem);            //执行任务
                }
                Thread.Sleep(20);                       //阻塞20毫秒
            }
            else                                        //没有任务时
            {
                Thread.Sleep(100);                      //阻塞100毫秒
            }
        }
    }
    /// <summary>将任务添加到队列 </summary>
    public void QueueUserWorkItem(Action<object> action, object param)
    {
        TaskItem workItem = new TaskItem(action, param);
        queue.Enqueue(workItem);
    }
    /// <summary>销毁线程池</summary>
    public void Dispose()
    {
        queue.Clear();                                  //清空队列
        stopTag = true;                                 //结束管理线程
        foreach (var thread in threads)                 //对于每个工作线程
        {
```

```
                thread.stopTag = true;                          //添加停止标志
            }
        }
    }
```

MyThreadPool 类的成员变量包括：工作者线程列表（threads）、任务队列（queue）以及停止标志（stopTag）。在构造方法中对成员变量进行初始化，根据 maxCount 创建工作者线程列表，并启动管理线程进行任务调度。GetFreeThread 方法用于返回线程池中第一个空闲线程，若无空闲线程则返回 null。QueueUserWorkItem 方法用于将任务添加到队列，action 表示回调方法的委托，param 表示要传入的数据。ManageProc 方法是管理线程的主体，启动后循环执行，不断将队列中的任务分配到空闲的工作者线程。Dispose 方法用于销毁线程池，它将清空任务队列、停止管理线程和工作者线程。

8.3.3　性能测试

本次测试的内容仍然为使用自定义线程池下载 500 个指定网页。测试目的是观察线程池的最大线程数量与时空消耗之间的关系。数据来源为 VS 诊断工具所显示的内存峰值、全部网页数据下载完成的时间。测试要求为关闭其他网络应用，每次测试重新启动应用程序。

```
public void MyThreadPoolTest(int maxThread)
{
    startTime = DateTime.Now;
    count = 0;
    string[] urls = File.ReadAllLines("urls.txt");
    Action<object> action = DownLoadTask;
    MyThreadPool pool = new MyThreadPool(maxThread);
    foreach (var url in urls)
    {
        pool.QueueUserWorkItem(action, url);
    }
}
```

经多次测试取平均值，统计结果如图 8-12 所示。

测试结果显示：自定义线程池的最佳性能与系统线程池相当；时间消耗随着线程的增加在初期快速下降，中期保持稳定，后期有所上升；空间消耗随线程的增加呈线性上升趋势。这说明并发线程数量并非越多越好，应该在一个合理的区间，具体与任务本身、硬件环境、网络条件有关。同时，开启的线程越多，占用的内存就越多；线程之间切换频繁，调度成本也会增加；而网络带宽也是有限的，太多的线程抢占网络，效率会不增反降。

说明：系统线程池有两个线程数：coreThreads 和 maxThreads，线程池中至少包含 coreThreads 个工作者线程；任务大量到来时会新增一些工作者线程，但总数不会超过 maxThreads；随着任务不断完成，线程池会删除一些空闲线程，但至少会保留 coreThreads 个线程。本节所实现的只是一个简易线程池，其工作者线程数是固定的。

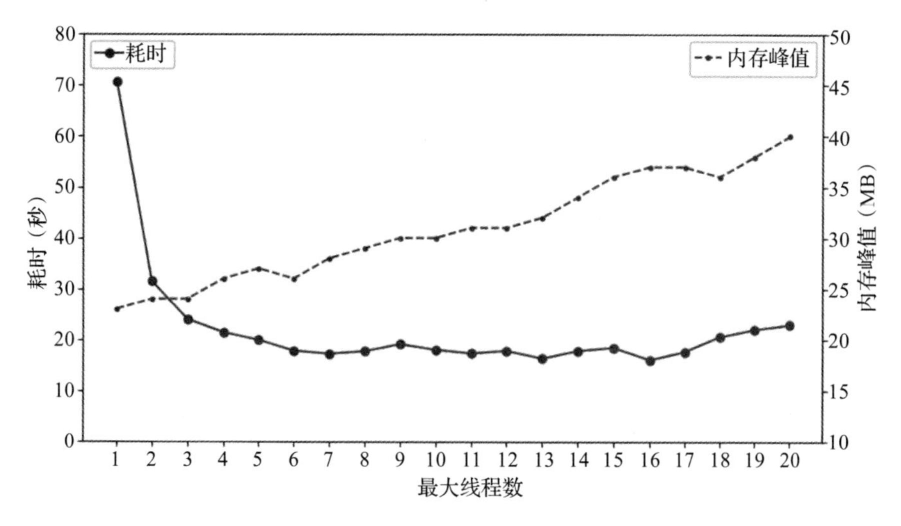

图 8-12　自定义线程池性能测试结果

8.4　多线程爬虫控制器

8.4.1　多线程控制器实现

我们仍以广度优先搜索为例，实现多线程爬虫控制器（MThreadsBFSController 类）。基本思路如下：多线程功能借助自定义线程池实现，广度优先搜索队列借用线程池的任务队列。主要实现代码如下：

```
public class MThreadsBFSController : Controller
{
    Downloader downloader;                          //下载器
    MyThreadPool pool;                              //自定义线程池
    /// <summary>构造方法 </summary>
    public MThreadsBFSController(int maxThread)
    {
        pool = new MyThreadPool(maxThread);         //线程池
        downloader = new Downloader();              //下载器
        visitedList = new List<string>();           //已访问的URL列表
        result = new List<HtmlPage>();              //结果列表
    }
    /// <summary>开启爬虫任务 </summary>
    public override List<HtmlPage> Start(string[] seeds)
    {
        foreach (string seed in seeds)              //对于每个种子URL
        {
            CreateSingleTask(seed, 0);              //添加为单个任务
        }
        while (true)
        {
            Thread.Sleep(200);                      //每隔200毫秒判断一次
            if (result.Count >= MaxCount)           //如果已达到任务量
```

```
            {
                stopTag = true;                         //设置停止标志
            }
            int unCompleted = result.Count((item) => item.completed == false);
                                                        //统计未完成数
            if (unCompleted == 0 && stopTag == true) break;
        }
        return result;                                  //返回结果
    }
    /// <summary>启动单次任务</summary>
    public void CreateSingleTask(string url, int layer)
    {
        lock (result)
        {
            if (result.Count < MaxCount)                //如果没有达到任务量
            {
                visitedList.Add(url);                   //加入访问列表
                HtmlPage newPage = new HtmlPage(url, layer);   //创建HtmlPage对象
                result.Add(newPage);                    //添加到结果列表
                pool.QueueUserWorkItem(new Action<object>(Visit), newPage);
                                                        //添加到线程池
            }
        }
    }
    /// <summary>描述（网页访问）单次任务</summary>
    public void Visit(object param)
    {
        HtmlPage page = (HtmlPage)param;
        string url = page.url;
        page.html = downloader.DownLoadHtml(url);       //下载网页
        Console.WriteLine(url + " 下载完成");            //提示信息
        page.completed = true;                          //下载完成
        if (string.IsNullOrEmpty(page.html)) return;    //如果下载失败
        HtmlParser parser = new HtmlParser(page.html);  //HTML解析器
        List<string> hrefs = parser.GetAllHrefs(page.url); //抽取所有超链接
        foreach (var href in hrefs)                     //对于每个超链接
        {
            if (visitedList.Contains(href)) continue;   //忽略已访问过的URL
            if (Filter != null && Filter(href) == false) continue; //经过URL过滤机制
            if (stopTag) return;                        //任务是否已结束
            CreateSingleTask(href, page.layer + 1);     //将链接添加为单次任务
        }
    }
    /// <summary>开启异步任务，可等待 </summary>
    public override async Task<List<HtmlPage>> StartAsync(string[] seeds)
    {
        return await Task.Run(() => { return Start(seeds); });
    }
}
```

上述代码中所定义的 MThreadsBFSController 类同样继承自 Controller 抽象类（见第 7 章）。类中添加了一个 MyThreadPool 类型的成员变量 pool 用来提供多线程功能，并将借助其任务队列实现广度优先搜索。在 MThreadsBFSController 类中，实现了 Controller 类的抽象方法 Start 和 StartAsync，分别用于开启同步和异步任务。当 Start 方法被调用后，首先将种子 URL 添加为访问任务，交由线程池执行，然后不断轮询检测任务状态，直到任务全部结束后返回结果。Visit 方法是线程任务的主体方法，用于描述单次网页访问过程。为避免重复代码，我们将创建单次任务的功能封装为 CreateSingleTask 方法。

使用 MThreadsBFSController 对象开启爬虫任务的示例代码如下：

```
public void MThreadsBFSControllerTest()
{
    string[] seeds = new string[] { "http://www.ly.gov.cn/" };     //种子URL
    MThreadsBFSController controller = new MThreadsBFSController(5);//创建控制器
    controller.MaxCount = 100;                                      //设置最大下载数量
    controller.Filter = ((string x) => { return x.Contains("ly.gov.cn"); });
                                                                    //设置URL过滤器
    List<HtmlPage> result = controller.Start(seeds);                //开启任务
    Console.WriteLine("任务结束，网页总数：" + result.Count.ToString());
}
```

上述代码通过 MThreadsBFSController 对象实现对某新闻网站的多线程广度优先爬取。我们设置了采集任务量和 URL 过滤器，并将网站首页（http://www.ly.gov.cn/）作为起始种子开启爬虫任务。调用上述方法得到如图 8-13 所示的运行结果。

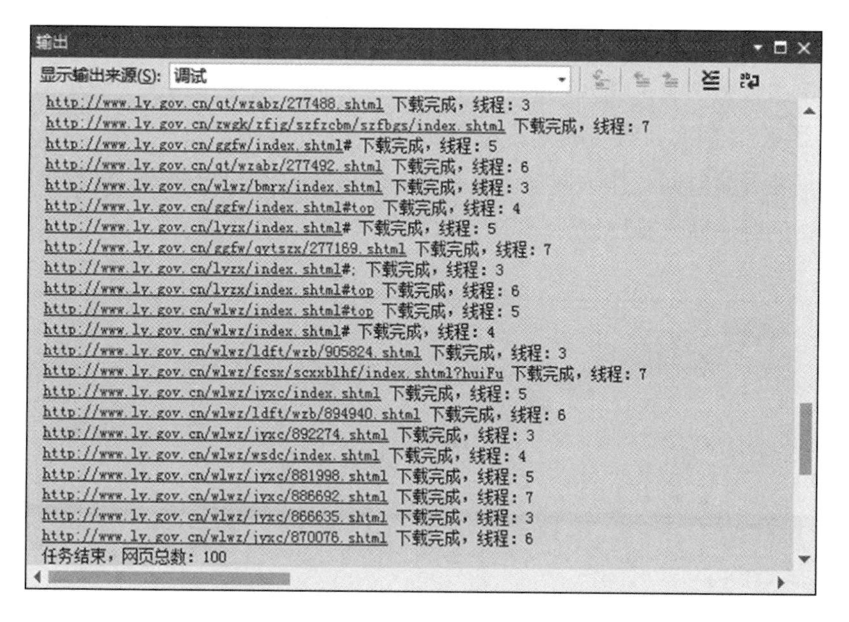

图 8-13　程序运行结果（多线程爬虫控制器）

由于我们设置了最大线程数（maxThread）为 5，因此这 100 个网页（任务）分散在 5

个不同的线程中下载，其线程 ID 分别为 3、4、5、6、7。

8.4.2 访问序列分析

1. 爬虫的访问序列

爬虫搜索过程中会产生一个网页访问序列。在网络资源不变的情况下，单线程爬虫会沿着某个确定的搜索路径进行访问。但对于多线程爬虫来说，搜索路径是不确定的。

广度优先爬虫对网页逐层搜索，层内按照超链接获取的先后次序访问。单线程爬虫会等第一个请求返回后，再发出下一个请求，从而保证访问次序。引入多线程机制后，原有次序就可能发生改变。多线程爬虫会先后发出多个请求，后发出的请求可能先返回，这就影响了访问次序。网页以及网页之间的超链接可以看作一个有向图，下面以图 8-14 所示的有向图为例进行讨论。

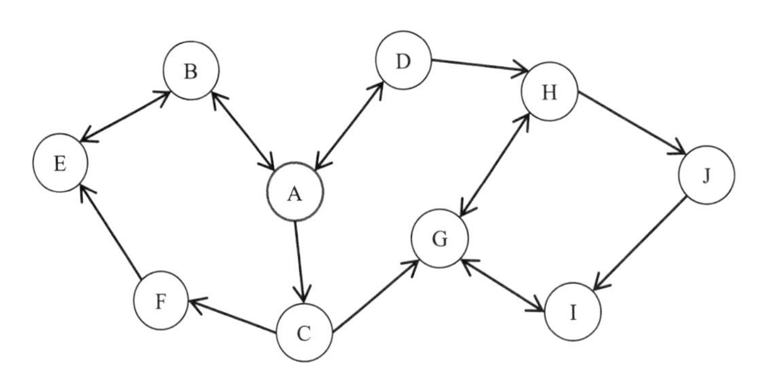

图 8-14　有向图示例

访问网页可分为网页下载和网页解析两个阶段，而下载时间又是不确定的（受服务器和网络环境影响）。因此，访问网页是一个时间段（从 t_1 开始，到 t_2 结束），为避免重复访问，我们统一将开始时间 t_1 作为网页访问时间。若将网页 A 作为种子，进行单线程广度优先遍历，其访问时序如图 8-15 所示。

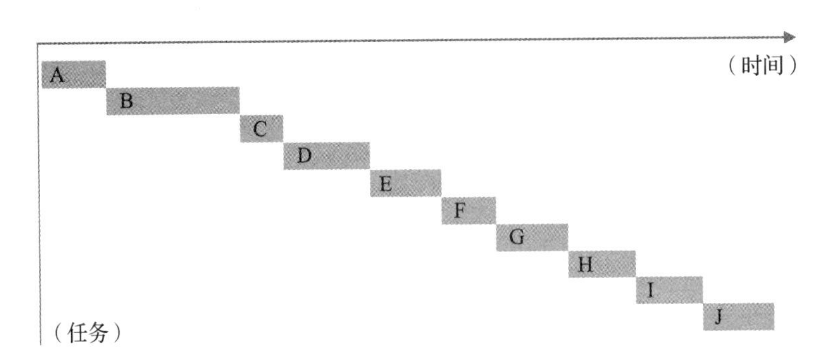

图 8-15　单线程爬虫访问时序

图 8-15 中的横轴表示时间，纵轴表示任务，每个进度条对应一个网页的访问过程。显

而易见，单线程爬虫的特点是必须在上一个任务完成后才能开启下一个任务。其对应的生成树如图 8-16 所示。

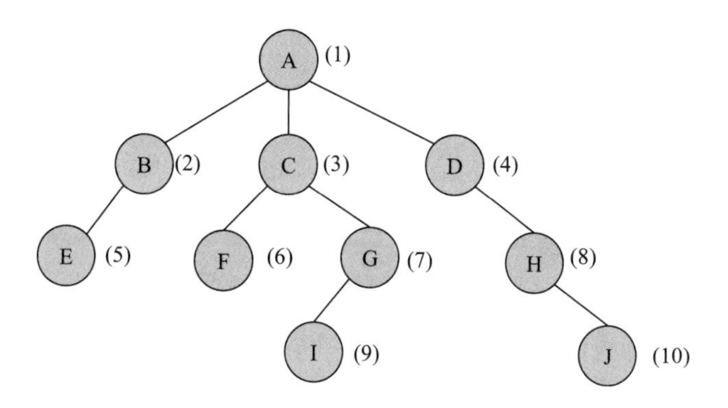

图 8-16　单线程爬虫生成树

图 8-16 中的每个节点表示一个网页（任务），节点旁边括号里的数字表示访问序号。若采用单线程爬取，得到的访问序列是固定不变的（本例为“ABCDEFGHIJ”），相当于生成树的层次遍历。若采用多线程方式，则访问时序就可能发生不确定的变化，图 8-17 给出了一种可能的访问时序。

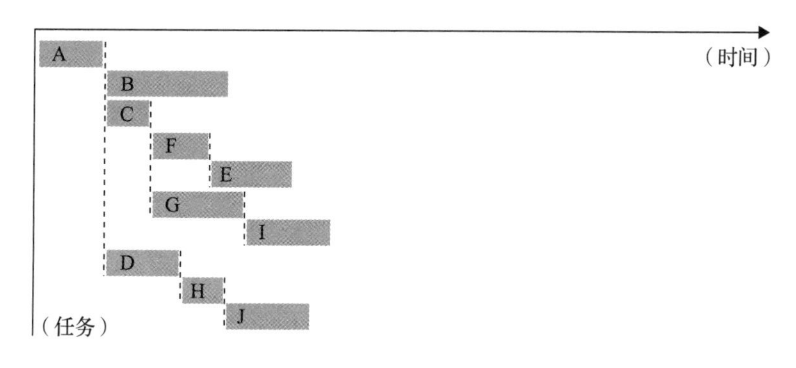

图 8-17　多线程爬虫访问时序

当种子网页 A 访问完毕后，会得到 3 个邻接点（B、C、D），多线程机制会开启 3 个线程对 B、C、D 分别进行访问。由于受到多种因素的影响，同时发出的请求会先后返回，甚至后发出的请求可能先返回，这就使得整个访问次序发生变化。图 8-17 中的访问序列为“ABCDFGHEJI”，对应的生成树如图 8-18 所示。

总之，多线程爬虫会产生不确定的访问次序。在允许访问次序变化的前提下，我们希望能够描述其变化（错乱）的程度。

2. 访问序列的逆序率

设 $\boldsymbol{A}$ 为一个包含 n 个元素的序列（$n>1$），其中所有元素各不相同。序列 $\boldsymbol{A}$ 中任意两个不同位置的元素 $<\boldsymbol{A}[i], \boldsymbol{A}[j]>$ 都可以组成一个**序对**（$1\leqslant i<j\leqslant n$）。若 $\boldsymbol{A}[i]>\boldsymbol{A}[j]$，则称 $<\boldsymbol{A}[i],$

$A[j]$> 为**逆序对**。序列中所有逆序对的个数被称为序列的**逆序数**。我们可以采用**逆序率**度量序列的错乱（无序）程度，计算公式为

$$逆序率 = (逆序数 / 序对总数)\times 100\%$$

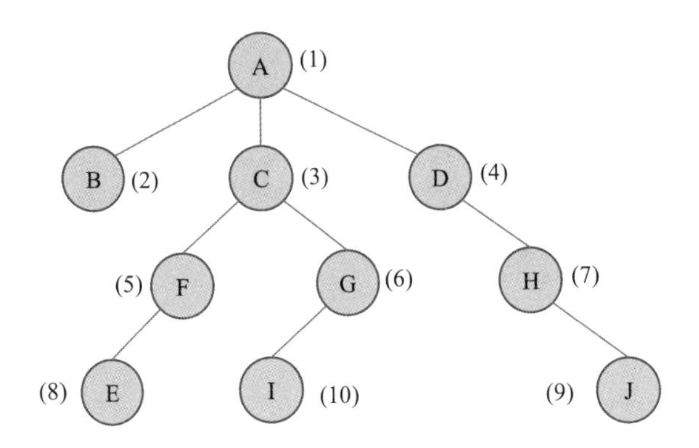

图 8-18　多线程爬虫生成树

其中，序对总数仅与序列长度 n 有关，计算公式为

$$序对总数 = (n-1)\times(n-2)/2$$

计算多线程爬虫访问序列逆序率的步骤如下：

第一步：按顺序编号。按照单线程爬虫的访问次序对网页进行递增编号（从 1 开始）。以图 8-16 为例，其访问过程的编号序列如下：

网页	A	B	C	D	E	F	G	H	I	J
编号	1	2	3	4	5	6	7	8	9	10

显而易见，上述编号从小到大依次排序，此序列是完全正序的（逆序数为 0）。

第二步：填入编号。为多线程爬虫的实际访问序列填入（第一步生成的）编号。以图 8-18 为例，其访问过程的编号序列如下：

网页	A	B	C	D	F	G	H	E	J	I
编号	1	2	3	4	6	8	5	7	10	9

第三步：计算逆序率。统计多线程爬虫访问序列的逆序数，并代入公式计算逆序率。上述编号序列包含 4 个逆序对：<6,5>、<8,5>、<8,7>、<10,9>，此序列的逆序率为

$$逆序数 / 序对总数 = 4/(9\times 8/2)\times 100\% \approx 11.1\%$$

从理论上讲，多线程爬虫和单线程爬虫的搜索范围是相同的。为了在较短的时间内达到测试目的，通常会设置限定条件（包括网页总数、域名范围、搜索层数等）。由于篇幅所限，关于测试多线程爬虫逆序率的具体实现代码，这里不再列出，有兴趣的读者可自行尝试。

第9章
使用代理

对于网络爬虫来说，有些 Web 资源无法直接访问，有些服务器会对访问行为进行频率限制，通过代理（Proxy）可以从某种程度上解决上述问题。本章将介绍代理机制及其在网络爬虫中的应用。

9.1 代理机制

当网络爬虫的访问频率很高（远超人类正常浏览速度）时，直接访问网络资源可能会受到 Web 服务器的限制。对此，一方面可以适当降低访问频率，另一方面可以通过代理间接访问。代理服务器接收到客户端对资源的请求后，能够从其缓存中返回资源，或者将请求转发到远程服务器（如图 9-1 所示）。

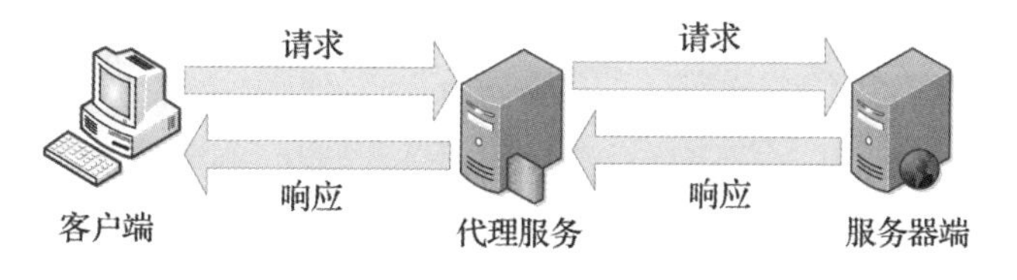

图 9-1 网络代理机制

代理服务器的意义在于：①作为缓存器，可以减少对远程服务器的请求数量，从而提高网络性能；②作为中转站，能够为客户端提供一条额外的数据通路；③作为过滤器，可以用来限制对某些资源的访问。

代理服务器有多种应用场景，对于网络爬虫的价值在于：①当 Web 资源无法直接访问或者速度较慢时，可以通过代理服务器转发建立另一条通路；②当高频访问行为可能受到限制时，可以通过代理池实现多路并发访问。

9.1.1 使用 WebProxy 对象

在 .NET 框架中，WebProxy 对象用于描述 HTTP 代理设置，它决定了 WebRequest 对象在发送请求时是否使用网络代理。全局 Web 代理设置可以在计算机和应用程序配置文件中指定，自定义 Web 代理可以在应用程序中通过 WebProxy 对象指定。WebProxy 类提供了多种构造方法用于创建对象（如表 9-1 所示）。

表 9-1　WebProxy 类的结构方法

方　法	功能描述	参　数
WebProxy()	创建一个代理服务器地址为空的 WebProxy 对象	无
WebProxy(string Address)	通过指定地址创建	Address：代理服务器地址
WebProxy (string Host, int Port)	通过主机名和端口创建	Host：主机名 Port：端口号
public WebProxy (Uri Address)	通过 URI 对象创建	Address：包含代理地址的 URI 对象
WebProxy (string Address, bool BypassOnLocal)	通过指定地址和旁路设置创建	Address：代理服务器地址 BypassOnLocal：访问本地资源是否绕过代理（true 表示绕过，false 表示不绕过）
WebProxy (string Address, bool BypassOnLocal, string[] BypassList)	通过指定地址、旁路设置以及旁路列表创建	Address：代理服务器地址 BypassOnLocal：访问本地资源是否绕过代理（true 表示绕过，false 表示不绕过） BypassList：需要绕过代理的地址

除表 9-1 列出的方法外，WebProxy 类还提供其他一些构造方法，由于篇幅所限，这里不再详述。通过 WebProxy 对象设置代理的示例代码如下：

```
public void DownLoadWithProxy()
{
    WebProxy webProxy = new WebProxy("119.179.139.90:8060");        //创建代理对象
    WebRequest request = WebRequest.Create("http://www.baidu.com"); //创建请求对象
    request.Proxy = webProxy;                                //为请求设置代理
    WebResponse response = request.GetResponse();            //获取响应
    Stream stream = response.GetResponseStream();            //响应流
    StreamReader reader = new StreamReader(stream);          //创建StreamReader对象
    string html = reader.ReadToEnd();                        //读取所有字符
    Console.Write(html);                                     //输出响应文本
}
```

在上述代码中，“119.179.139.90:8060”为代理服务器地址，“http://www.baidu.com”为要请求的网络资源地址。DownLoadWithProxy 方法被调用后的输出结果如图 9-2 所示。

由于 WebProxy 提供了多种构造方法，创建代理对象还可以采用以下代码：

```
WebProxy webProxy = new WebProxy("119.179.139.90", 8060);
```

或者采用以下代码：

```
WebProxy webProxy = new WebProxy(new Uri("http://119.179.139.90:8060"));
```

注意：创建 WebProxy 时，若使用 URI 对象作为参数，地址前需要加上协议类型（http:// 或 https://）；若使用主机名和端口号作参数，则不能添加协议类型。在创建 WebProxy 对象时，若代理地址无效则会抛出异常；在访问网络资源时，若代理服务器不可用，也会抛出异常；使用代理服务器地址为空的 WebProxy 对象相当于没有设置代理。

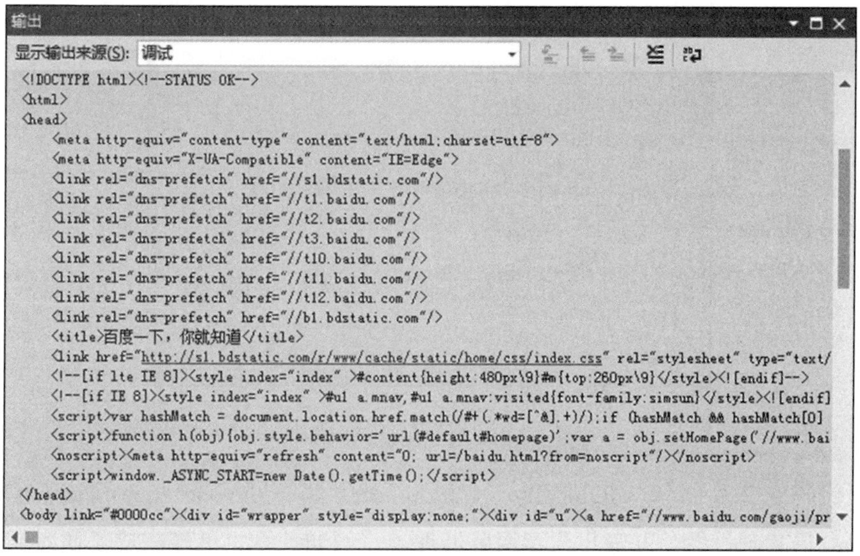

```
输出
显示输出来源(S): 调试
<!DOCTYPE html><!--STATUS OK-->
<html>
<head>
    <meta http-equiv="content-type" content="text/html;charset=utf-8">
    <meta http-equiv="X-UA-Compatible" content="IE=Edge">
    <link rel="dns-prefetch" href="//s1.bdstatic.com"/>
    <link rel="dns-prefetch" href="//t1.baidu.com"/>
    <link rel="dns-prefetch" href="//t2.baidu.com"/>
    <link rel="dns-prefetch" href="//t3.baidu.com"/>
    <link rel="dns-prefetch" href="//t10.baidu.com"/>
    <link rel="dns-prefetch" href="//t11.baidu.com"/>
    <link rel="dns-prefetch" href="//t12.baidu.com"/>
    <link rel="dns-prefetch" href="//b1.bdstatic.com"/>
    <title>百度一下，你就知道</title>
    <link href="http://s1.bdstatic.com/r/www/cache/static/home/css/index.css" rel="stylesheet" type="text/
    <!--[if lte IE 8]><style index="index" >#content{height:480px\9}#m{top:260px\9}</style><![endif]-->
    <!--[if IE 8]><style index="index" >#u1 a.mnav,#u1 a.mnav:visited{font-family:simsun}</style><![endif]
    <script>var hashMatch = document.location.href.match(/#+(.*wd=[^&].+)/);if (hashMatch && hashMatch[0]
    <script>function h(obj){obj.style.behavior='url(#default#homepage)';var a = obj.setHomePage('//www.bai
    <noscript><meta http-equiv="refresh" content="0; url=/baidu.html?from=noscript"/></noscript>
    <script>window._ASYNC_START=new Date().getTime();</script>
</head>
<body link="#0000cc"><div id="wrapper" style="display:none;"><div id="u"><a href="//www.baidu.com/gaoji/pr
```

图 9-2 程序运行结果

有些代理服务器需要身份验证，用户需要提交用户名和密码才能享受代理服务。验证信息通过 WebProxy 对象的 Credentials 属性进行设置，示例代码如下：

```
WebProxy webProxy = new WebProxy("119.179.139.90:8060");
ICredentials credt = new NetworkCredential("username", "password");
webProxy.Credentials = credt;
```

9.1.2 使用全局代理

1. 通过“Internet 选项”设置全局代理

通过“Internet 选项”设置全局代理的步骤为：打开 Internet 选项，选择“连接”，再选择“局域网设置”（如图 9-3 所示），勾选“为 LAN 使用代理服务器”，输入“地址”和“端口”信息，单击“确定”按钮即可。

当使用 WebRequest 对象请求资源时，如果没有通过 WebProxy 对象设置代理，将默认使用 IE 浏览器设置的网络代理。下列代码用于输出全局代理信息：

```
public void GetGlobalProxy()
{
    IWebProxy iWebProxy = WebRequest.DefaultWebProxy;
```

```
    Uri uri = iWebProxy.GetProxy(new Uri("http://www.baidu.com"));
    Console.WriteLine("Global Proxy:" + uri.AbsoluteUri);
}
```

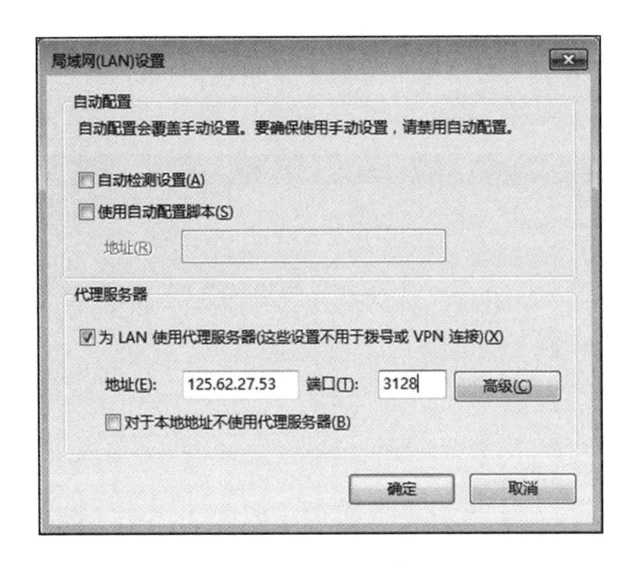

图 9-3 设置全局代理

上述代码定义了一个 GetGlobalProxy 方法，此方法通过 WebRequest.DefaultWebProxy 属性获取全局代理设置，并输出代理服务器地址。假如计算机已经完成了如图 9-3 所示的代理设置，GetGlobalProxy 方法被调用后的输出结果如图 9-4 所示。

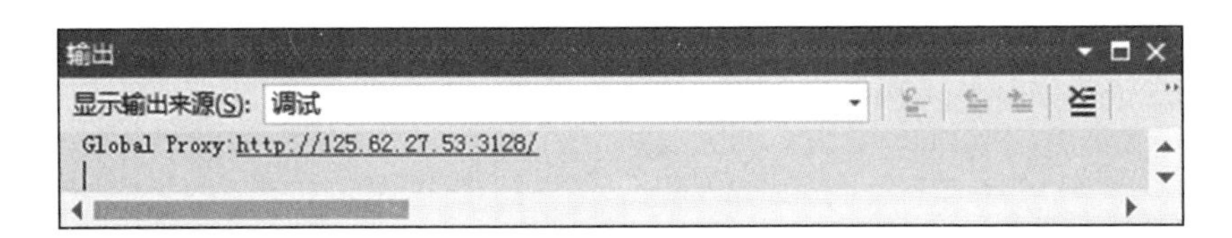

图 9-4 程序运行结果

2. 通过配置文件（app.config）设置全局代理

除了在“Internet 选项”中设置代理，还可以在配置文件 app.config 中添加相关标签进行配置。添加代理后的 app.config 文件示例如下：

```
<configuration>
    <system.net>
        <defaultProxy>
            <proxy  proxyaddress="http://192.168.1.10:8080"  bypassonlocal="True"/>
            <bypasslist>
                <add address="http://www.163.com" />
                <add address="http://www.qq.com" />
            </bypasslist>
        </defaultProxy>
```

```
    </system.net>
</configuration>
```

若将上述配置添加到当前程序的 app.config 文件中，然后在程序中调用 GetGlobalProxy 方法，可得到如图 9-5 所示的输出结果。

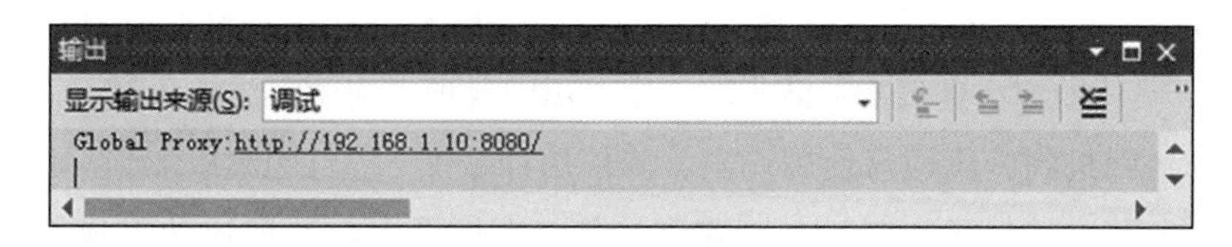

图 9-5　程序运行结果

此时，我们并没有清除“Internet 选项”中的代理设置，但输出结果变为 app.config 文件中所配置代理地址。这说明通过“app.config 文件”设置代理优先于“Internet 选项”。

3. 设置 WebRequest.DefaultWebProxy 属性

除了上述两种方式，还可以在程序中通过 WebRequest.DefaultWebProxy 属性设置全局代理。DefaultWebProxy 属性被设置后，WebRequest 对象访问 Web 资源时将以此作为代理。下面给出设置 DefaultWebProxy 属性的示例代码：

```
public void SetGlobalProxy()
{
    WebProxy webProxy = new WebProxy("119.179.139.90", 8060);
    WebRequest.DefaultWebProxy = webProxy;
    GetGlobalProxy();
}
```

调用 SetGlobalProxy 方法，输出结果如图 9-6 所示。

图 9-6　程序运行结果

9.2　自定义代理池

9.2.1　代理池设计

当同一个 IP 地址频繁访问一个网站时，可能会被限制访问。此时，使用代理是一种很好的解决方案。当本机使用代理时，请求信息由代理服务器转发，网站收到的请求地址为代理地址，先将数据返回给代理，再由代理转发到本机。这样，就可以有效地避开 IP 限制。但这样还是不能完全解决问题，因为大量使用同一个代理，会导致此代理 IP 也被限制，所以需要一个代理池来保证访问的持续有效性。

代理池应具有以下功能：

1）资源更新机制：维护由多个代理组成的队列，可以添加新的代理资源，定期检测代理服务器状态（标记为有效或无效），能够删除长期无效的代理。

2）代理分发机制：分发原则为均匀使用，也就是说让每个代理都有被用到的机会，避免忙闲不均。具体的方法是每次从队头取一个可用的代理，使用后放入队尾。

3）定期休眠机制：代理每使用一次，其使用计数加 1，当计数添加到一定数值 n 时，就必须暂时使用一段时间 t。其中，n 和 t 由用户进行设置。代理池的组成结构如图 9-7 所示。

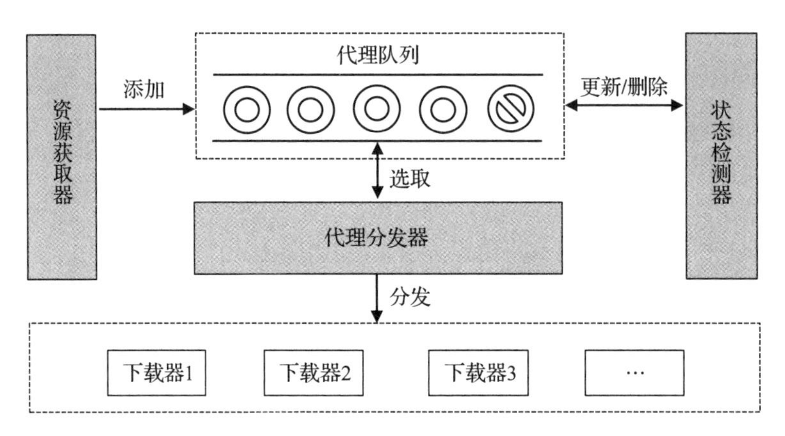

图 9-7　代理池组成结构

资源获取器用于获取代理服务器资源（主机地址和端口号，有的还需要用户名和密码），并将其添加到代理队列中。获取资源的途径有多种：从历史资源导入（从文件加载）、从公开网站爬取（通常免费）、通过服务商 API 获取（通常收费）。代理队列用于存放代理资源，由于其操作符合队列的特点（先进先出），故得此名。状态检测器用于检测每个代理服务器是否可用，并根据设置条件（比如连续 3 次检测无效）移除那些长期无效的代理。代理分发器用于选择并给下载器分配代理资源，分发原则为均匀使用、控制频次、适当轮休。

9.2.2　代理池实现

整个代理池的实现主要包括 2 个类：ProxyInfo 和 ProxyPool。其中，ProxyInfo 类表示一个代理资源（基础类），ProxyPool 类表示自定义代理池（核心类）。

1. ProxyInfo 类的实现

为了便于在线程池中描述、管理代理资源，我们定义了 ProxyInfo 类。主要代码如下：

```
public class ProxyInfo
{
    private WebProxy proxy;                              //WebProxy对象
```

```
    public int UseCount { get; set; } = 0;                    //使用计数
    public DateTime sleepTime { get; set; } = DateTime.MinValue; //休眠时间
    public bool Available { get; set; } = false;              //是否可用
    public int TestFailures { get; set; } = 0;  //连续测试失败的次数(用于删除无效代理)
    /// <summary>构造方法1 </summary>
    /// <param name="proxy">WebProxy对象</param>
    public ProxyInfo(WebProxy proxy)
    {
        this.proxy = proxy;
    }
    /// <summary>构造方法2</summary>
    /// <param name="host">主机名</param>
    /// <param name="port">端口号</param>
    public ProxyInfo(string host, int port)
    {
        this.proxy = new WebProxy(host, port);
    }
    /// <summary> 构造方法2</summary>
    /// <param name="username">用户名</param>
    /// <param name="password">密码</param>
    public ProxyInfo(string host, int port, string username, string password)
    {
        this.proxy = new WebProxy(host, port);
        if (username != null && password != null)
        {
            ICredentials jxCredt = new NetworkCredential(username, password);
            proxy.Credentials = jxCredt;
        }
    }
    /// <summary>获取WebProxy对象</summary>
    public WebProxy GetWebProxy()
    {
        return proxy;
    }
}
```

ProxyInfo 类本质上是对 System.Net.WebProxy 类的二次封装，它提供了多种构造方法，既可以直接接收一个 WebProxy 对象，也可以通过主机名和端口号创建 WebProxy 对象，还可以向代理服务器提交身份验证（通过用户名和密码）。成员变量中除了 WebProxy 对象外，还包括多个状态参数（如使用计数、休眠时间、是否可用等），这些参数都将在代理池调度中发挥重要作用。

2. ProxyPool 类的实现

ProxyPool 类用于管理、维护和分配代理资源，其成员变量以及构造方法如下：

```
public class ProxyPool
{
```

```
    public List<ProxyInfo> proxyQueue = new List<ProxyInfo>();  //代理队列（可动态更新）
    public int MaxUseCount { get; } = 10;                       //最大连续使用次数
    private double ReuseInterval { get; } = 5.0;                //最小间隔时间（单位：秒）
    private bool validating = false;                            //是否正在检测
    /// <summary> 构造方法1</summary>
    public ProxyPool(){  }
    /// <summary> 构造方法2</summary>
    public ProxyPool(double reuseInterval, int maxUseCount, string path = "")
    {
        proxyQueue = new List<ProxyInfo>();
        this.ReuseInterval = reuseInterval;
        this.MaxUseCount = MaxUseCount;
        if (path != "") AddFromFile(path);
    }
……                                                              //其他代码
}
```

上述代码提供了 2 种构造方法：第 1 种构造方法采用默认参数初始化；第 2 种构造方法通过指定的参数初始化，其中 reuseInterval 表示代理休眠后的最小间隔时间，maxUseCount 表示每个代理的最大连续使用次数，path 表示包含代理信息的文件地址。当参数 path 非空时，将调用 AddFromFile 方法从文件中加载代理信息并导入线程池。AddFromFile 方法的实现代码如下：

```
/// <summary>从文件中读取代理信息并导入代理池</summary>
public void AddFromFile(string path)
{
    string[] lines = File.ReadAllLines(path);                   //读取文件
    foreach (string line in lines)                              //对于每一行
    {
        string[] tags = new string[] { "\t", ":", " ", "@" };   //分隔符
        string[] items = line.Split(tags, StringSplitOptions.RemoveEmptyEntries);
                                                                //分隔
        if (items.Length >= 2)                                  //如果分隔结果大于2项
        {
            try
            {
                string host = items[0];                         //取出主机名
                int port = int.Parse(items[1]);                 //取出端口号
                ProxyInfo proxy = new ProxyInfo(host, port);    //创建ProxyInfo对象
                Add(proxy);                                     //添加到代理池
            }
            catch (Exception ex)
            {
                Console.WriteLine(ex.ToString());
            }
        }
    }
}
```

文件中的代理地址通常按行存放（如图9-8所示），但考虑到地址格式的多样性，在处理时使用了多种分隔符（空格、制表符、冒号等）。当代理地址有误时，创建ProxyInfo对象时会抛出异常，为避免异常情况的影响，在上述代码中使用了try-catch语句，这样就会跳过异常地址，继续导入其他地址。

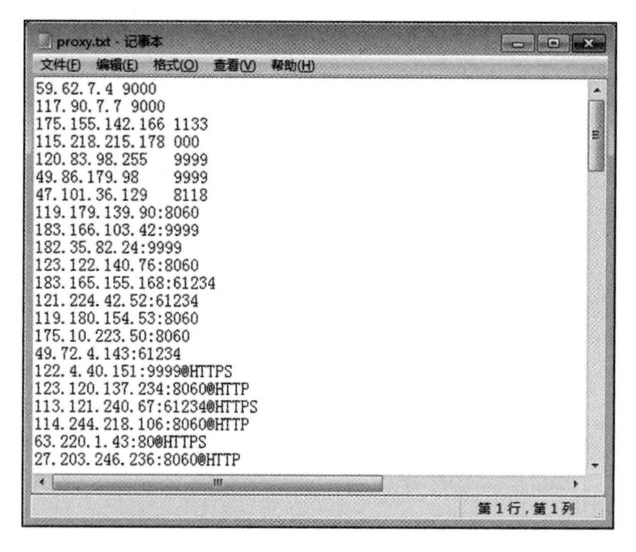

图9-8　存放代理地址的文本文件

上述代码调用Add方法将新建的ProxyInfo对象添加到代理池中，添加前先通过Exist方法判断该代理是否已经存在于代理池中，若存在则不重复添加。Add和Exist方法的实现代码如下：

```
/// <summary> 向代理池新增一个代理</summary>
/// <param name="proxy">ProxyInfo对象</param>
public void Add(ProxyInfo proxy)
{
    if (!Exist(proxy))
    {
        proxyQueue.Add(proxy);
    }
}
/// <summary> 代理池中是否包含某个代理</summary>
public bool Exist(ProxyInfo proxy)
{
    foreach (var item in proxyQueue)
    {
        if (item.GetWebProxy().Address == proxy.GetWebProxy().Address)
        {
            return true;
        }
    }
    return false;
}
```

在 Exist 方法中，通过比较服务器地址来判断两个代理是否相同。由于各种原因，代理服务器（尤其是免费代理）经常处于不稳定状态，因此，在使用代理前需要检测其是否可用。Validate 方法用于检测一个代理是否可用，主要代码如下：

```
/// <summary> 检测一个代理是否可用/// </summary>
public HttpStatusCode Validate(ProxyInfo proxy, string url = "http://www.baidu.
    com", int timeout = 2000)
{
    try
    {
        HttpWebRequest request = (HttpWebRequest)WebRequest.Create(url);
                                                  //请求对象
        request.Timeout = timeout;                //超时参数
        request.Proxy = proxy.GetWebProxy();      //设置代理
        HttpWebResponse response = (HttpWebResponse)request.GetResponse();
                                                  //获取响应
        return response.StatusCode;               //返回响应状态
    }
    catch (Exception)
    {
        return HttpStatusCode.ServiceUnavailable;//返回错误状态
    }
}
```

上述代码采用的检测方法是，通过代理进行一次网络资源下载，如果能正常下载，则说明该代理可用。参数 proxy 表示要检测的代理对象；参数 url 表示用于检测的网页地址，默认为百度首页；参数 timeout 为下载超时时间，默认为 2000ms。检测结果通过 HttpWebResponse.StatusCode 属性（响应状态码）来判断，当 StatusCode 属性值为 HttpStatusCode.OK（状态码为 200）时表示代理可用，其他状态表示不可用；检测代码包含在 try-catch 语句中，若检测过程中出现任何异常，同样认为代理不可用。

代理检测的目的是，当使用代理下载数据时，尽量保证代理是可用的。仅在添加代理时进行检测看起来简单高效、一劳永逸，其实不然：一方面，这会排除一些暂时不可用的代理（稍后还可以恢复）；另一方面，那些可用的代理经过一段时间也可能会失效。可见，仅在添加时检测是不够的，那么，能不能在每次使用前检测？此方式能在最大程度上保证代理使用的成功率，但会急剧增加检测的频次，降低下载效率。比较理想的方式是定时检测并更新代理状态，选取代理时，可根据上次的检测结果判断其是否可用。BeginValidate 方法采用异步方式对池中的所有代理进行状态检测，主要代码如下：

```
/// <summary> 对代理池中的所有代理进行状态检测</summary>
public async void BeginValidate()
{
    if (validating == true) return;              //如果正在检测，则取消本次验证
    validating = true;                           //表示正在检测
    await Task.Run(() =>
```

```
    {
        var proxis = proxyQueue.ToList();
        foreach (ProxyInfo proxy in proxis)
        {
            if (Validate(proxy) == HttpStatusCode.OK)
            {
                proxy.Available = true;
                proxy.TestFailures = 0;
            }
            else
            {
                proxy.Available = false;
                proxy.TestFailures++;
            }
        }
    });
    validating = false;                         //表示检测完成
}
```

为了不影响主线程的工作，检测过程采用异步方式（在新线程中执行）。调用 BeginValidate 方法可开启一次检测，成员变量 validating 用于标识检测是否正在进行，若上一次检测尚未完成，用户再次调用 BeginValidate 方法，则本次检测将不会被执行。检测过程需要一定时间，具体与代理总数、状态以及超时参数等有关。两次检测的时间间隔由用户自行控制。

通过状态检测机制能够知道哪些代理服务器是可用的，但代理池的目标是为用户提供稳定、可靠的代理资源，核心在于如何选取分发。选取的原则为检测合格、计数休眠、均匀使用。具体来说，只能从上次检测为可用的代理中选取；当一个代理连接使用多次后，必须暂停一段时间；让每个代理都有被选中的机会，尽量避免忙闲不均。GetAvaiableProxy 方法用于选取一个可用的代理，主要代码如下：

```
/// <summary>获取一个可用的代理对象</summary>
public ProxyInfo GetAvaiableProxy()
{
    foreach (var proxy in proxyQueue)
    {
        //若代理可用,且休眠时间大于重用间隔
        if (proxy.Available && DateTime.Now.Subtract(proxy.sleepTime).TotalSeconds
            > ReuseInterval)
        {
            proxy.UseCount++;                         //使用计数加1
            if (proxy.UseCount >= MaxUseCount)  //若达到最大使用次数
            {
                Sleep(proxy);                         //进入休眠状态
            }
            return proxy;
        }
```

```
    }
    return null;                              //没有可用的代理，返回null
}
```

在上述代码中，成员变量 MaxUseCount 表示最大使用次数，成员变量 ReuseInterval 表示休眠后的重用间隔，这两个变量由用户在构造线程池时指定。GetAvaiableProxy 方法将返回第一个满足条件的代理，并将其使用计数加 1；若计数达到最大次数，则调用 Sleep 方法使其进入休眠状态。Sleep 方法的主要代码如下：

```
/// <summary>使代理休眠（暂停使用）一段时间</summary>
/// <param name="proxy">需要休眠的代理</param>
public void Sleep(ProxyInfo proxy)
{
    proxy.sleepTime = DateTime.Now;       //开始休眠时间
    proxy.UseCount = 0;                   //使用计数清零
    proxyQueue.Remove(proxy);             //将此代理移除
    proxyQueue.Add(proxy);                //添加到队列尾部
}
```

代理休眠时除了记录休眠时间、清零使用计数外，还有一个重要操作，就是将代理从队首调整到队尾。调整位置的理由包括：①由于此代理已经休眠，即使放在队首也不能使用，只会增加选取判断的次数。②由于休眠结束后的代理处于队尾，让其他代理有更多选中的机会，客观上也增加了此代理的休眠时间。因此，调整代理位置既能提高选取效率，又符合均匀使用的原则。

对于那些长期无效的代理，可以调用 RemoveDisabledProxies 方法进行清理，参数 testFailures 表示连续检测失败的次数（默认为 3），主要代码如下：

```
/// <summary>从代理池中移除长期无效的代理</summary>
public void RemoveDisabledProxies(int testFailures = 3)
{
    foreach (ProxyInfo proxy in proxyQueue)
    {
        if (proxy.TestFailures >= testFailures)
        {
            proxyQueue.Remove(proxy);
        }
    }
}
```

第 10 章
模拟浏览器

在 Web 中，能够通过超链接直接到达的页面（或其他资源）称为浅层数据，面向搜索引擎的通用爬虫所采集的就是此类数据。相对而言，需要执行身份验证、提交表单、执行异步请求等特殊操作才能获取的数据称为深层数据，这需要考虑更复杂的流程和细节，包括如何构造表单数据、如何维护会话状态、如何获得异步数据等。采用模拟浏览器的方式进行数据爬取，就可以让浏览器内核去处理这些流程和细节，而我们只需要模仿用户操作，等待数据返回并进行抽取即可。

10.1　浏览器的工作原理

10.1.1　网页解析过程

网页浏览器（Web Browser）简称浏览器，是一种用于检索并展示万维网信息资源的应用程序。用户看到的网页都是经过浏览器解析、渲染后呈现出的结果，并非原始网页数据。浏览器的核心功能就是解析网页，解析对象主要包括 HTML、CSS 和 JavaScript，分别对应网页的内容、样式和行为。浏览器解析网页的基本过程如图 10-1 所示。

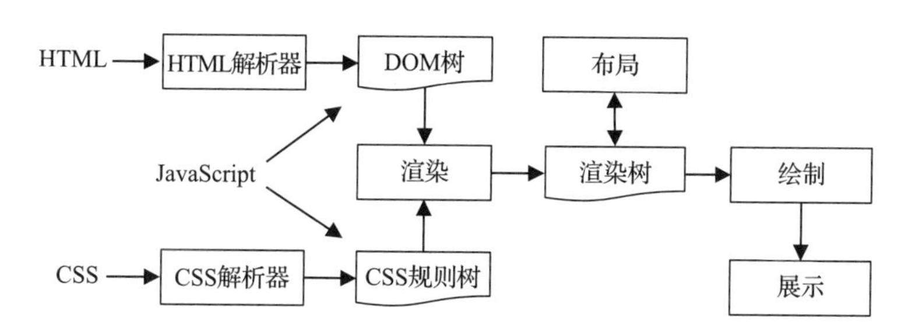

图 10-1　浏览器解析网页的过程

获得网页资源后，浏览器会将 HTML 数据解析成 DOM 树（DOM Tree），将 CSS 数据解析成 CSS 规则树（CSS Rule Tree），还可通过执行 JavaScript 代码对它们进行操作。解析完成以上对象，浏览器引擎通过DOM树和CSS规则树，共同构造渲染树（Render Tree），结合相关资源生成最终的页面展示效果。

10.1.2　常见的浏览器内核

浏览器内核是指浏览器的核心部件，主要包括页面渲染器和JS解析器。页面渲染器负责把数据转换为用户在屏幕上看到的样式，JS解析器负责解释和执行网页中的JS代码。表10-1列出了常见的浏览器内核。

表10-1　常见的浏览器内核

内核名称	开发机构	代表性浏览器
Trident	Microsoft	IE浏览器、猎豹浏览器、傲游浏览器、QQ浏览器、世界之窗浏览器
WebKit	Apple	Safari浏览器、Edge浏览器
Gecko	Mozilla	Firefox浏览器、Netscape浏览器
Blink	Google/Opera	Chrome浏览器、Opera浏览器

Trident是由微软公司开发的浏览器内核，随IE 4.0首次发布。随着IE浏览器版本的更新，Trident内核也不断改进，从IE 9.0开始全面支持HTML5和CSS3，并更换了JavaScript引擎。Trident目前仍然是主流的浏览器内核之一，并被广泛应用于其他非IE浏览器。

WebKit是由苹果公司开发、维护的开源浏览器内核，包含的WebCore引擎（页面渲染器）和JSCore引擎（JS解析器）都是从自由软件衍生而来，因此Webkit也是自由软件。WebKit的优势在于高效稳定、兼容性好，且源码结构清晰、易于维护。作为Safari浏览器的内核，WebKit也常被用于智能移动设备。

Chrome和Opera浏览器早期也曾采用WebKit内核，由于某些原因，谷歌公司从WebKit中分出自己的Blink内核，随后Opera公司也宣布将转向Blink内核。

作为Firefox和Netscape浏览器的内核，Gecko是一个能够跨平台使用的开源项目。该内核最早由Netscape公司开发，现在由Mozilla基金会维护。

对于.NET平台而言，Trident和Gecko内核都提供了完善的应用编程接口（API），而WebKit和Blink内核暂时没有官方API可用。因此，本章将重点介绍Trident和Gecko内核。

10.2　使用浏览器内核

10.2.1　Trident内核

1. WebBrowser控件

Trident内核因IE浏览器闻名于世，所以也被称为IE内核（为方便起见，以下均称IE

内核）。IE 内核被设计成一套基于 COM 技术的软件组件（模块），使开发者能够使用 C++ 或 .NET 接口将浏览器功能添加到其他应用程序中。.NET 框架提供了基于 IE 内核的 System. Windows.Forms.WebBrowser 控件，只要系统安装了 IE 浏览器，就能够直接使用此控件。如图 10-2 所示，我们可以直接从 Visual Studio 工具箱中将 WebBrowser 控件拖放到 WinForm 窗体，并将其 Dock 属性设为 Fill。

图 10-2　为窗体添加 WebBrowser 控件（左图为工具箱，右图为属性窗口）

添加 WebBrowser 控件后，仅需要 1 行代码即可实现网页加载：

```
webBrowser1.Navigate("www.163.com");
```

执行上述代码，程序运行结果如图 10-3 所示。

图 10-3　使用 WebBrowser 控件加载网易首页

虽然 WebBrowser 控件使用起来十分便捷，但也存在一些问题。仔细观察图 10-3 能够发现，页面中的一些图片未能正常显示。此外，在加载上述网页的过程中还弹出了如图 10-4 所示的“脚本错误”提示信息。

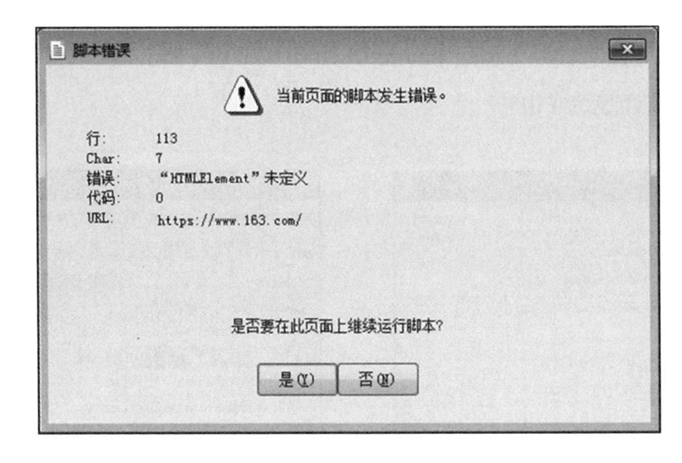

图 10-4　使用 WebBrowser 控件加载网页时所产生的错误提示

虽然可以通过某些设置屏蔽一些提示信息，但不能从根本上解决问题。经过研究，发现其根本原因在于当前程序采用的浏览器内核版本较低（默认为 IE 7.0），从而导致对某些网页内容（包括 HTML5 新标签和相关 JS 脚本等）不兼容。要想从根本上解决问题，就必须通过修改注册表来改变应用程序的 IE 内核版本。

2. 配置 IE 版本

注册表具有树形目录结构，每个目录称为一个注册表项，每项可包含多组注册表值。我们可通过“注册表编辑器”添加、删除或修改注册表值（如图 10-5 所示）。

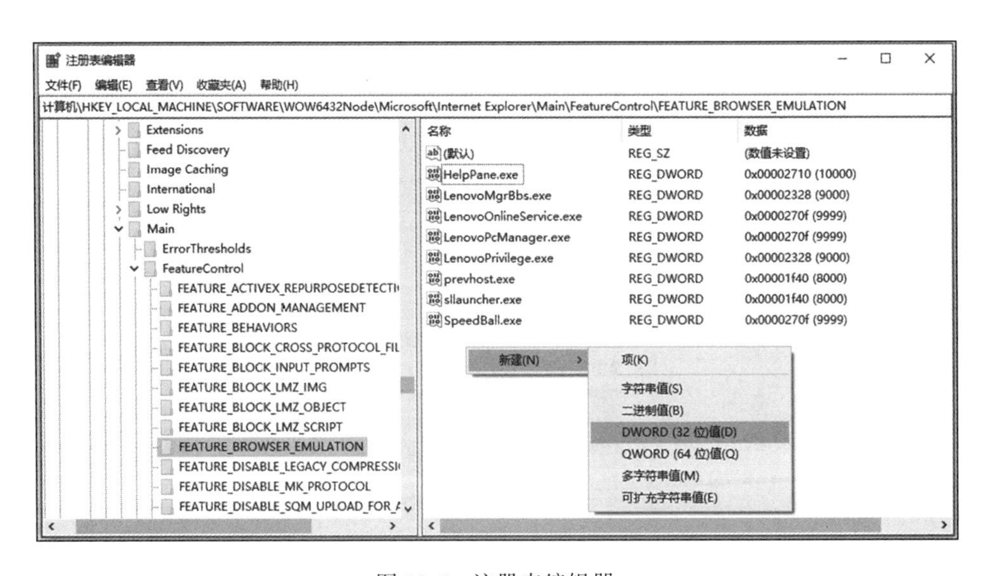

图 10-5　注册表编辑器

注意：对于 IE 内核版本设置，64 位和 32 位系统对应的注册表项并不相同，它们分别位于 SOFTWARE\Wow6432Node\Microsoft 的下级目录和 SOFTWARE\Microsoft 的下级目录。

图 10-5 显示的正是设置“IE 内核版本”的注册表项，每组值包括三部分信息：名称、类型和数据。名称为应用程序的文件名（例如 HelpPane.exe），类型为 REG_DWORD（32 位整数），数据的不同取值表示不同的 IE 内核版本。具体对应关系如表 10-2 所示。

表 10-2 “IE 内核版本”注册表项的取值及意义

取值（十进制）	意 义	说 明
11001	网页以 IE 11 Edge 模式加载，无论如何声明 !DOCTYPE	错误的 !DOCTYPE 声明会导致网页以怪异模式加载
11000	若网页包含标准的 !DOCTYPE 声明，则以 IE 11 Edge 模式加载	IE 11 的默认值
10001	网页以 IE 10 标准模式加载，无论如何声明 !DOCTYPE	错误的 !DOCTYPE 声明会导致网页以怪异模式加载
10000	若网页包含标准的 !DOCTYPE 声明，则以 IE 10 标准模式加载	IE 10 的默认值
9999	网页以 IE 9 标准模式加载，无论如何声明 !DOCTYPE	错误的 !DOCTYPE 声明会导致网页以怪异模式加载
9000	若网页包含标准的 !DOCTYPE 声明，则以 IE 9 模式加载	IE 9 的默认值
8888	网页以 IE 8 标准模式加载，无论如何声明 !DOCTYPE	错误的 !DOCTYPE 声明会导致网页以怪异模式加载
8000	若网页包含标准的 !DOCTYPE 声明，则以 IE 8 模式加载	IE 8 的默认值
7000	若网页包含标准的 !DOCTYPE 声明，则以 IE 7 标准模式加载	WebBrowser 控件宿主程序的默认值

说明：在早期的 Web 时代，网页主要采用两种编写方式——面向 Netscape Navigator 和 Microsoft Internet Explorer。当 W3C 制定 Web 标准时，浏览器不能立即完全按照新的标准执行，因为这样做会破坏 Web 上的大多数现有站点。所以，浏览器引入了两种模式来区别对待新的 Web 标准和传统网页。浏览器中的布局引擎通常包含 3 种模式：怪异模式（quirks mode）、几乎标准模式（almost standards mode）和标准模式（standards mode）。在怪异模式下，布局引擎会模拟 Navigator 4 和 IE 5 中的非标准行为；在标准模式下，所有行为都要符合新的 HTML 和 CSS 规范；而在几乎标准模式下，仅支持少量非标准行为。

修改注册表信息是一项比较专业的工作，让用户手动进行配置是很不方便的。因此，可以考虑在程序运行时自动完成这些配置。修改注册表要用到 Registry 和 RegistryKey 类的相关方法，这些类包含在 Microsoft.Win32 命名空间中，需要添加相应的引用。修改注册表配置的主要代码如下：

```
/// <summary>修改注册表信息，设置某程序的默认IE内核版本</summary>
/// <param name="name">应用程序名称</param>
/// <param name="IEVersion">IE版本信息</param>
public static void SetIEVersion(string name, string IEVersion)
{
    try
    {
        string regpath = @"Internet Explorer\MAIN\FeatureControl\FEATURE_
            BROWSER_EMULATION";
        if (Environment.Is64BitOperatingSystem) //64位应用程序
        {
            regpath = @"SOFTWARE\Wow6432Node\Microsoft\" + regpath;
        }
        else                                    //32位应用程序
        {
            regpath = @"SOFTWARE\Microsoft\" + regpath;
        }
        string tovalue = IEVersion.Substring(0, IEVersion.IndexOf(".")) + "000";
        RegistryKey uaes = Registry.LocalMachine.OpenSubKey(regpath,
                    RegistryKeyPermissionCheck.ReadWriteSubTree,
                    System.Security.AccessControl.RegistryRights.FullControl);
        uaes.SetValue(name, tovalue, RegistryValueKind.DWord);
    }
    catch (Exception ex)
    {
        MessageBox.Show(ex.ToString());
    }
}
```

我们将配置应用程序的IE内核版本的功能封装为SetIEVersion方法，参数name为应用程序的文件名（不需要文件路径），参数IEVersion为IE内核版本信息（采用十进制数字形式的字符串，如表10-2中的取值）。代码通过System.Environment类的Is64BitOperatingSystem属性判断当前操作系统的位数，通过Registry.LocalMachine.OpenSubKey方法获取注册表项，通过RegistryKey. SetValue方法设置注册表值。SetIEVersion方法的调用形式如下：

```
SetIEVersion("Chapter8.exe", "11000");
```

之所以在SetIEVersion方法中将修改注册表的代码包含在try-catch语句块中，是因为该操作执行成功的条件比较苛刻——只有以管理员权限在非调试模式下运行程序才能修改成功。修改成功后的注册表如图10-6所示。

此外，即使已经修改了注册表，在调试模式运行下，程序也无法变换IE内核版本（仍采用IE 7.0）。成功更换IE内核版本后，再次加载网页首页的效果如图10-7所示，不仅图片能够正常显示，图10-4所示的“脚本错误”提示也消失了。

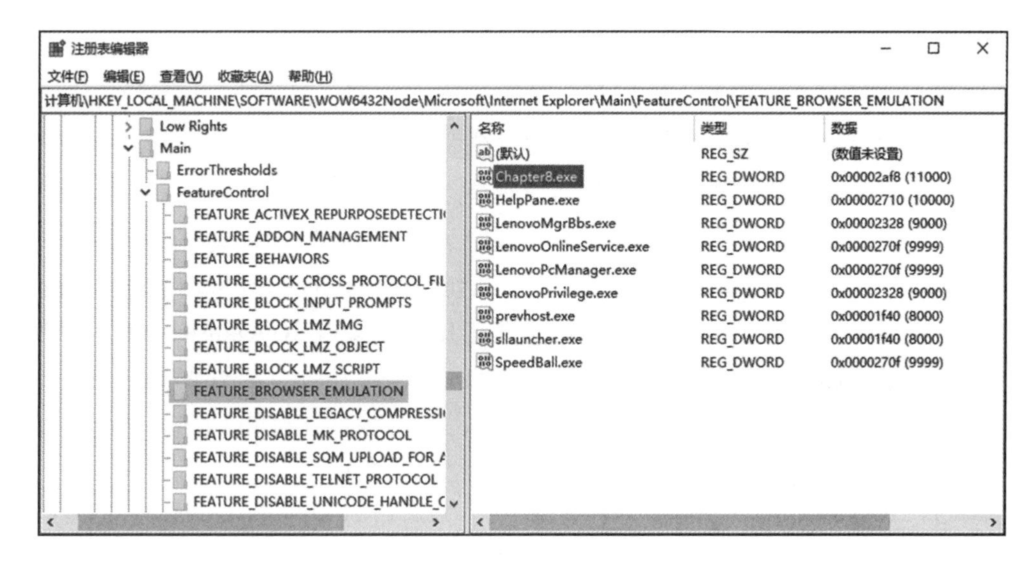

图 10-6 修改后的注册表

图 10-7 使用 WebBrowser 控件加载网易首页（修改注册表后）

除了配置烦琐，WebBrowser 控件的底层 API 也比较复杂，需要不断地转换 COM 接口以实现相应的功能，这会给编程带来一些困难。相比之下，Gecko 内核提供的 API 不仅功能丰富，而且界面友好，因此，本章的后续内容将以 Gecko 内核为例进行介绍。

10.2.2 Gecko 内核

1. Gecko 内核简介与安装

Gecko 是由 Mozilla 基金会和 Mozilla 公司开发的网络浏览器引擎，被广泛用于包括 Firefox 浏览器在内的多种应用程序。GeckoFx 是对 Gecko 内核的 .NET 封装，提供了完善的编程接口，这使得 .NET 程序员可以在 WinForm 或 WFP 程序中方便地使用 Gecko 内核。使用 GeckoFx 中的 GeckoWebBrowser 控件加载并显示一个网页，仅需要几行代码。

在 DOM 标准下，HTML 文档中的每个成分都被看作节点（node），大到整个 HTML 文档，小到每个 HTML 标签，甚至底层的纯文本都是一个节点。GeckoFx 核心类之间的关系如图 10-8 所示，其中实线表示继承关系，虚线表示包含关系。GeckoNode 表示 DOM 节点的基类，同时为不同类型的节点定义了若干子类，它们都继承自 GeckoNode。GeckoDomDocument 用于描述 DOM 文档，GeckoDocument 用于描述 HTML 文档，GeckoElement 用于描述 DOM 文档元素，GeckoHtmlElement 用于描述 HTML 标签元素。GeckoWebBrowser 是一个 Web 浏览器控件，其 Document 属性和 DomDocument 属性分别属于 GeckoDocument 和 GeckoDomDocument 类型。

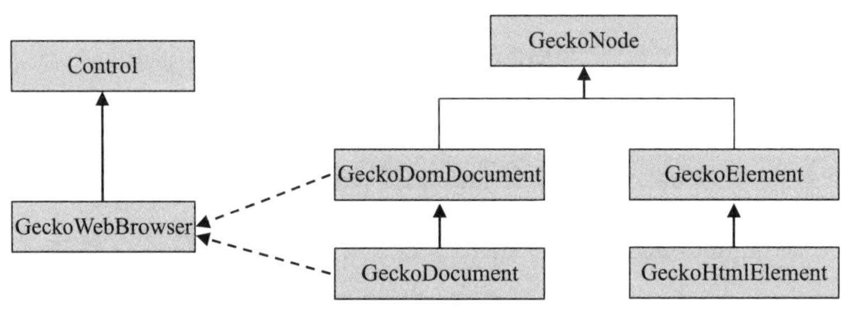

图 10-8　GeckoFx 核心类

扩展：DOM 是 Document Object Model（文档对象模型）的缩写，是 W3C 组织推荐的处理可扩展标记语言的标准编程接口。根据 W3C 组织的定义，DOM 是 HTML 和 XML 文档的标准编程接口。它定义了文档的逻辑结构和访问方式，HTML 或 XML 文档中的对象被组织在一个树形结构中，程序员可以创建或加载文档并浏览其结构，对文档中的任何元素或内容都可以进行访问（包括增、删、改、查）。

在 Visual Studio 中，通过 NuGet 包管理器可直接安装 GeckoFx。虽然 GeckoFx 已经发布了 60.0 版本，但这里仍然选择较早的 45.0 版本（如图 10-9 所示）。

GeckoFx 安装完成后，会在当前项目中自动添加相关引用。若重新生成项目，亦会在项目输出目录中自动添加类库文件（Geckofx-Core.dll 和 Geckofx-Winforms.dll）和 Gecko 运行时文件夹（Firefox）（如图 10-10 所示）。

扩展：GeckoFx 是一个开源项目，我们可以在其项目主页（https://bitbucket.org/geckofx/）下载源代码并自行编译生成目标类库。源代码目录中包含一个名为 Geckofx.sln 的解决方案，可在 Visual Studio 中打开（如图 10-11 所示）。其中包含 4 个项目：Geckofx-Core 项目是 GeckoFx 的核心类库；Geckofx-Winforms 项目中定义了 GeckoWebBrowser 控件；GeckofxUnitTests

和 GeckoFxTest 则是两个测试项目，用于测试 GeckoFx 类库的常用功能（初学者可以参考其中的代码）。

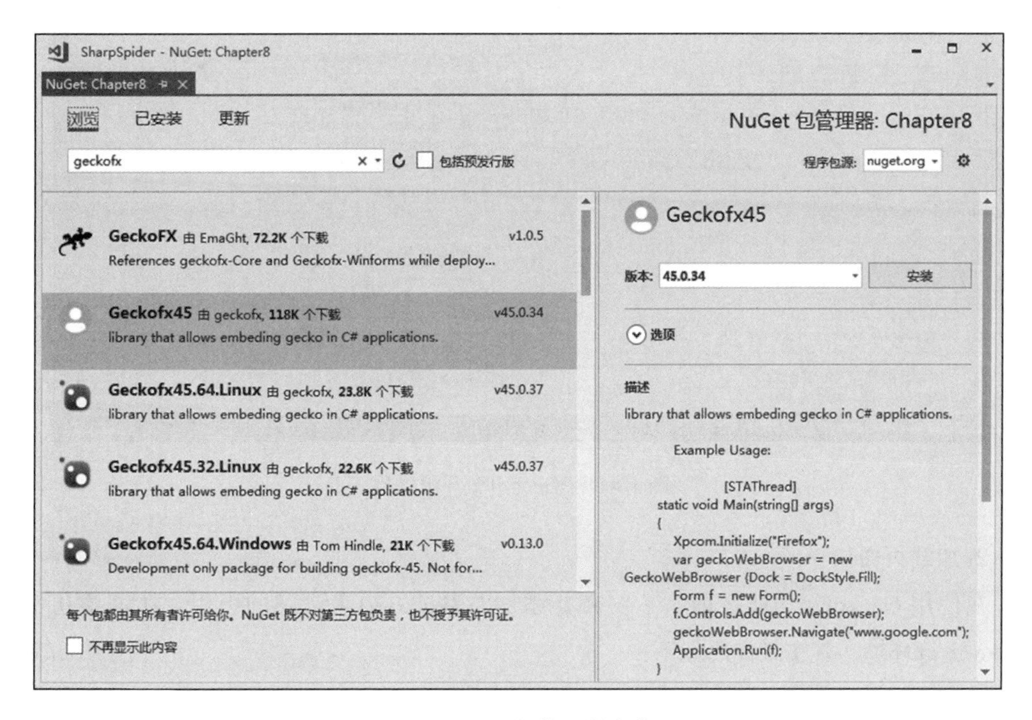

图 10-9　通过 NuGet 包管理器安装 GeckoFx

« SharpSpider ▸ Chapter8 ▸ bin ▸ Debug ▸　　搜索 Debug

文件(F)　编辑(E)　查看(V)　工具(T)　帮助(H)

组织 ▾　打开　刻录　新建文件夹

名称	修改日期	类型	大小
data	2020/3/21 15:47	文件夹	
Firefox	2020/3/18 17:59	文件夹	
Chapter8.exe	2020/3/21 16:32	应用程序	15 KB
Chapter8.exe.config	2020/3/18 16:08	VisualStudio.con...	1 KB
Chapter8.pdb	2020/3/21 16:32	Program Debug...	36 KB
Geckofx-Core.dll	2018/1/6 2:11	应用程序扩展	1,914 KB
Geckofx-Core.pdb	2018/1/6 2:12	Program Debug...	4,380 KB
Geckofx-Winforms.dll	2018/1/6 2:12	应用程序扩展	134 KB
Geckofx-Winforms.pdb	2018/1/6 2:12	Program Debug...	254 KB

选定 3 个项目　　计算机

图 10-10　项目输出目录

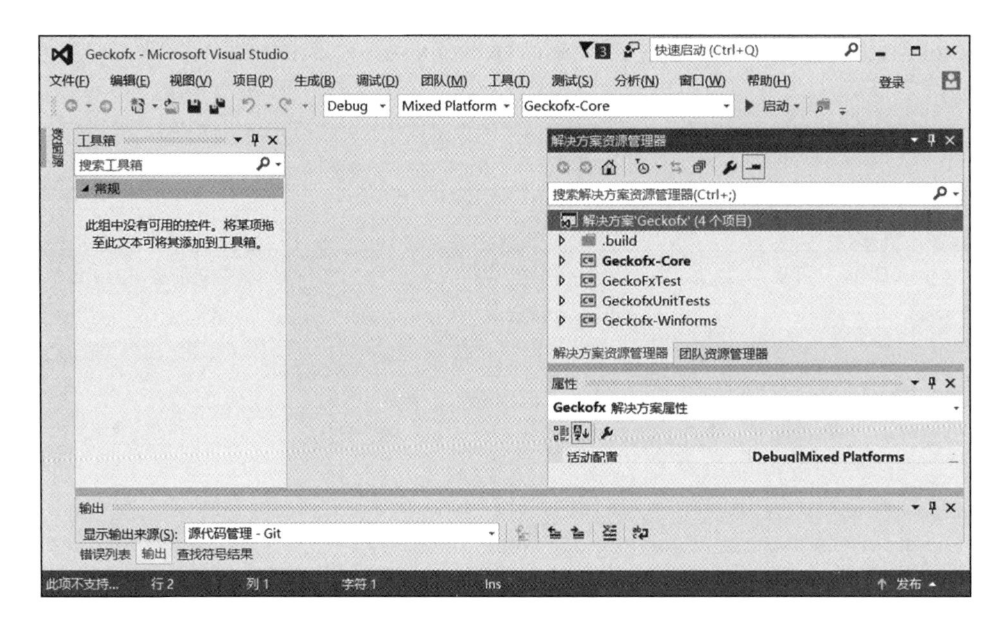

图 10-11　GeckoFx 开源项目

2. 加载页面

在使用 GeckoFx 功能之前，不仅需要添加对 Gecko 命名空间的引用，还需要初始化 Gecko 运行环境。其实现代码如下：

```
/// <summary>启动Gecko运行环境</summary>
public void InitGecko()
{
    string path = Application.StartupPath + "\\Firefox";
    Xpcom.Initialize(path);
}
```

上述初始化代码只需在程序启动时调用一次，其中 path 表示运行库目录（Firefox 文件夹）。理论上，Firefox 文件夹可以位于计算机的任何位置，为便于引用，一般将其放在程序输出目录下。

使用 Geckofx 的最基本方法是通过 GeckoWebBrowser 控件加载网页。在 WinForm 窗体中创建 GeckoWebBrowser 控件并加载网页的示例代码如下：

```
GeckoWebBrowser browser;                                    //成员变量，表示浏览器控件
/// <summary>创建GeckoWebBrowser控件并加载网页</summary>
public void CreateBrowser ()
{
    this.browser = new GeckoWebBrowser();                   //创建浏览器控件
    this.Controls.Add(browser);                             //添加到面板中
    browser.Dock = DockStyle.Fill;                          //充满整个面板
    browser.BringToFront();                                 //将控件置于顶层
    browser.Navigate("https://home.firefoxchina.cn/");      //加载指定网页
}
```

浏览器控件 browser 被创建后可重复使用，因此将其定义为成员变量。在 CreateBrowser 方法中，将 GeckoWebBrowser 控件以填充（Fill）方式停靠（Dock）在窗体上，并将控件置于顶层。调用上述方法后的运行结果如图 10-12 所示。

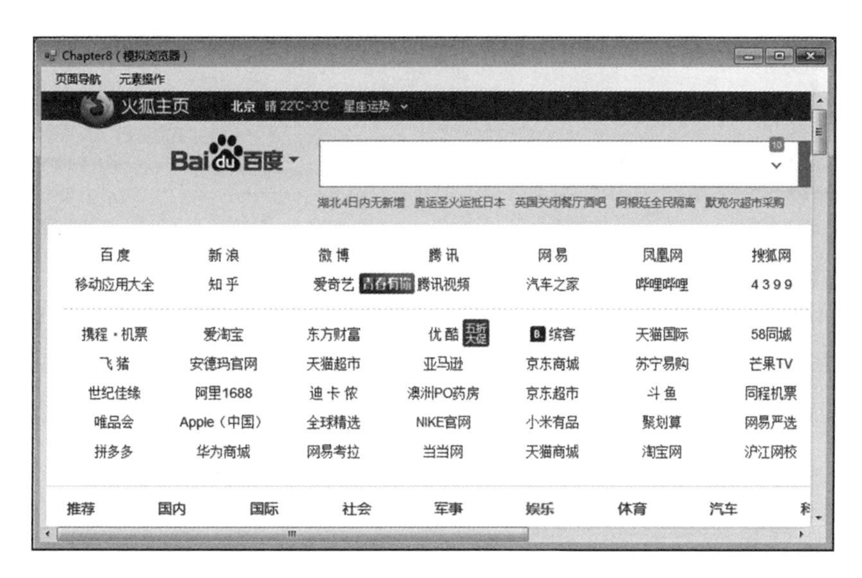

图 10-12 程序运行结果（使用 GeckoWebBrowser 控件加载网页）

若未将 GeckoWebBrowser 控件置于顶层，窗体菜单栏可能会遮挡住部分网页内容（如图 10-13 所示）。对比发现，其他 .NET 控件即使不在顶层也不会产生遮挡现象，初步分析，这是由于 GeckoWebBrowser 控件自身的绘制方式造成的。因此，使用 GeckoWebBrowser 控件时应当注意此设置。

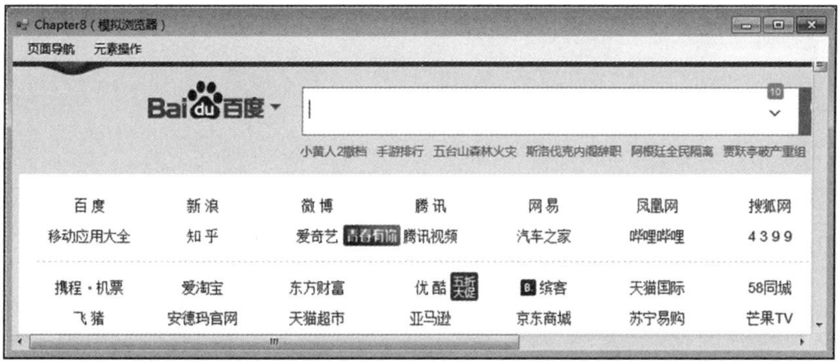

图 10-13 程序运行结果（菜单栏遮挡网页）

我们希望在页面加载完毕后对其进行后续操作，那么如何确定网页已经加载完毕？对此，可通过为 GeckoWebBrowser 控件添加 DocumentCompleted 事件来解决，代码如下：

```
DateTime startTime;                                          //用于计时
public void LoadPage()
```

```
{
    browser.DocumentCompleted += Browser_DocumentCompleted;         //添加事件
    startTime = DateTime.Now;                                       //记录起始时间
    browser.Navigate("www.baidu.com");                              //加载页面
}
void Browser_DocumentCompleted (object sender, Gecko.Events.GeckoDocumentCompleted-
    EventArgs e)
{
    double time = DateTime.Now.Subtract(startTime).TotalSeconds;  //计算耗时
    Console.WriteLine("网页加载完毕，耗时：" + time + "S");        //输出加载耗时
    GeckoWebBrowser browser = sender as GeckoWebBrowser;          //获取当前浏览器控件
    Console.WriteLine("当前网页标题:" + browser.DocumentTitle);    //输出网页标题
}
```

在上述代码中，成员变量 startTime 用于计时，LoadPage 方法用于为 GeckoWebBrowser 控件添加 DocumentCompleted 事件并加载指定网页，Browser_DocumentCompleted 方法将在页面加载完毕后被调用。执行 LoadPage 方法，程序的输出结果如图 10-14 所示。

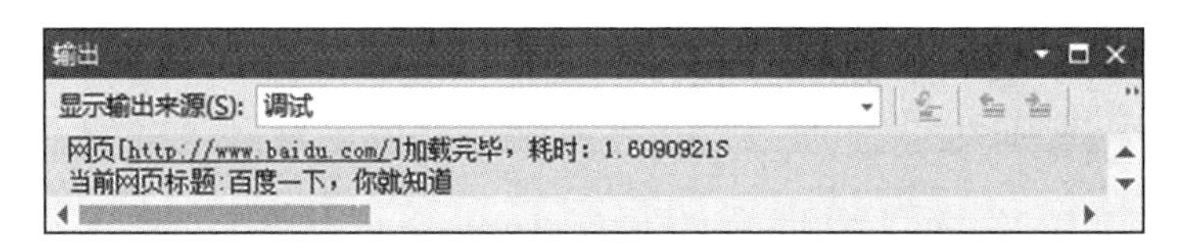

图 10-14　程序输出结果（文档加载完成）

3. 页面导航

GeckoWebBrowser 控件会记录当前会话（Session）的网页浏览历史，通过 History 属性可获取历史列表，示例代码如下：

```
List<GeckoHistoryEntry> histList = browser.History.ToList();    //获取历史列表
foreach (var hist in histList)
{
    Console.WriteLine("历史记录：" + hist.Url);                  //输出浏览历史的URL
}
```

在先后加载了两个网页（www.hao123.com 和 www.baidu.com）之后，执行上述代码会得到如图 10-15 所示的输出结果。

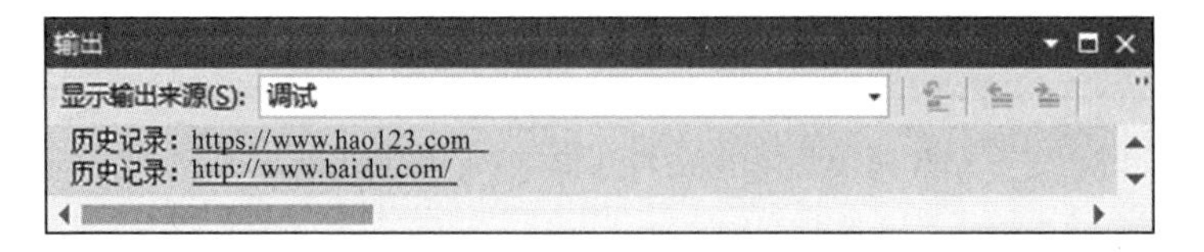

图 10-15　程序输出结果（历史记录）

此外，GeckoWebBrowser 控件还提供了前进、后退、刷新等导航操作。实现页面导航的示例代码如下：

```
/// <summary>向后导航</summary>
public void GoBackTest()
{
    if (browser.CanGoBack)                //如果还能向后
    {
        startTime = DateTime.Now;         //记录时间
        browser.GoBack();                 //向后跳转
    }
}
/// <summary>向前导航</summary>
public void GoForwardTest()
{
    if (browser.CanGoForward)             //如果还能向前
    {
        startTime = DateTime.Now;         //记录时间
        browser.GoForward();              //向前跳转
    }
}
```

上述代码中的两个方法分别用于向后和向前导航，并记录了页面跳转的时间。若在图 10-14 的基础上分别调用上述两个方法，会得到如图 10-16 所示的结果。

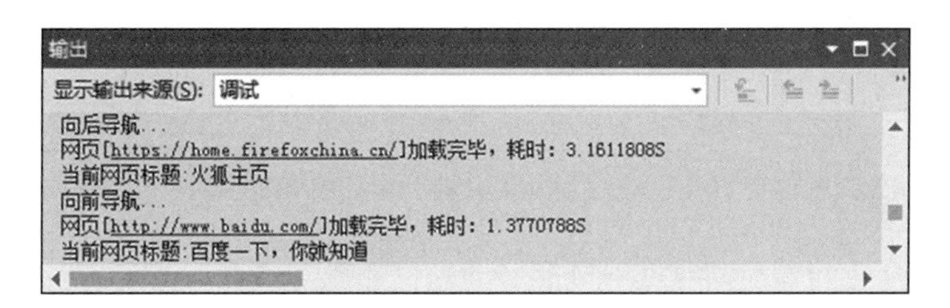

图 10-16　程序输出结果（页面跳转）

页面跳转前会引发 GeckoWebBrowser 的 Navigating 事件，通过捕捉此事件可在页面跳转前进行某种处理，参见以下示例代码：

```
///<summary>为GeckoWebBrowser控件添加Navigating事件</summary>
public void NavigatingTest()
{
    browser.Navigating += Browser_Navigating;    //添加事件
}
/// <summary>Navigating事件处理方法</summary>
private void Browser_Navigating(object sender, Gecko.Events.GeckoNavigatingEventArgs e)
{
    Console.WriteLine("页面即将跳转: " + e.Uri);
    e.Cancel = true;
    Console.WriteLine("页面跳转被取消");
}
```

上述代码用于禁止页面跳转，关键操作在于“ e.Cancel = true”，这个操作会取消即将发生的跳转事件。若在图 10-16 的基础上先调用上述 NavigatingTest 方法，再进行页面导航，则会得到如图10-17所示的结果。

图10-17　程序输出结果（取消跳转）

4. 网页元素查询

使用浏览器控件的目标是在页面加载后对其内容进行后续操作。查询页面元素是其他操作的基础，具体可通过GeckoWebBrowser控件的Document属性（GeckoDocument类型）的相关方法来实现。以下示例代码用于对百度首页进行元素查询：

```
GeckoDocument document = browser.Document;
Console.WriteLine("根据Id查找元素（输出搜索框对应的Html）：");
GeckoElement elem = document.GetElementById("kw");
Console.WriteLine(((GeckoHtmlElement)elem).OuterHtml);      //输出OuterHtml属性值
Console.WriteLine("根据TagName查找元素（输出所有图片src地址）：");
GeckoElementCollection items = document.GetElementsByTagName("img");
foreach (var item in items)
{
    Console.WriteLine(item.Attributes["src"].NodeValue);    //输出src属性值
}
Console.WriteLine("根据XPath查找元素（输出底部列表项）：");
Gecko.DOM.XPathResult result = document.EvaluateXPath("//div[@id='bottom_layer']//p/a");
foreach (GeckoHtmlElement item in result.GetNodes())
{
    Console.WriteLine(item.TextContent);                    //输出内部文本
}
```

上述代码分别实现3种元素查询方式：调用GeckoDocument对象的GetElementById方法实现基于ID的元素查询，调用GetElementsByTagName方法实现基于标签名的查询，调用EvaluateXPath方法实现基于XPath的查询。待首页加载完毕后，执行上述代码的输出结果如图10-18所示。

5. 网页元素操作

借助GeckoWebBrowser控件及相关接口，还可以设置网页元素的取值（如输入框中的文字），改变元素的状态（如复选框是否被选中），甚至执行某种操作（如单击按钮）。以下代码将在百度首页实现搜索功能：

```
GeckoElement elem = browser.Document.GetElementById("kw");      //选取输入框元素
var input = elem as Gecko.DOM.GeckoInputElement;
input.Value = "孔子";                                            //设置搜索词
```

```
elem = browser.Document.GetElementById("su");                    //选取搜索按钮元素
GeckoHtmlElement htmlElem = elem as GeckoHtmlElement;
htmlElem.Click();                                                 //单击按钮
```

```
输出
显示输出来源(S): 调试
根据Id查找元素（输出搜索框对应的Html）：
<input id="kw" name="wd" class="s_ipt" value="" maxlength="255" autocomplete="off">
根据TagName查找元素（输出所有图片src地址）：
//www.baidu.com/img/donghangtian_a63318c91cb73a8f04b9a75e8ffa3d6c.gif
//www.baidu.com/img/donghangtian_a63318c91cb73a8f04b9a75e8ffa3d6c.gif
//www.baidu.com/img/baidu_jgylogo3.gif
//www.baidu.com/img/baidu_resultlogo@2.png
根据XPath查找元素（输出部分功能菜单项）：
设为首页
关于百度
About Baidu
百度推广
使用百度前必读
意见反馈
帮助中心
```

图 10-18 程序输出结果（网页元素查询）

当首页加载完毕后，执行上述代码可实现网页搜索功能（如图 10-19 所示）。这本质上就是模拟用户的（键盘和鼠标）操作，将手动过程自动化。

图 10-19 程序运行结果（模拟用户操作实现关键词搜索）

我们还可以进一步抽取百度的搜索结果，下列代码用于抽取链接标题和地址，程序输出结果如图 10-20 所示。

```
string xpath = "//div[@id='content_left']//h3/a";
Gecko.DOM.XPathResult result = browser.Document.EvaluateXPath(xpath);
foreach (GeckoHtmlElement item in result.GetNodes())
{
```

```
        Console.WriteLine(item.TextContent);                        //输出链接标题
        Console.WriteLine(item.Attributes["href"].NodeValue);       //输出链接地址
    }
```

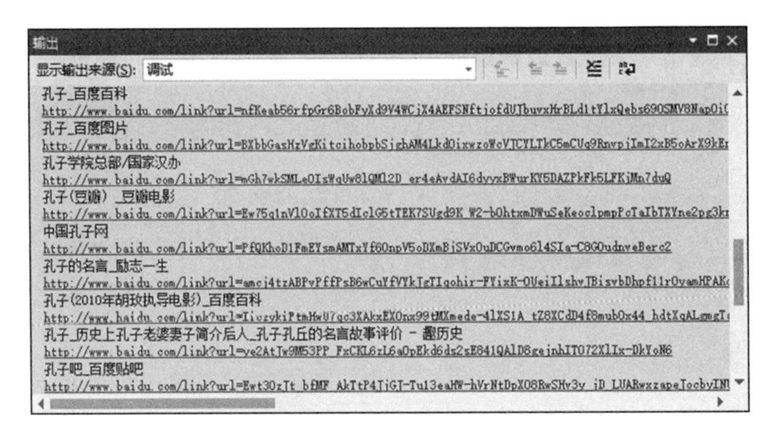

图 10-20　程序输出结果（抽取百度搜索列表）

10.3　综合实例：网页翻译爬虫

10.3.1　问题描述

随着人工智能技术的发展，机器翻译的准确率不断提高，很多互联网公司（如谷歌、百度、微软等）都提供了在线翻译服务。对于普通用户来说，网页翻译是主要的服务形式（如图 10-21 所示），而且是完全免费的。此外，专业用户还可通过翻译接口（API）获得服务，但这往往是受限或收费的（如图 10-22 所示）。

图 10-21　百度网页翻译

说明：网页翻译虽然是免费的，但是往往会限制单次翻译的字数（比如 5000 字符以内），而通常不会限制单日翻译的次数。对此，可以通过“多次少量提交”的方式解决大规模语料的自动翻译问题。

图 10-22　百度翻译 API 服务

对于少量翻译需求，我们将原文复制到翻译页面就可以获取翻译结果。但对于较大规模的数据翻译，仍采用手动方式（逐段复制和粘贴）就会十分低效。对此，我们可以借助某个翻译网页设计“网页翻译爬虫”，实现自动批量翻译。

10.3.2　爬虫设计

为了便于描述，我们将任务简化为对中文词表的翻译，每次提交一个词条进行翻译，翻译完成后可导出双语词表。具体规定如下：中文词表按行存放于文本文件中（对应全部翻译任务），每次提交一行文本进行翻译（对应单次任务），翻译结果以 Excel 格式导出。网页翻译爬虫的总体架构如图 10-23 所示。

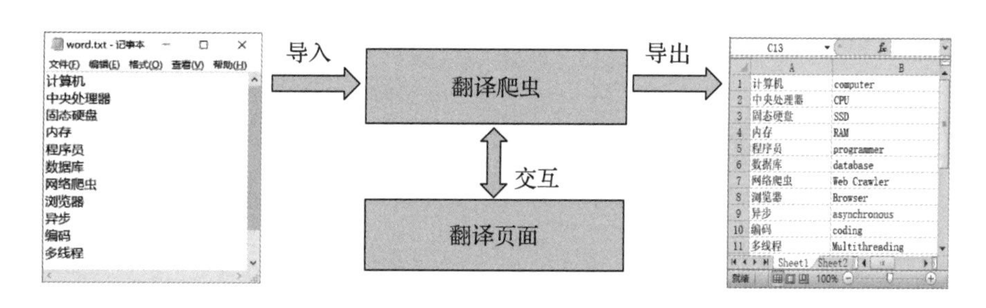

图 10-23　翻译爬虫总体架构

爬虫的工作流程描述如下：首先，使用浏览器控件加载翻译页面；然后，提示用户选择并导入原文词表；每次从待翻译词表中取出一个词条，写入翻译网页的原文输入框，等待翻译结果返回，从译文输出框读取结果；若翻译任务全部完成，则导出结果，否则继续翻译下一词条（如图 10-24 所示）。

网页翻译爬虫界面如图 10-25 所示。界面中使用分隔容器（SplitContainer）将主窗体分为左右两个区域：左侧是用户操作区，包括两个按钮（用于导入、导出）以及一个

DataGridView 控件（用于显示翻译结果）；右侧是翻译页面加载区，Gecko 浏览器控件充满整个区域。

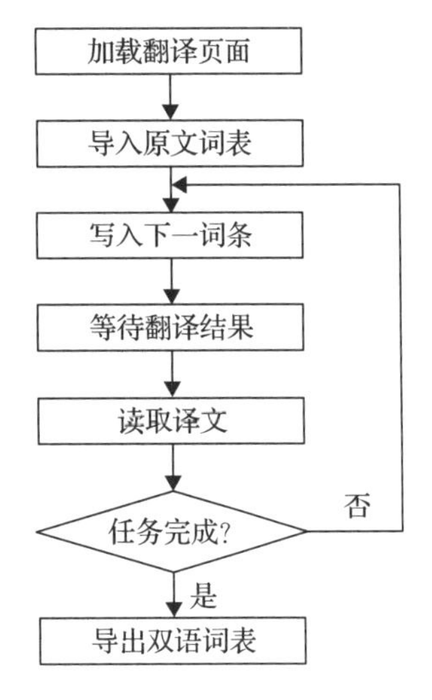

图 10-24　翻译爬虫的工作流程

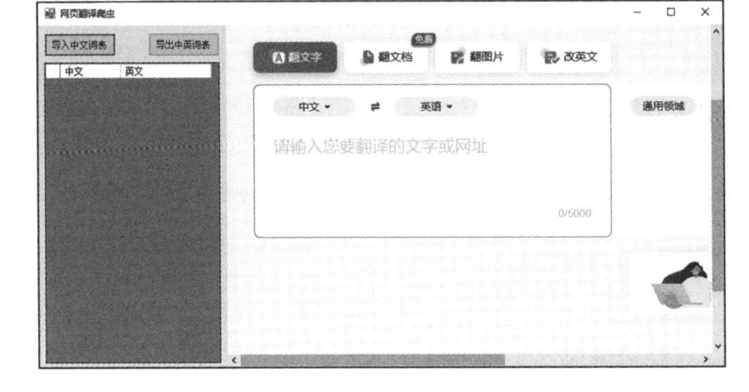

图 10-25　翻译爬虫主界面

10.3.3　爬虫实现

1. 加载翻译页面

爬虫启动后，首先需要初始化 Gecko 环境，才能加载页面。其主要代码如下：

```
public MainForm()                                              //窗体构造方法
{
    InitializeComponent();
    string path = Application.StartupPath + "\\Firefox";  //Gecko运行库所在目录
    try
    {
        Xpcom.Initialize(path);                                //初始化Firefox运行库
    }
    catch (Exception ex)
    {
        MessageBox.Show(ex.ToString());                        //异常信息提示
    }
}
private GeckoWebBrowser browser;           //定义一个Gecko浏览器控件类型的成员变量
private void MainForm_Load(object sender, EventArgs e)
{
    browser = new GeckoWebBrowser();                           //创建Gecko浏览器控件
    browser.Parent = splitContainer1.Panel2;                   //作为Panel2的子控件
    browser.Dock = DockStyle.Fill;                             //充满整个Panel
    browser.Navigate("https://fanyi.sogou.com/");              //页面跳转
    browser.DocumentCompleted += Browser_DocumentCompleted;
```

```
}
private void Browser_DocumentCompleted(object sender,
Gecko.Events.GeckoDocumentCompletedEventArgs e)
{
    btnImport.Enabled = true;                          //使导入按钮可用
}
```

在上述代码中，首先在窗体构造方法中启动 Gecko 运行环境；随后定义一个 GeckoWeb-Browser 类型的成员变量；在 Form_Load 事件中创建浏览器控件并设置其父容器和停靠方式，加载页面后，通过添加 DocumentCompleted 事件保证加载完毕方可导入词表。

2. 单个词条翻译

翻译爬虫的关键步骤是模拟用户在浏览器页面中完成原文输入和译文读取。通过 Firefox 开发者工具查看页面元素（如图 10-26 所示），可以发现翻译页面的原文输入框为一个 <textarea> 元素，其 id 属性值为 "trans-input"，在代码中调用 GeckoDomDocument.GetElementById 方法可获取该元素。

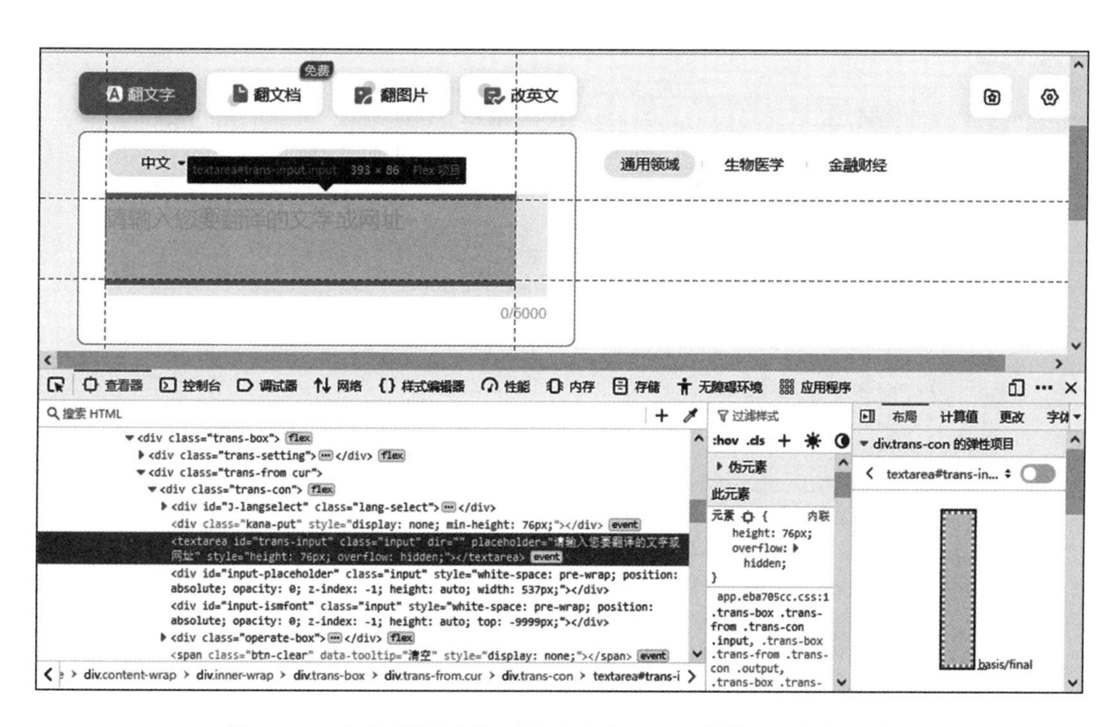

图 10-26　查看"输入框"元素（通过 Firefox 浏览器开发者工具）

同理，我们可以找出"译文输出框"在网页中的定位：一个 id 属性值为 "trans-result" 的 <p> 元素（如图 10-27 所示）。

"写入原文"的主要代码如下：

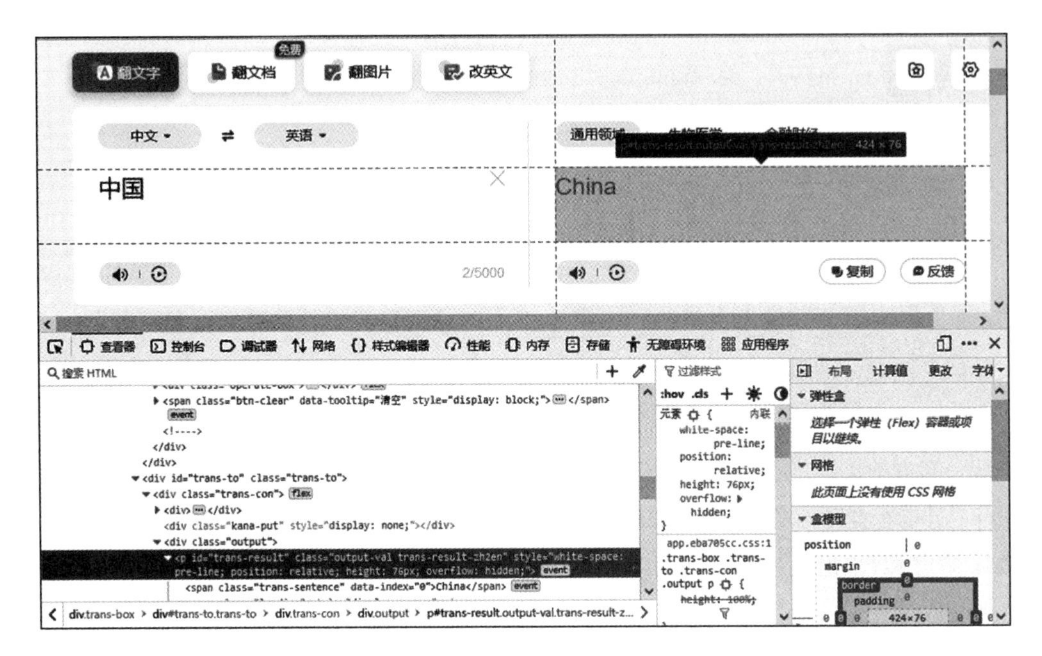

图 10-27　查看“输出框”元素（通过 Firefox 浏览器开发者工具）

```
[System.Runtime.InteropServices.DllImport("user32")]
public static extern void keybd_event(byte bVk, byte bScan, int dwFlags, int dwExtraInfo);
private void SetSourceText(string text)                             //写入原文
{
    var elem = browser.Document.GetElementById("trans-input");    //获取原文输入框元素
    GeckoTextAreaElement srcElem = elem as GeckoTextAreaElement; //转化为TextArea元素
    if (srcElem != null)
    {
        browser.Focus();                                            //使浏览器获得焦点
        srcElem.Focus();                                            //使输入框获得焦点
        srcElem.SelectionStart = 0;                                 //选择起始位置
        srcElem.SelectionEnd = srcElem.TextContent.Length;          //选择结束位置
        srcElem.Select();                                           //选择所有文本
        Clipboard.SetText(text);                      //将要翻译的文本设置到系统剪贴板
        keybd_event((byte)Keys.ControlKey, 0, 0, 0);                //按下Ctrl键
        keybd_event((byte)Keys.V, 0, 0, 0);                         //按下V键
        keybd_event((byte)Keys.ControlKey, 0, 0x2, 0);              //松开Ctrl键
        keybd_event((byte)Keys.V, 0, 0x2, 0);                       //松开V键
    }
}
```

在上述代码中，首先使输入框元素获得焦点，然后将待翻译的文本粘贴到输入框中，并覆盖原来的文本。注意：这里并没有直接使用“srcElem.TextContent = text”语句给输入框赋值，而是模拟用户按下“Ctrl+V”快捷键的操作，这是由于前者并不能触发网页执行翻译操作。翻译完成后就可以读取翻译结果，“读取译文”的主要代码如下：

```
private string GetDestText()                                    //读取译文
{
    //获取译文输出框元素
    GeckoElement node = browser.Document.GetElementById("trans-result");
    if (node == null) return null;
    GeckoHtmlElement destElem = node as GeckoHtmlElement;
    if (destElem == null) return null;
    return destElem.TextContent;                                //获取元素的文本内容
}
```

借助上述两个方法，可以很容易地实现单个词条的翻译，程序代码如下：

```
private async Task<string> Translate(string word)            //翻译单个词条
{
    SetSourceText(word);                                     //写入原文
    await Task.Delay(2000); //等待2秒，亦可写成Task.Run(() => { Thread.Sleep(2000); });
    string result = GetDestText();                           //读取译文
    return result;
}
```

在上述代码中，Translate 方法被声明为 async（异步的），并在方法中使用了 await 语句，这是一种高级的编程方式。借助 await 语句可采用同步编程风格实现异步功能，当程序执行到 await 语句时并不会引起主线程（UI 线程）的阻塞，而是将 await 语句之后的代码动态封装成一个回调方法，待任务结束后自动调用。这样既能控制翻译任务的执行步骤，又不会造成窗体假死（无法响应用户操作）。

说明：网页结构并非固定不变，若翻译页面改版，则需要重新定位输入框、输出框位置。

3. 实现批量翻译

翻译页面加载完成后，单击“导入中文词表”按钮并选择要翻译的词表文件，即可实现批量翻译。主要实现代码如下：

```
private bool stopTag = false;                                     //停止标志
private async void btnImport_Click(object sender, EventArgs e)  //"导入"按钮事件
{
    if (btnImport.Text == "导入中文词表")
    {
        OpenFileDialog dlg = new OpenFileDialog();               //创建"打开文件"对话框
        dlg.InitialDirectory = Application.StartupPath;         //设置起始目录
        dlg.Filter = "TXT文件|*.txt";                            //设置类型过滤器
        if (dlg.ShowDialog() != DialogResult.OK)                 //弹出对话框
        {
            return;                                     //如果没有选中文件，则不进行处理
        }
        btnImport.Text = "停止";
        stopTag = false;
        string file = dlg.FileName;                              //获取所选文件的路径
```

```
            string[] words = File.ReadAllLines(file);   //读取文件的所有行
            foreach (string word in words)
            {
                if (stopTag) break;                      //若检测到停止标志，则结束当前任务
                string result =await Translate(word);   //等待翻译当前词条
                //为表格添加新行，并显示翻译结果
                int row = dataGridView1.Rows.Add();
                dataGridView1.Rows[row].Cells[0].Value = word;
                dataGridView1.Rows[row].Cells[1].Value = result;
            }
            MessageBox.Show("翻译完成！","提示");
            btnImport.Text = "导入中文词表";
        }
        else
        {
            btnImport.Text = "导入中文词表";
            stopTag = true;
        }
    }
```

在上述程序中，我们借助一个 bool 类型变量（stopTag）来控制翻译任务的启动和停止。初始状态下，stopTag 默认为 false（表示不停止），按钮文本为“导入中文词表”。若此时单击按钮，则启动翻译任务，并将按钮文本改变为“停止”，任务完成后文本自动恢复；若用户在任务执行过程中单击“停止”按钮，stopTag 将被置为 true（表示停止），程序检测到 stopTag 的变化则停止当前任务。由于在 btnImport_Click 方法中使用了 await 语句等待翻译结果，因此该方法也被声明为 async。批量翻译的执行过程如图 10-28 所示。

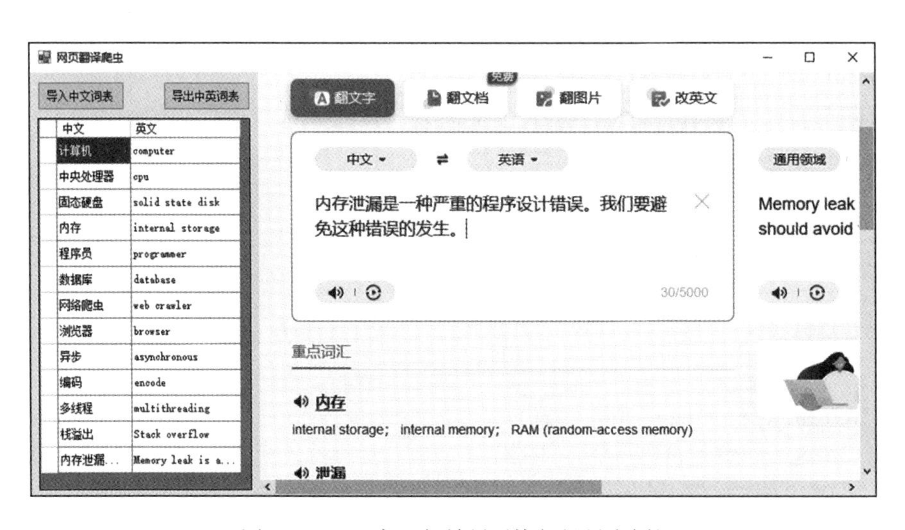

图 10-28 程序运行效果（执行批量翻译）

4. 导出双语词表

待全部翻译任务完成后，单击“导出双语词表”按钮可将翻译结果以 Excel 格式导出，

主要代码如下：

```
private void btnExport_Click(object sender, EventArgs e)
{
    Excel.Application xApp = new Excel.Application();           //表示Excel程序
    xApp.Visible = false;                                       //Excel程序不可见
    Excel.Workbook xBook = xApp.Workbooks.Add(Missing.Value);   //表示一个Excel文档
    Excel.Worksheet xSheet = xBook.Sheets[1];                   //表示一个Excel工作表
    for (int i = 0; i < dataGridView1.Rows.Count; i++)          //逐行导出
    {
        DataGridViewRow row = dataGridView1.Rows[i];
        Excel.Range range = xSheet.Cells[i + 1, 1];
        range.Value = row.Cells[0].Value;
        range = xSheet.Cells[i + 1, 2];
        range.Value = row.Cells[1].Value;
    }
    xBook.SaveAs(Application.StartupPath + "\\export.xls",
        Missing.Value, Missing.Value, Missing.Value,
        Missing.Value, Missing.Value, Excel.XlSaveAsAccessMode.xlShared,
        Missing.Value, Missing.Value, Missing.Value, Missing.Value, Missing.Value);
    xBook.Close();
    MessageBox.Show("导出完成！", "提示");
}
```

在上述代码中，可将 xApp 看作 Excel 程序，将 xBook 看作一个工作簿，将 xSheet 看作一个工作表。随后的 for 循环中将 DataGridView 的数据逐行导出到 Excel 工作表中，最后以默认文件名保存 Excel 文档。

10.3.4 算法改进

经过分析发现，爬虫执行过程中最耗时的步骤是等待翻译结果，而且每次翻译需要等待的时间并不固定，会受原文长度、网络条件、服务器负载等因素的影响。因此，设置一个适当的等待时间非常重要，时间太短则翻译尚未完成，时间太长则影响爬虫效率。此前的程序每次固定等待 2 秒，一般情况下这个时间足够，但效率较低。我们希望能够在译文返回后尽快读取结果，因此在改进方案中拟采用“间隔轮询”方式检测翻译结果是否返回。改进后的代码如下：

```
//改进方案：每隔一定时间检查翻译结果是否返回，若返回则及时读取
private async Task<string> Translate_V2(string word)
{
    ClearDestText();                                  //清空译文
    SetSourceText(word);                              //写入原文
    string result = "";
    do
    {
        await Task.Delay(100);                        //每隔0.1秒查看一次结果
```

```
            result = GetDestText();            //读取译文
        } while (string.IsNullOrEmpty(result));
        return result;
    }
    private void ClearDestText()               //清空译文
    {
        //获取译文输出框元素
        var nodes = browser.Document.GetElementsByClassName("tlid-translation translation");
        if (nodes.Length == 0) return;
        GeckoHtmlElement destElem = nodes[0] as GeckoHtmlElement;
        destElem.TextContent = "";
    }
```

上述代码中定义了一个 ClearDestText 方法用于清空译文，在写入原文之前先调用此方法，以避免以往的翻译结果干扰本次轮询判断。为验证间隔轮询法的性能，我们将其与定时等待法进行对比测试。

对于定时等待法，我们统计了不同等待时间条件下的平均翻译时长和采准率。图 10-29 所示的平均翻译时长表示翻译每个词条的实测平均时间；采准率表示正确采集到译文的词条占总词条的比例。统计结果显示：若等待时间太短，采准率就会明显下降；若要保证采准率，则需要足够的等待时间，必然影响采集效率。

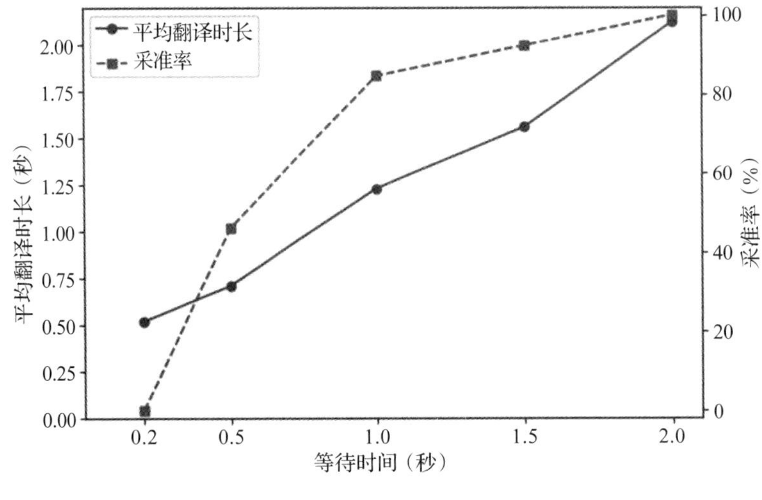

图 10-29　“定时等待法”性能统计

对于间隔轮询法，我们统计了采用不同轮询间隔对程序性能的影响（如图 10-30 所示）。统计结果表明：此方法总能保证采准率为 100%，平均翻译时长方面也明显优于定时等待法。同时，我们发现，轮询间隔并非越小越好（设定在 0.1 秒左右较为合适），因为间隔时间越小意味着轮询次数越多，而轮询本身也需要消耗系统资源。

为了进一步验证定时等待法难以兼顾准确度和效率，我们采用间隔轮询法对同一组词条进行 5 次翻译测试，并将用时分布情况绘制成箱线图（如图 10-31 所示）。统计结果显示：

虽然平均翻译时长都在 1 秒左右，但每次总有几个词条偏离平均值较远。翻译等待时间的不稳定性是造成定时等待法效率不高的原因。

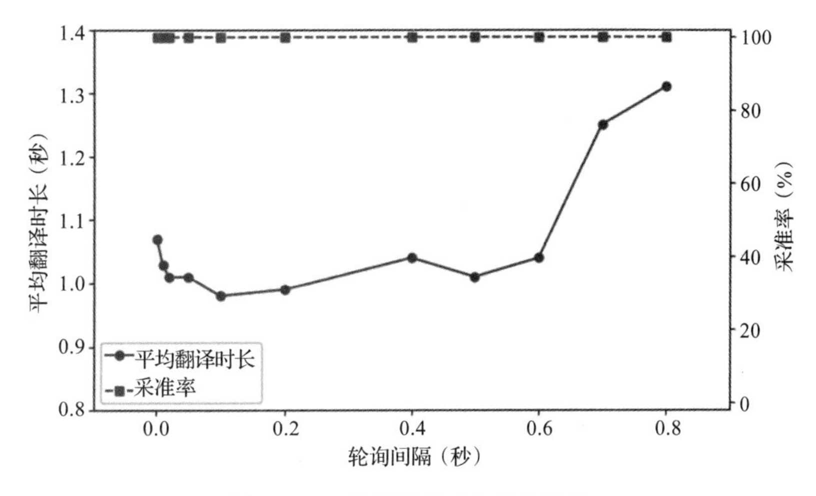

图 10-30　“间隔轮询法”性能统计

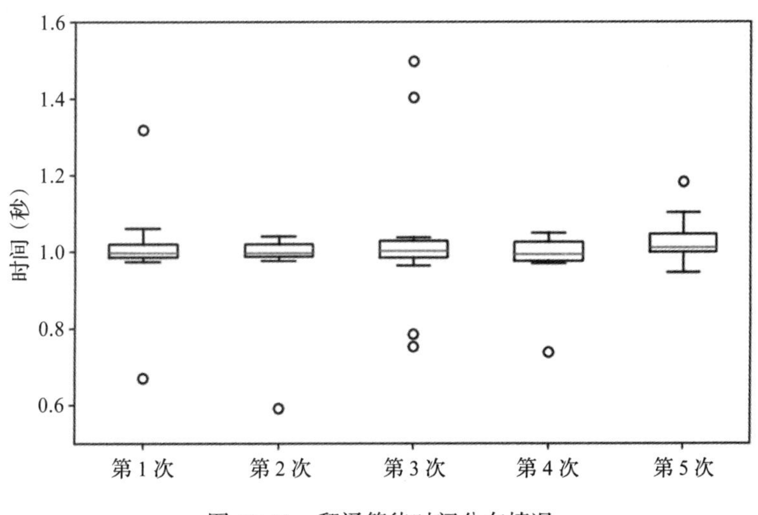

图 10-31　翻译等待时间分布情况

第 11 章

可视化模板配置

前面已经介绍过基于 XPath 和正则表达式的网页数据抽取，但这需要用户了解相关专业知识。若没有 Web 知识背景的用户也希望实现对网页数据的精准抽取，就需要提供一种可视化模板配置方法——像浏览网页一样，通过鼠标选定抽取目标，进而实现模板配置。

11.1 可视化模板配置方法

11.1.1 抽取原理

1. 元素的 DOM 路径

根据 DOM 的定义，一个 HTML 文档可以看作一棵树，其中每个元素（节点）都按照一定的层次结构组织在这棵树中。<html> 元素是文档树的根，每个元素都有一条从根到该元素的层次路径，我们称这个层次路径为“DOM 路径”。DOM 路径具有元素定位功能，是网页抽取的基础。请看下列 HTML 文档（例 1）：

```
<html>
<body>
    <div>
        <h1>静夜思</h1>
        <a href="#">李白</a>
        <p>床前明月光</p>
        <p>疑是地上霜</p>
        <p>举头望明月</p>
        <p>低头思故乡</p>
    </div>
</body>
</html>
```

在以上代码中，“<h1> 静夜思 </h1>”标签在文档树中的层次路径为

html→body→div→h1　　**（路径 1）**

又如，“<p> 床前明月光 </p>”标签在文档树中的层次路径为

html→body→div→p　　（路径 2）

2. 根据 DOM 路径抽取元素

对于给定元素，可以获取其 DOM 路径；反之，如果给定路径信息，也可以用“自顶向下”的方式找出这个元素（或者同级别、同类型的多个元素）。

根据路径 1，可以匹配到 1 个 <h1> 元素。匹配过程如表 11-1 所示。

表 11-1　根据路径 1 进行匹配的过程

层　级	标　签	匹配数目	元素内容
1	html	1	<html>…</html>
2	body	1	<body>…</body>
3	div	1	<div>…<div>
4	h1	1	<h1> 静夜思 </h1>

根据路径 2，则可以匹配到 4 个 <p> 元素。匹配过程如表 11-2 所示。

表 11-2　根据路径 2 进行匹配的过程

层　级	标　签	匹配数目	元素内容
1	html	1	<html>…</html>
2	body	1	<body>…</body>
3	div	1	<div>…<div>
4	p	4	<p> 床前明月光 </p> <p> 疑是地上霜 </p> <p> 举头望明月 </p> <p> 低头思故乡 </p>

由此，可以归纳出网页抽取的基本思路：首先在页面中选择元素生成路径模板，然后根据模板抽取更多网页元素。这里所说的更多元素，可以是一个网页中的同类元素，也可以是其他同构网页中的同类元素。请看下列 HTML 文档（例 2）：

```
<html>
<body>
    <div id="first">
        <h1>静夜思</h1>
        <a href="#">李白</a>
        <p>床前明月光</p>
        <p>疑是地上霜</p>
        <p>举头望明月</p>
        <p>低头思故乡</p>
    </div>
    <div id="second">
        <h1>登鹳雀楼</h1>
        <a href="#">王之涣</a>
```

```
            <p>白日依山尽</p>
            <p>黄河入海流</p>
            <p>欲穷千里目</p>
            <p>更上一层楼</p>
        </div>
    </body>
    </html>
```

例1与例2为同构页面，若使用例1中的路径1（html→body→div→h1）对本例进行元素抽取，可得到2个<h1>元素，匹配过程如表11-3所示。

表11-3　使用路径1进行匹配的过程

层　级	标　签	匹配数目	元素内容
1	html	1	<html>…</html>
2	body	1	<body>…</body>
3	div	2	<div id="first">…<div> <div id="second">…<div>
4	h1	2	<h1>静夜思</h1> <h1>登鹳雀楼</h1>

若用路径2（html→body→div→p）进行抽取，则可得到8个<p>元素，匹配过程如表11-4所示。

表11-4　使用路径2进行匹配的过程

层　级	标　签	匹配数目	元素内容
1	html	1	<html>…</html>
2	body	1	<body>…</body>
3	div	1	<div id="first">…<div> <div id="second">…<div>
4	p	8	<p>床前明月光</p> <p>疑是地上霜</p> <p>举头望明月</p> <p>低头思故乡</p> <p>白日依山尽</p> <p>黄河入海流</p> <p>欲穷千里目</p> <p>更上一层楼</p>

3. 为DOM路径设置条件

同一个DOM路径在网页中可能对应多个元素，但我们或许只需要其中的一部分。此时可对DOM路径设置一些限制条件，以筛选出需要的元素。在元素路径的基础上设置一些匹配条件，就构成了一个内容抽取模板。常用的限制条件有id、class和text。

例2中共有8个<p>元素，它们的DOM路径均为“html→body→div→p”，直接用这个路径抽取可以找到全部 <p> 元素。若希望仅抽取第 2 首诗的正文内容，可在 div 层加上限制条件“id='sceond'”。匹配过程如表 11-5 所示。

表 11-5　仅抽取部分内容的匹配过程

层　次	标　签	数　目	元素内容
1	html	1	<html>…</html>
2	body	1	<body>…</body>
3	div[id='sceond']	1	<div id='sceond'>…<div>
4	p	4	<p> 白日依山尽 </p> <p> 黄河入海流 </p> <p> 欲穷千里目 </p> <p> 更上一层楼 </p>

这样就只保留了第 2 首诗的正文内容。在 HTML 文档中，id 属性能够唯一标识元素，通过 id 条件可以精确选取某个元素。此外，class 条件用于匹配 class 属性值，比如从文章列表中抽取置顶文章；置顶的文章往往高亮显示，而高亮的效果通常由 class 样式指定。text 条件用于匹配元素的内部文本，比如抽取“下一页”按钮；由于分页导航中可能有“上一页”“下一页”“首页”“尾页”等多个按钮，它们往往样式相同，通过 class 属性无法区分，此时就需要匹配元素内部文本。

说明：上述抽取原理与 XPath 在本质上是一致的，都是基于 DOM 路径的按层选取。不同之处在于，我们仅设置了 3 个匹配条件（id、class、text），可以看作简化版的 XPath。这样不仅方便功能实现，而且能够简化用户操作。

11.1.2　模板表示

DOM 路径在内部表示为 .NET 对象，在外部表示为 XML 文件。DOM 路径一般包含多层，在程序内部定义 MatchLayer 类用以表示路径中的一层。匹配条件包括元素标签名、元素 id、元素 cls、元素文本 4 类信息。MatchLayer 类定义如下：

```
public class MatchLayer     //DOM路径中的一层
{
    public string Tag { get; set; } = "";                //标签名
    public string Id { get; set; } = "";                 //id条件
    public string Cls { get; set; } = "";                //cls条件
    public string Text { get; set; } = "";               //文本条件
}
```

整个 DOM 路径使用 List<MatchLayer> 来表示，可表示任意多层。由于 XML 格式文件表达能力强、可扩展性好，可在外部使用 XML 文件来保存配置好的模板。在 XML 文件中，每个抽取项保存在一对 <template_item> 标签中，每个 <tag> 标签表示路径的一层，各层的匹配条件保存在标签属性中。例如，某类网页“正文”抽取项所对应的 DOM 路径在 XML 文件中表示如下：

```
<template_item name="正文">
    <tag name="P" />
    <tag name="DIV" id="endText" />
    <tag name="DIV" id="epContentLeft" />
    <tag name="DIV" cls="active" />
    <tag name="BODY" />
    <tag name="HTML" />
</ template_item >
```

每个抽取模板可能包含多个抽取项，比如文章有标题、作者、日期、正文等。每个抽取模板可以保存在一对 <template> 标签中，其中包含多个抽取项：

```
<template>
    <template_item name="标题">…</template_item>
    <template_item name="作者">…</template_item>
    <template_item name="日期">…</template_item>
    <template_item name="正文">…</template_item>
</template>
```

在保存或加载模板时，程序会对内部数据对象和外部 XML 文件进行格式转换。其中，将 DOM 路径从 XML 节点转化为 List<MatchFormat> 对象的实现代码如下：

```
public static List<MatchLayer> XmlNodeToMatchFormatList(XmlNode parentNode)
{
list =new List<MatchLayer>();                    //生成一个列表对象，表示整个DOM路径
    foreach (XmlNode node in parentNode.ChildNodes)     //对每一个XML子节点
    {
        MatchLayer format = new MatchLayer();//生成新的MatchLayer对象，表示路径中的一层
        format.TagName = node.Attributes["name"].Value; //标签名
        format.Id = node.Attributes["id"].Value;        //标签ID属性
        format.Cls = node.Attributes["cls"].Value;      //标签class属性
        if (node.Attributes["text"] != null)            //标签的内部文本性
        {
            format.Text = node.Attributes["text"].Value;
        }
        list.Add(format);                               //添加到list对象（DOM路径）中
    }
    return list;                                        //返回list对象（DOM路径）
}
```

从 List<MatchFormat> 对象转化为 XML 节点的代码这里不再列出。

11.1.3　可视化配置

1. 网页元素捕捉

要实现通过点选网页元素的方式完成模板配置，需要爬虫程序提供一个可视化配置环

境。这里仍然使用 GeckoBrowser 控件，它可以加载显示网页并能够响应鼠标操作。由于我们需要抽取的是文字信息，因此屏蔽了图片加载等功能，这相当于启用了浏览器的无图模式。相关配置代码如下：

```
GeckoPreferences.User["browser.xul.error_pages.enabled"] = false; //有错误的页面不能运行
GeckoPreferences.User["permissions.default.image"] = 2;        //禁止加载图片
GeckoPreferences.User["dom.ipc.plugins.enabled"] = false;      //禁止运行插件
```

网页抽取模板的可视化配置界面如图 11-1 所示，右侧为 GeckoBrowser 控件，用于网页加载和元素选取；左侧提供了丰富的配置功能，包括设置匹配条件、编辑抽取路径、测试抽取效果、选定父 / 子节点等。

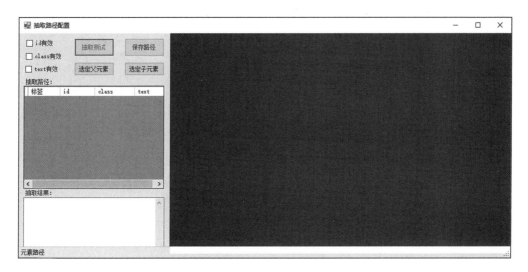

图 11-1　可视化配置界面

捕捉网页元素的关键在于为浏览器控件添加 2 个事件：MouseMove 和 MoveDown。其中，MouseMove 事件用于预选元素，即当鼠标移动到某个元素上时，该元素将被设为预选状态（标记为绿色背景）。MouseMove 事件响应的主要代码如下：

```
public GeckoHtmlElement lastElement = null;          //预选元素
public string lastBackColor = "";                    //预选元素的原底色
private void Browser_DomMouseMove(object sender, DomMouseEventArgs e)
{
    var element  = browser.Document.ElementFromPoint(e.ClientX, e.ClientY) as
         GeckoHtmlElement;
    if (element == null) return;
    if (lastElement != null)
    {
        if (!lastElement.Equals(selectedElement))   //若预选元素不是选中元素，则恢复底色
        {
            lastElement.Style.SetPropertyValue("background-color", lastBackColor);
        }
```

```
        }
        if (!element.Equals(selectedElement))          //若当前元素不是选中元素，则标为绿色
        {
            lastBackColor = element.Style.GetPropertyValue("background-color");
            element.Style.SetPropertyValue("background-color", "lightgreen");
            lastElement = element;                     //把当前元素置为预选元素
        }
    }
```

上述代码通过鼠标位置获取页面元素，并将其标记为预选元素（lastElement）。随着鼠标的移动，Browser_DomMouseMove 方法将被多次调用，预选元素也会不断变换。

MoveDown 事件用于选定元素，若预选元素确为抽取目标，则可按下鼠标键选中该元素（标记为黄色背景）。MoveDown 事件响应的主要代码如下：

```
public GeckoHtmlElement selectedElement = null;          //当前选定元素
public List<DomLayer> domPath;                            //当前选定元素的DOM路径
private void Browser_DomMouseDown(object sender, DomMouseEventArgs e)
{
    var element  =  browser.Document.ElementFromPoint(e.ClientX,  e.ClientY)  as
         GeckoHtmlElement;
    if (element != null)
    {
        SelectElement(element);                           //选定元素
    }
}
public void SelectElement(GeckoHtmlElement elem)
{
    textBox1.Text = elem.TextContent;                     //将元素文本显示到文本框
    if (selectedElement != null)                          //如果已经选定元素
    {
        selectedElement.Style.SetPropertyValue("background-color", lastBackColor);
                                                          //则恢复底色
    }
    elem.Style.SetPropertyValue("background-color", "yellow"); //当前元素标为绿色
    selectedElement = elem;                               //当前元素置为选定元素
    domPath = GetElementFormatList(selectedElement);      //获取选定元素的DOM路径
    ShowDomPath(domPath);                                 //显示路径
}
```

Browser_DomMouseDown 方法在鼠标键按下时被调用，用于选定目标元素；而选定元素的功能又被封装在另一个方法中（SelectElement），这是因为在程序的其他地方也会用到此功能（如选定父 / 子节点）。鼠标点选的效果如图 11-2 所示。

当用户选择超链接或某些按钮元素时，可能会发生页面跳转或弹出新窗口的情况，无法继续操作。为了在选择元素时保持页面稳定，应使浏览器控件禁止响应 Navigating 和 CreateWindow 事件。禁止响应 Navigating 和 CreateWindow 事件的代码这里不再列出。

2. 路径生成与元素抽取

对于页面中的给定元素，从其自身开始“自底向上”不断迭代寻找其父元素（直到 <html> 为止），就可获得其 DOM 路径。生成元素 DOM 路径的主要代码如下：

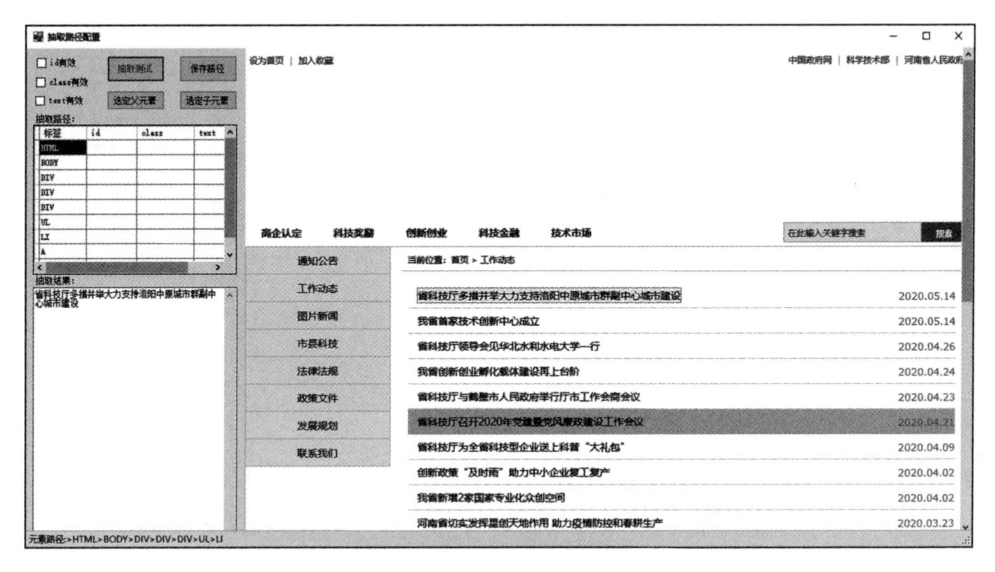

图 11-2　元素点选效果

```
public List<DomLayer> GetElementFormatList(GeckoElement elem)
{
    List<DomLayer> formatList = new List<DomLayer>();   //DOM路径
    GeckoElement tempEl = elem;                          //当前元素
    while (tempEl != null)                               //迭代到HTML根节点
    {
        DomLayer format = new DomLayer();
        format.TagName = tempEl.TagName;
        string cls = tempEl.GetAttribute("class");
        string id = tempEl.GetAttribute("id");
        if (checkBox1.Checked && id != null)             //设置id条件
        {
            format.Id = id.ToString();
        }
        if (checkBox2.Checked && cls != null)            //设置class条件
        {
            format.Cls = cls.ToString();
        }
        if (tempEl == elem && checkBox3.Checked)         //设置text条件
        {
            format.Text = tempEl.TextContent;
        }
        formatList.Insert(0, format);             //添加到路径开头
        tempEl = tempEl.ParentElement;            //更新tempEl
    }
    return formatList;
}
```

上述代码主体部分是一个循环，用于找出元素的 DOM 路径。在循环体中，可为每层路径添加 id、cls、text 等属性的限制条件，从而生成完整的抽取模板。“元素抽取”是“生成路径”的逆过程，主要代码如下：

```
public List<GeckoElement> GetMatchedHtmlElementList(GeckoElement root, List<DomLayer>
    formatList)
{
    List<GeckoElement> currentList = new List<GeckoElement>();      //当前元素
    List<GeckoElement> resultList = new List<GeckoElement>();       //匹配结果
    currentList.Add(root);                                          //从root节点开始匹配
    for (int i = 0; i < formatList.Count; i++)
    {
        resultList = new List<GeckoElement>();
        DomLayer format = formatList[i];
        foreach (GeckoElement element in currentList)
        {
            foreach (GeckoNode childNode in element.ChildNodes)
            {
                GeckoElement childElement = childNode as GeckoHtmlElement;
                if (childElement == null) continue;
                string cls = childElement.GetAttribute("class");    //cls属性值
                string id = childElement.GetAttribute("id");        //id属性值
                string text = childElement.TextContent;             //内部文本
                if (childElement.TagName == format.TagName)         //如果标签名相同
                {
                    bool matchResult = true;
                    if (format.Text != "" && text != format.Text)   //判断text条件
                    {
                        matchResult = false;
                    }
                    if (format.Id != "" && (id == null || id.ToString() != format.Id))
                                                                    //判断id条件
                    {
                        matchResult = false;
                    }
                    if (format.Cls != "" && (cls == null || !cls.ToString()!=format.Cls))
                                                                    //判断cls条件
                    {
                        matchResult = false;
                    }
                    if (matchResult)                                //如果所有条件都成立
                    {
                        resultList.Add(childElement);
                    }
                }
            }
        }
        currentList = resultList;                                   //更新currentList
    }
    return resultList;
}
```

在选定元素并设置抽取条件后，抽取路径将显示在表格中。此时用户可点击“抽取测试”按钮查看抽取结果（如图 11-3 所示），若抽取结果不符合预期，则可重新选择目标元素或调整抽取条件。

图 11-3　测试抽取结果

11.2　综合实例：可视化网页文章爬虫

从采集粒度上看，网络爬虫可分为页面级爬虫和元素级爬虫。页面级爬虫追求内容的覆盖率，希望尽量多地爬取到相关网页；元素级爬虫则追求内容的精准性，其目标是精确抽取出网页中的关键内容。元素级爬虫多采用模板匹配的方法，但手动配置对专业要求较高，需要了解网页结构、正则表达式等知识；又因其配置过程复杂且需手动输入而使效率低下，容易出错。对此，可以采用上一节所介绍的可视化模板配置方法自动生成抽取模板，进而实现网页内容抽取。

Web 中的文本信息大致可分为两类：一是文章类信息（如新闻报道、专题文章、博客文章等），二是评论类信息（如微博、论坛、贴吧等）。评论类信息有以下特点：条目众多，单条信息量小；多为只言片语，句子完整性不够；多使用网络语言，语法错误较多。相比之下，文章类信息一般由专人撰写，单篇信息量大，句子完整性好，语法错误少。网页文章作为主要的文本语料来源，在相关工程实践或科学研究中都有巨大的需求。本节介绍的爬虫主要面向网页文章采集，并要求网页符合“列表页 / 内容页”二级结构。

11.2.1　爬虫设计

根据功能需求和设计标准，将整个爬虫系统划分为“模板配置子系统”和“信息抽取子系统”。系统的顶层架构如图 11-4 所示。

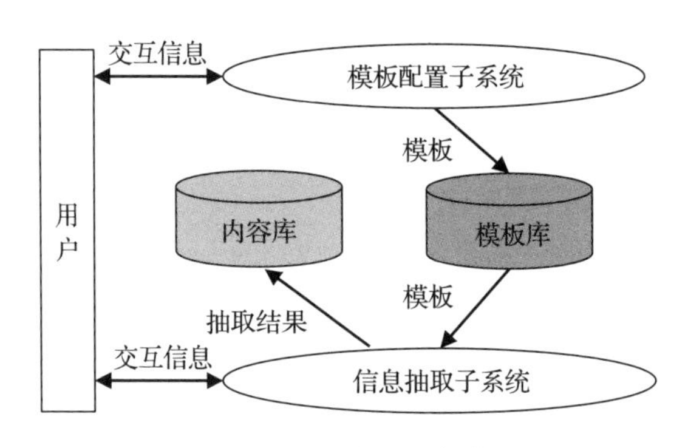

图 11-4　系统顶层架构

两个子系统相互关联又相对独立，这使得系统结构更加清晰，以便于模块划分和功能实现。将两个子系统的内部结构展开，即可得到系统的详细架构（如图 11-5 所示）。

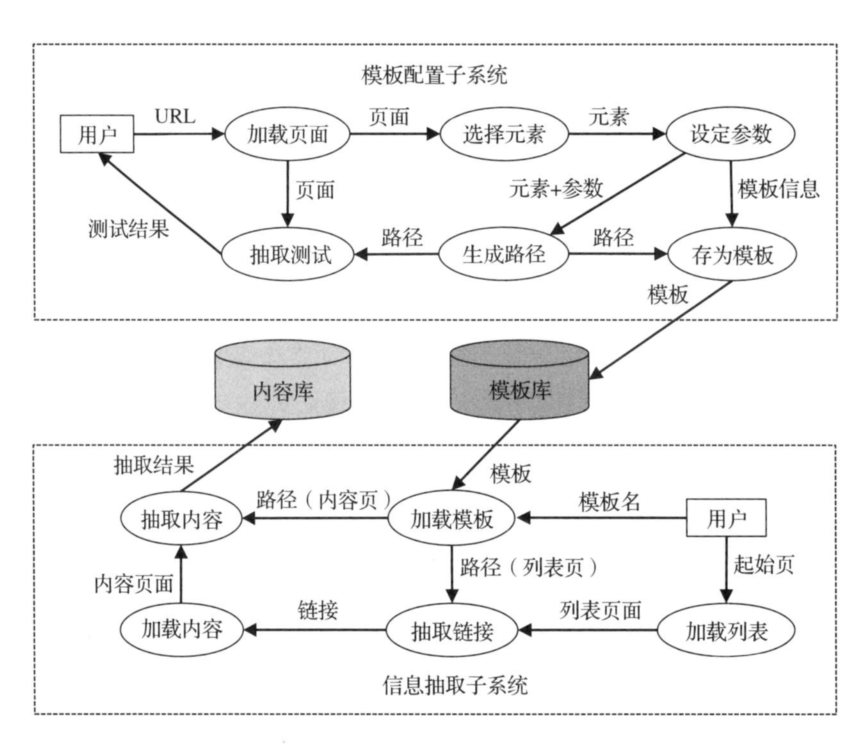

图 11-5　系统详细架构

11.2.2　爬虫实现

1. 爬虫界面

网页文章采集系统的主界面如图 11-6 所示，主要包括模板管理、抽取控制和文章导出 3 个功能区，底端的状态栏则用于显示爬虫运行状态（如抽取进度等）。

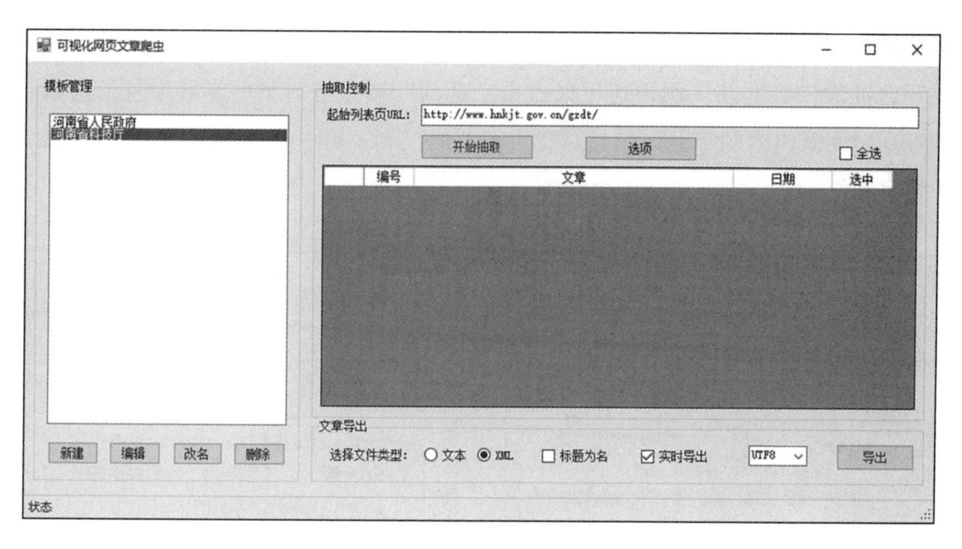

图 11-6　爬虫主界面

2. 模板管理

用户可以为不同的抽取任务分别建立抽取模板，模板管理功能包括：新建模板、编辑模板、模板改名和删除模板。根据网页抽取原理，抽取模板本质上就是从网页中抽取元素的 DOM 路径（可附加限制条件）；编辑模板的过程就是配置各个抽取项 DOM 路径的过程（如图 11-7 所示），配置方式在上一节已介绍过。

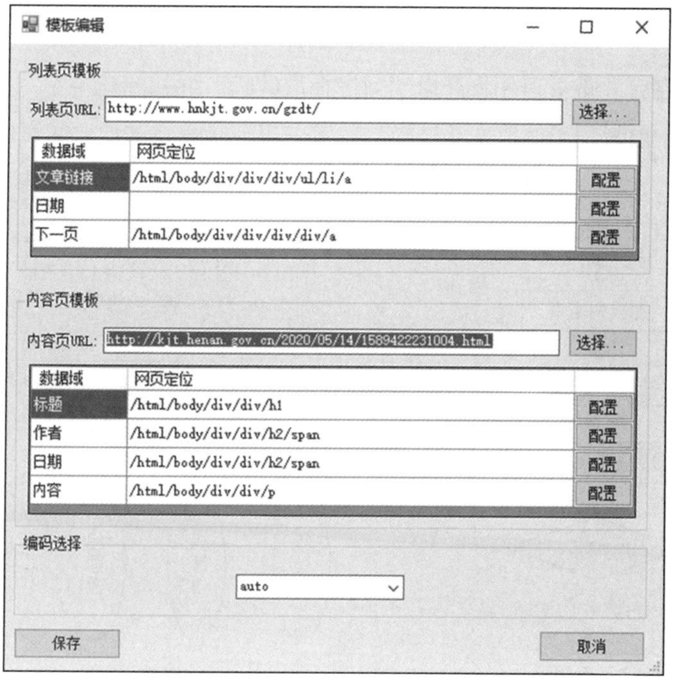

图 11-7　模板编辑界面

3. 控制选项

在开启抽取任务之前，用户还可以点击“选项”按钮进行某些参数设置。参数包括两部分：一是对文章内容的筛选，二是对爬虫细节的控制（如图 11-8 所示）。这些参数将影响爬虫的效率和结果。

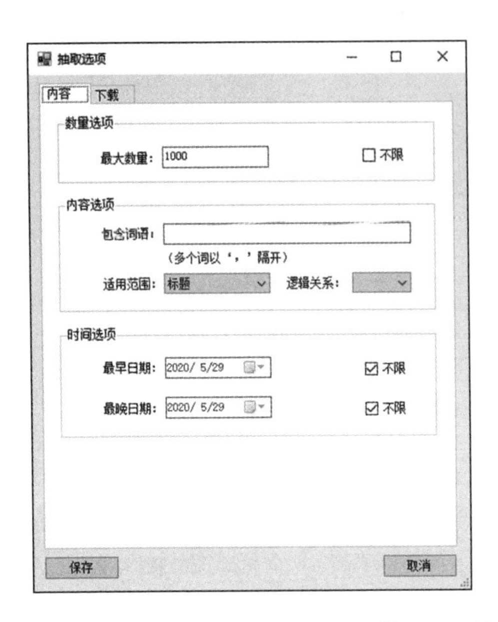

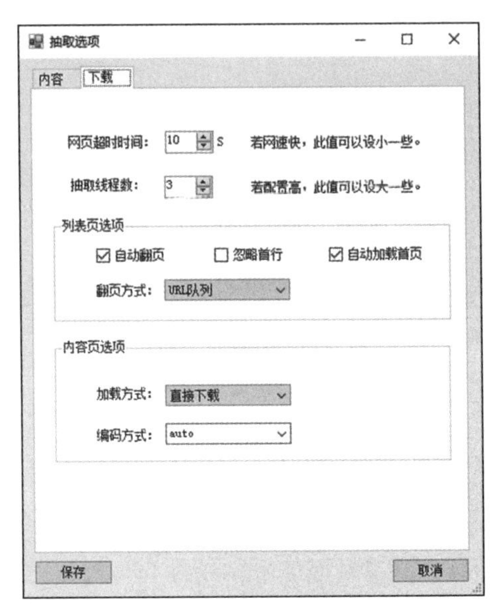

图 11-8　爬虫控制选项

4. 采集流程

采集任务开启后，爬虫程序将开启“列表抽取线程”并初始化一个“文章抽取线程池”（如图 11-9 所示），前者用于抽取文章链接，后者采用多线程方式抽取文章内容。

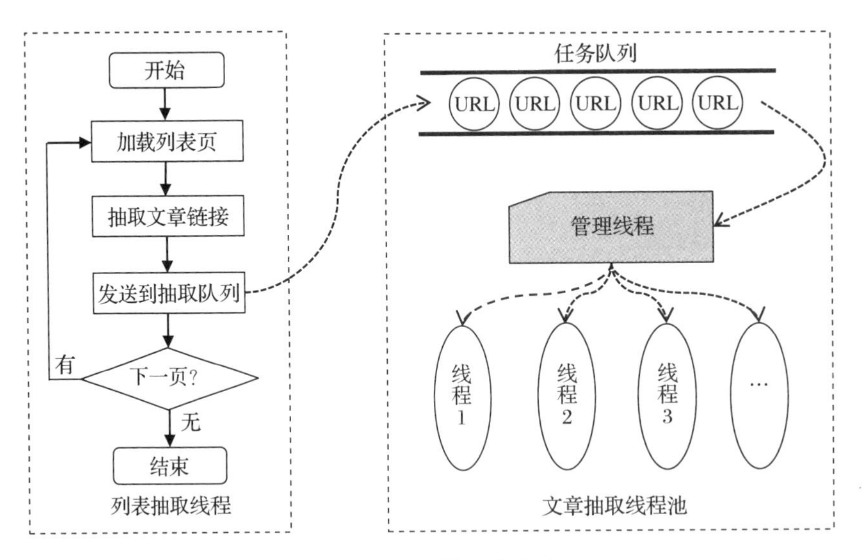

图 11-9　多线程抽取控制流程

"列表抽取线程"首先加载起始列表页，抽取其中的文章（内容页）链接，并将文章链接发送到"文章抽取线程池"的任务队列中，进而由线程负责抽取文章内容。当前列表页抽取完毕后会自动翻页，翻页功能一般通过加载"下一页"链接来实现。网页文章的采集效果如图 11-10 所示。

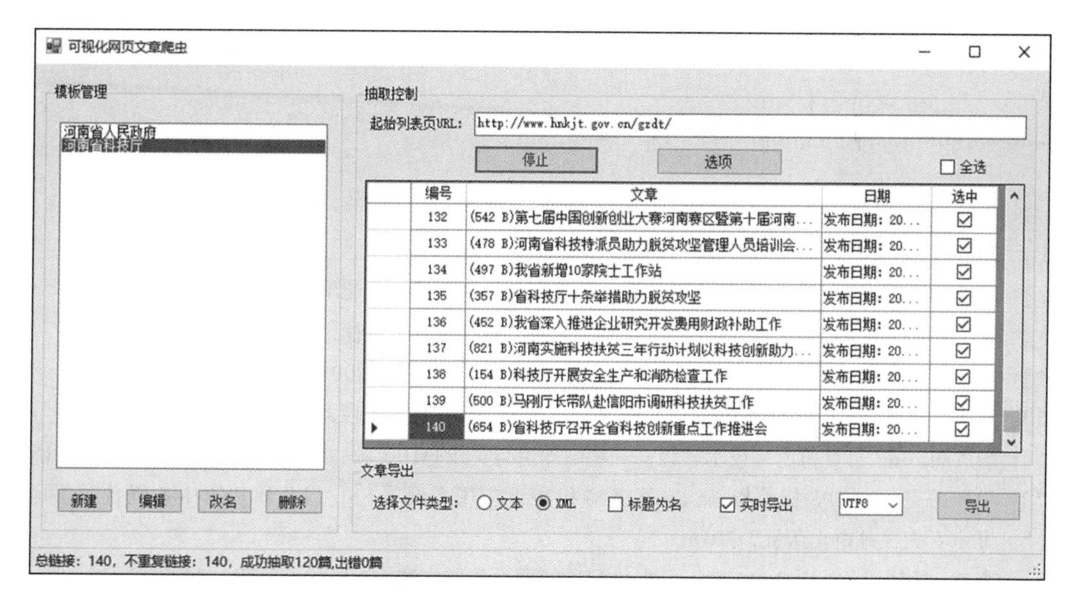

图 11-10　爬虫采集结果

采集任务启动后，抽取结果（文章）会显示在列表中，双击可以查看详情。用户可选择导出文件格式、文件命名方式、编码类型等；若勾选"实时导出"选项，每抽取到一篇文章就会立即保存爬虫，这样可以最大程度地保证采集结果不会丢失。

说明：本实例涉及的内容丰富（从可视化配置到多线程爬取）、功能完善（从模板管理到文章导出）、代码量较大（超过 1000 行），是一个"准产品级"的爬虫。由于篇幅所限，具体代码不再列出，请读者在本书的配套资源中查看。

参考文献

[1] 谢希仁 . 计算机网络 [M]. 7 版 . 北京：电子工业出版社，2017.

[2] 唐松 . Python 网络爬虫从入门到实践 [M]. 2 版 . 北京：机械工业出版社，2019.

[3] 崔庆才 . Python3 网络爬虫开发实战 [M]. 北京：人民邮电出版社，2018.

[4] 曾伟辉，李淼 . 深层网络爬虫研究综述 [J]. 计算机系统应用，2005(5)：122-126.

[5] 刘宇，郑成焕 . 基于 Scrapy 的深层网络爬虫研究 [J]. 软件 , 2017，38(7)：111-114.

[6] 胡伏湘，等 . 计算机网络技术教程——基础理论与实践 [M]. 3 版 . 北京：清华大学出版社，2015.

[7] 里斯蒂奇 . HTTPS 权威指南：在服务器和 Web 应用上部署 SSL TLS 和 PKI [M]. 杨洋，等译 . 北京：人民邮电出版社，2016.

[8] 李健 , 马延周 . 支持 DOM 模板可视化配置的网页抽取方法 [J]. 现代计算机，2018(10):56-60.

[9] ICANN. IANA 职能 [EB/OL]. https://www.icann.org/zh/system/files/files/iana-functions-18dec15-zh.pdf.

[10] 卫剑钒 . 美国如果把根域名服务器封了，中国会从网络上消失？ [EB/OL]. https://mp.weixin.qq.com/s/lbIq6vYrUsqbcGgkRqhgTw.

[11] https 与 http[EB/OL]. https://blog.csdn.net/u010375364/article/details/51843354.

[12] HTTP Headers[EB/OL]. https://www.runoob.com/http/http-header-fields.html.

[13] HTTP response status codes[EB/OL]. https://developer.mozilla.org/en-US/docs/Web/HTTP/Status.

[14] CSS 参考手册 [EB/OL]. https://www.w3school.com.cn/cssref/index.asp.

[15] JavaScript Web APIs[EB/OL]. https://www.w3.org/standards/webdesign/script.

[16] Cascading Style Sheets[EB/OL]. https://www.w3.org/Style/CSS/.

[17] XML Technology[EB/OL]. https://www.w3.org/standards/xml/.

[18] Web OF Services[EB/OL]. https://www.w3.org/standards/webofservices/.

[19] Browsers And Authoring Tool[EB/OL]. https://www.w3.org/standards/agents/.

[20] DOM Living Standard[EB/OL]. https://dom.spec.whatwg.org/.

[21] C# 文档 [EB/OL]. https://docs.microsoft.com/zh-cn/dotnet/csharp/.

[22] .NET Framework 文档 [EB/OL]. https://docs.microsoft.com/zh-cn/dotnet/framework/.

[23] C# 教程 [EB/OL]. https://www.runoob.com/csharp/csharp-tutorial.html.

[24] C# 教程 [EB/OL]. https://www.w3cschool.cn/csharp/.

[25] NuGet 文档 [EB/OL]. https://docs.microsoft.com/zh-cn/nuget/.

[26] anderscui/jieba.NET[EB/OL]. https://github.com/anderscui/jieba.NET.

[27] XPath Cover Page[EB/OL]. https://www.w3.org/TR/xpath/all/.

[28] Introducing JSON[EB/OL]. https://www.json.org/json-en.html.
[29] JSON.NET 软件下载 [EB/OL]. https://www.newtonsoft.com/json.
[30] 吴礼发，洪征，潘璠 . 网络协议逆向分析及应用 [M]. 北京：国防工业出版社，2016.
[31] 王珊，萨师煊．数据库系统概率 [M]. 5 版 . 北京：高等教育出版社，2014.
[32] 周屹，李艳娟．数据库原理及开发应用 [M]. 2 版 . 北京：清华大学出版社，2013.
[33] 童应学，吴燕．计算机应用基础教程 [M]. 武汉：华中师范大学出版社，2010.
[34] 严蔚敏，吴伟民．数据结构（C 语言版）[M]. 北京：清华大学出版社，2018.
[35] MySQL 教程 [EB/OL]. https://www.runoob.com/mysql/mysql-tutorial.html.
[36] MySQL 8.0 Reference Manual[EB/OL]. https://dev.mysql.com/doc/refman/8.0/en/.
[37] MySQL 8.0.4: New Default Authentication Plugin: caching_sha2_password[EB/OL]. https://mysqlserverteam.com/mysql-8-0-4-new-default-authentication-plugin-caching_sha2_password/.
[38] 汤小丹 . 计算机操作系统 [M]. 西安：西安电子科技大学出版社，2018.
[39] Quirks Mode and Standards Mode[EB/OL]. https://developer.mozilla.org/en-US/docs/Web/HTML/Quirks_Mode_and_Standards_Mode.
[40] 朱永盛．WebKit 技术内幕 [M]. 北京：电子工业出版社，2014.

推荐阅读

统计学习导论——基于R应用

作者：加雷斯·詹姆斯 等 ISBN：978-7-111-49771-4 定价：79.00元

应用预测建模

作者：马克斯·库恩 等 ISBN：978-7-111-53342-9 定价：99.00元

实时分析：流数据的分析与可视化技术

作者：拜伦·埃利斯 ISBN：978-7-111-53216-3 定价：79.00元

数据挖掘与商务分析：R语言

作者：约翰尼斯·莱道尔特 ISBN：978-7-111-54940-6 定价：69.00元

R语言市场研究分析

作者：克里斯·查普曼 等 ISBN：978-7-111-54990-1 定价：89.00元

高级R语言编程指南

作者：哈德利·威克汉姆 ISBN：978-7-111-54067-0 定价：79.00元

推荐阅读

图分析与可视化：在关联数据中发现商业机会

作者：理查德·布莱斯 ISBN：978-7-111-52692-6 定价：119.00元

本书将图与网络理论从实验室带到真实的世界中，深入探讨如何应用图和网络分析技术发现新业务和商业机会，并介绍了各种实用的方法和工具。作者Richard Brath和David Jonker运用高级专业知识，从真正的分析人员视角出发，通过体育、金融、营销、安全和社交媒体等领域的引人入胜的真实案例，全面讲解创建强大的可视化的过程。

基于R语言的自动数据收集：网络抓取和文本挖掘实用指南

作者：西蒙·蒙策尔特 等 ISBN：978-7-111-52750-3 定价：99.00元

本书由资深社会科学家撰写，从社会科学研究角度系统且深入阐释利用R语言进行自动化数据抓取和分析的工具、方法、原则和最佳实践。作者深入剖析自动化数据抓取和分析各个层面的问题，从网络和数据技术到网络抓取和文本挖掘的实用工具箱，重点阐释利用R语言进行自动化数据抓取和分析，能为社会科学研究者与开发人员设计、开发、维护和优化自动化数据抓取和分析提供有效指导。

数据科学：理论、方法与R语言实践

作者：尼娜·朱梅尔 等 ISBN：978-7-111-52926-2 定价：69.00元

本书讨论如何应用R程序设计语言和有用的统计技术处理日常的业务情况，并通过市场营销、商务智能和决策支持领域的示例，阐述了如何设计实验（比如A/B检验）、如何建立预测模型以及如何向不同层次的受众展示结果。

推荐阅读

计算机时代的统计推断
算法、演化和数据科学
COMPUTER AGE STATISTICAL INFERENCE

统计反思
用R和Stan例解贝叶斯方法

文本数据管理与分析
信息检索与文本挖掘的实用导论
TEXT DATA MANAGEMENT AND ANALYSIS

Python机器学习
（原书第2版）
Python Machine Learning
PYTHON MACHINE LEARNING
SECOND EDITION

大数据分析
原理与实践
BIG DATA ANALYSIS
PRINCIPLE AND PRACTICE

大数据管理系统
原理与技术
DATABASE MANAGEMENT SYSTEMS FOR BIG DATA

Deep Learning with Python and PyTorch
Python深度学习
基于PyTorch

Python数据分析
与挖掘实战
（第2版）

Python数据分析
与数据化运营
（第2版）